LONGYAN PIPA LIANGZHONGHUA:
2020 JISHI

龙眼枇杷良种化：
2020纪实

郑少泉　邓朝军　等　著

中国农业出版社
北　京

XIANGMU ZIZHU
项目资助

1. 国家"万人计划"百千万工程领军人才专项
2. 国家荔枝龙眼产业技术体系龙眼品种改良岗位（CARS-32-06）
3. 国家重点研发计划课题"枇杷种质创制与新品种选育"（2019YFD1000905）
4. 国家科技部、财政部项目"国家龙眼枇杷种质资源平台"（NICGR-2019-054）
5. 农业农村部项目"龙眼、枇杷种质资源收集、鉴定、编目、繁种与入库保存"（19200364）
6. 福建省"新世纪百千万人才工程国家级人选"专项
7. 福建省"百千万工程领军人才"专项
8. 福建省农业科学院项目"果树创新团队"（STIT2017-1-4）

　　龙眼枇杷资源与育种是福建省农业科学院的传统特色优势学科，郑少泉研究员是这一学科的带头人。几十年来，以少泉同志为首席专家的龙眼枇杷育种团队，在龙眼枇杷资源保存与利用领域取得了丰硕成果，育成了熟期配套的早熟、中熟、晚熟系列龙眼和枇杷新品种，为果农脱贫致富、增产增收作出了重要贡献。

　　我在福建省农业科学院工作期间，亲历了二十多年来少泉团队在龙眼枇杷领域的育种成就。我至今还清楚地记得，刚到福建省农业科学院工作不久，接待来福建省农业科学院访问的台湾学者，时值枇杷成熟季节，陪同客人到福建省农业科学院果树研究所枇杷园参观考察，品尝了果树研究所选育的枇杷新品种。此后，时任广东省科技厅厅长谢明权先生访问福建省农业科学院，我又陪同他品尝了果树研究所当时新育成的世界首例杂交龙眼新品种——冬宝9号。来宾们均对福建省农业科学院的龙眼枇杷育种成果赞叹不已。在肯定少泉团队创新成果的同时，我们对龙眼枇杷的育种目标进行探讨，提出了综合提升"四性"的目标要求，即新品种要同时兼备丰产性、优质性、抗逆性和广适性四个优良特性。今天，我非常欣喜地看到，少泉同志领衔的创新团队已经为这一目标迈出了坚实的步伐。如他们选育出的优质丰产特晚熟白肉杂交枇杷新品种——香妃，表现丰产性好、肉质细、风味佳，果实具有抗高温性能，而且广适性强；选育的龙眼新品种——秋香，综合性状优良，优势也很突出。他们还将国外有特殊香气的龙眼品种与冬宝9号、石硖等品种，进行多代杂交，育成有不同香气类型、熟期配套、适合轻简栽培的香型杂交龙眼新品种（系），这些优良品种已经在我国南方进行大面积推广应用。

　　少泉同志是国家"万人计划"百千万工程领军人才，国家荔枝龙眼产业技术体系龙眼品种改良岗位科学家，又是国家重点研发计划课题"枇杷种质创制与新品种选育"主持人。在2020年疫情期间，为了龙眼枇杷产业发展，为了科技助力脱贫攻坚和乡村振兴，为了不误农时，疫情无情人有情，少泉同志带领团队成员，不惧危险，奔波在我国龙眼枇杷产区福建、四川、云南、重庆、广东、广西、贵州等7个省（自治区、直辖市），行程累计超过53 800公里，指导果农春耕，推广系列龙眼枇杷新品种和绿色高效栽培新技术，把论文写在大地上，把成果留在果农家，展示了果树专家求真务实的精神风范，得到当地党委、政府和群众的高度赞赏。

衷心祝愿少泉团队持续创新，取得更多更好的成果，为我国龙眼枇杷果业发展提供更加有力的引领和支撑。

中国科学院院士
原福建省农业科学院院长
二〇二〇年八月

余年已八十有二，近年有幸参与郑少泉团队龙眼枇杷杂交新品种评审会达六场。在评审会上，耳闻目睹少泉团队艰苦奋斗廿年有余获得的硕果，喜悦之情每每让余"年轻"许多。

众所周知，福建省农业科学院果树研究所早年已创建了国际上种质资源数量最多、类型最丰富的国家级龙眼枇杷种质资源圃（其种质分别达364份和759份）。基于此资源圃得天独厚的国际种质资源优势，福建省农业科学院果树研究所的研究团队充分利用上述平台，锲而不舍地坚持长期确立的研究方向，瞄准我国乃至世界龙眼枇杷的育种目标，进行了卓有成效的杂交育种工作。近二三十年来，培育出诸多领先国际的系列新品种（品系），龙眼25个、枇杷23个，已在生产上推广应用的龙眼品种有17个、枇杷品种有16个。

在取得令同行专家和基层果农欣喜的创新品种之际，如何迅速予以推广？这成为近年来少泉团队的心结。2020年新年伊始，团队成员在百年未遇的极其严重的新型冠状病毒肺炎肆虐之际，克服种种艰难，短短半年深入到我国南方闽、粤、桂、云、川、渝、贵等7省（自治区、直辖市），将多年育出的创新品种以及与品种配套的栽培技术，亲力亲为地传授给果农，为助力脱贫攻坚、乡村振兴奉献自己的力量，取得了十分可喜的成效。

新近，郑少泉先生等编撰的《龙眼枇杷良种化：2020纪实》一书即将付梓。书中阐述了2020年在防控新型冠状病毒肺炎战役中，郑少泉研究团队在我国南方践行科研成果转化的生动事迹；报道了各地探索发展新品种、新技术以及产业化途径的成果与经验；介绍了育成龙眼枇杷杂交新品种的特征特性和栽培要点。此书的出版对我国现代果业的健康发展具有特殊的现实意义。

在新书付梓之际，欣悉郑少泉先生荣获2020年福建省"最美科技工作者"称号，并获2020年全国"最美科技工作者"福建省推荐人选，这是社会对他长期艰苦奋斗、创新创业的最佳认可。记得在2020年3月21日，余在给少泉先生的一则微信中提到："……你们针对当今技术推广的难点，践行了在国内尚不多见的'多快好省'两手抓的模式（一手创新品种，一手广为推广），堪称'创新模式'。期望你们再积累经验，创造更多的成效，为国家果业发展作出更大的贡献！"以此作为本序之结束语。

中国园艺学会原果树专业委员会委员

福建省园艺学会原果树专业委员会主任

福建省亚热带植物研究所研究员

二〇二〇年八月

新型冠状病毒肺炎（以下简称新冠肺炎）疫情自暴发以来，一直牵动着全国人民的心。疫情的严重程度和持续时间都超过了人们的预期，我国很多行业都受到很大影响，果业发展也面临重大挑战。

中华民族从来都是不缺乏英雄的民族，每逢国家遭遇危难之际，总有许多英雄挺身而出，奋战在各自的战场上。军人为戍边而寸步不让，消防员为灭火而奋不顾身，在抗击新冠肺炎疫情这场没有硝烟的战争中，医护人员临危受命，生死置之度外。他们不是生而英勇，只是选择无畏，只要集结号吹响就立即出发，他们逆行的背影令人动容，带给我们许多感动。

我们是农业科技工作者，面对疫情，我们团队没有畏惧，没有退缩，因为我们相信在做好防控措施的前提下，依然可以战斗在不一样的战场上，为全面建成小康社会贡献微薄之力。在科学抗疫的同时，我们积极投入到全国龙眼枇杷良种化等工作中去。来势汹汹的新冠肺炎疫情并没有阻止我们前进的脚步，短短6个月时间，转战南方7省（自治区、直辖市），行程累计超过53 800公里，帮助26个区县及时开展果园春耕（品种改良等）工作。《人民日报》和"学习强国"APP等传媒报道了我们团队的科技活动几十余篇。在疫情期间开展的系列科技助农行动，得到了农民尤其是贫困地区农民的热烈欢迎和高度认可。

党的十九大报告提出实施乡村振兴战略。习近平总书记强调，乡村振兴要产业，产业发展要有特色。龙眼和枇杷是原产我国的名优特色水果，栽培面积和产量均居世界首位，是我国南方山区农业增效、农民增收的重要产业，也是乡村振兴的重要载体。多年来，在福建省农业主管部门和福建省农业科学院的关心和支持下，我们在龙眼枇杷种质资源收集和创新利用上做了大量工作，建立了国际上资源数量最多、类型最为丰富的国家级龙眼枇杷种质资源圃，通过杂交育种培育出诸多领先国际的龙眼枇杷新品种（品系）。

2020年以来，面对新冠肺炎疫情，为了不误农情农事农时，我们牢记习近平总书记的指示精神，不忘科技为民初心，牢记服务"三农"使命，主动投身到脱贫攻坚工作中，以实际行动书写责任担当，在龙眼枇杷产业振兴的道路上砥砺前行，为全国龙眼枇杷良种化作出了科技工作者应有的贡献。

2020年1—6月，我们奔走在一边抗击疫情一边助推脱贫攻坚的道路上。时光飞逝，我们已奋战了180多天，为了再现我们团队的工作历程，商定编写《龙眼枇杷良种化：2020纪实》，经过2个多月的努力，于2020年7月完成了本书的编著工作。

本书记述了福建省农业科学院龙眼枇杷团队在疫情期间助力脱贫攻坚、开展科技活动的点点滴滴，是我们团队在疫情期间工作的真实写照，也是抗疫期间农业科技工作者砥砺奋进的缩影。全书分为三部分：上篇纪实、下篇品种、附录反响篇从一个侧面反映了农业科技工作者在疫情下的使命担当，希望借此与各位同仁共勉。

本书付梓之际，首先要感谢中国科学院院士谢华安研究员、福建省亚热带植物研究所庄伊美研究员热情为本书作序；同时，要特别感谢庄伊美先生，不顾年迈与酷暑，对书名定夺、全书架构、文字修饰等给予的指导和帮助；感谢厦门大学生命科学学院陈亮教授参与本书的统稿和修改，感谢华南农业大学国家荔枝龙眼产业技术体系首席科学家陈厚彬研究员对本书书名提出了宝贵意见。值此，特别要感谢福建省农业科学院书记陈永共和院长翁启勇对我们工作一如既往的关注和关心，他们的鼓励和支持更加坚定了我们前进的步伐。

在疫情期间的工作过程中，我们得到果农群众和企业主的积极配合，还得到了有关领导、专家和同行的大力支持与帮助，在此表示衷心感谢！由于编者水平有限，加之时间仓促，书中难免有疏漏之处，敬请批评指正。

编著者
2020 年 7 月

Contents 目录

下篇 品 种

一、龙眼

附录 反 响 篇

一、福建

上 篇 | SHANGPIAN

纪　　实

2020年伊始，全国受新冠肺炎疫情的影响，许多工作受到影响，广大果农期盼我们团队早日将新品种和技术传授到田间地头，由于龙眼枇杷定植、嫁接等是季节性很强的农事，为了做到抗疫与农情农时两不误，疫情期间，我们团队龙眼枇杷新品种和新技术示范推广等科技活动的步伐没有停止，在我国南方7省（自治区、直辖市）做了大量技术工作，得到了较大反响。在抗疫促龙眼枇杷良种化的道路上，广大果农群众对新品种、新技术的渴望和向往，让我们备受鼓舞；各地党政领导和农业主管部门的重视和关怀，让我们深受感动。

一是创建规模化龙眼品种示范新模式——"泸州模式"。"泸州模式"是集育种单位、政府、农业行政主管部门、高校、科研院所、龙头企业等"政产学研商"的共同体，通过财政项目补贴、龙眼品种选育、区域试验试种、品种统一规划、接穗统一供应、新品种核心示范园打造、规模化栽培与产业技术示范、果品保鲜与加工、营养评价和优质果品采购销售等全产业链合作，共同创建规模化龙眼品种示范新模式，促进泸州龙眼产业发展。国家荔枝龙眼产业技术体系岗位与泸州综合试验站"岗站对接"、体系支撑地方产业发展以及与各级农业技术推广部门的密切合作是"泸州模式"的一个关键环节。福建省农业科学院与泸州市人民政府共同签订了共同创建晚熟龙眼优势区域中心框架协议，福建省农业科学院书记陈永共、院长翁启勇十分重视院地合作及泸州"晚熟龙眼优势区域中心"建设，始终践行"科技为民，成果惠民"的初心和使命；翁启勇院长、余文权副院长还莅临泸州指导工作。泸州市市长杨林兴、副市长薛学深高度重视泸州龙眼产业的发展以及与福建省农业科学院的合作；在泸州龙眼品种改良过程中，泸州市农业农村局原局长李仁军（现任合江县委书记）、分管领导谭德卫总畜牧师、经济作物站站长黎秋刚、陈伟研究员、吴安辉研究员以及泸州综合试验站站长李于兴等，经常同我们研究制约泸州龙眼产业发展的技术瓶颈在哪里？如何突破？如何超越发展？我们经常白天到果园找问题或开展技术培训、技术示范等工作，晚上讨论次日或下阶段的工作实施方案，上下联动有效地推进泸州龙眼品种结构调整。岗位专家、综合试验站人员、推广部门人员等多个团队，在工作中你中有我、我中有你，既有分工又有密切合作，既有速度又有条不紊，既有效率又保证质量，不管是疫情还是平时，我们团队每次到泸州开展龙眼良种化工作就像回到家一样，和这样一个对工作认真负责的团队一起为了共同的龙眼产业发展目标而持续不懈奋斗，真是令人鼓舞。

　　二是领导抓枇杷产业。乡镇基层党政主要领导抓枇杷产业较为突出的有2个。一个是福建省莆田市涵江区白沙镇党委书记张国顺，把枇杷产业发展作为白沙镇经济建设的一个主要抓手，把枇杷品质提高、效益提升、产业振兴牢记心头，是基层乡镇党委书记重视枇杷发展的典范。2020年1—6月，张国顺书记经常与福建省农业科学院团队互动，每听到好的建议立即想方设法扎实推进，尤其是对建档立卡贫困户李金清的无私帮助，体现出他一心为民办实事的高尚情操。鉴于疫情期间抓复工复产、抓扶贫济困的突出表现，他得到了莆田市、涵江区主要领导和部门领导、果农群众的肯定和表扬。另一个是福建省福清市一都镇镇长俞强，他一心为公、人民至上的精神让我们感动。一都镇在乡村振兴政策扶持下，实施全国农业（枇杷）产业强镇项目及国家重点研发计划课题"枇杷种质创制与新品种选育"，以白肉枇杷新品种高接换种为契机，结合当地丰富的旅游资源，通过福州枇杷节、枇杷文创、枇杷展馆、电商联盟等各项举措，延伸枇杷产业链，逐步实现"农文旅"三者有机融合，提升枇杷产业化水平，持续增加当地农民收入，成效显著。

　　枇杷是莆田市涵江区的重要产业，涵江区委常委、组织部长方振涵十分重视枇杷产业发展，抓枇杷产业，疫情前在全区选择枇杷科技示范点，疫情期间最终在白沙镇确定了两个实施点，并主动与我们团队的科技特派员联系，积极落实新品种、新技术，助推涵江枇杷产业发展等事宜，争取早日通过产业振兴增加农民收入。身为组织部部长，亲力亲为，通过科技特派员的作用，促进枇杷良种化，实现农业增效、农民增收、乡村振兴，令我们团队深受感动。

　　云南省红河哈尼族彝族自治州屏边苗族自治县是国家脱贫攻坚挂牌督战县，枇杷是当地三大果树支柱产业之一，但是由于品种老化和种植技术落后，产业发展受限。受屏边苗族自治县委书记苏畅邀请，4月上旬和6月上旬帮扶团队先后两次赴屏边开展枇杷科技助农活动。在枇杷品种改造和技术推广过程中，苏书记部署工作，并多次与依托福建省农业科学院的国家荔枝龙眼产业技术体系龙眼品种改良岗位团队和依托云南省农业科学院的国家荔枝龙眼产业技术体系保山综合试验站团队的技术人员，商讨相关产业发展事宜直至深夜。屏边苗族自治县枇杷面积大，产业有基础，全得力于苏书记，他对屏边枇杷产业发展的拳拳之心，足以证明他对科技、对人才的重视。苏书记对把屏边特色枇杷产业打造成支柱产业、富民产业充满希望，并提出了屏边枇杷产业扶贫、脱贫攻坚的具体构想和规划。在苏书记的推动下，短短4天时间就在屏边建成了一个24亩*的枇杷新品种示范园暨采穗圃，同步开展了系列科技帮扶活动，创

---

　　* 亩为非法定计量单位，1亩≈666.7m²。——编者注

造了"屏边速度"，体现出"科技＋书记"的强大效力。

为了不误农时，帮助复工复产，做到抗疫农事两不误，我们团队从2020年1月15日至2020年6月19日，6个月内转战福建、四川、云南、广东、重庆、广西、贵州等地，开展龙眼枇杷高接换种技术培训、技术服务等科技活动，成效明显。借此记述疫情期间我们团队的工作历程。

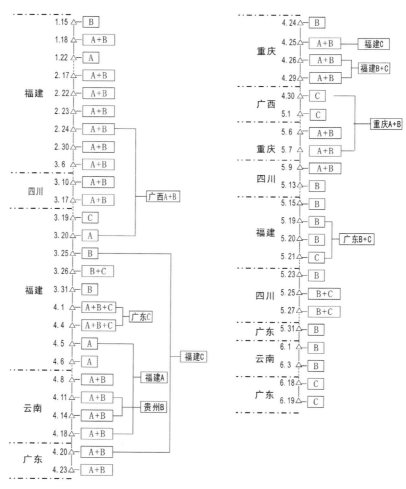

2020年龙眼枇杷良种化路径

A.品种示范　B.技术示范　C.其他科技活动

一、福　建

（一）枇杷新品种示范等科技活动

1.莆田白沙田厝枇杷新品种示范

产业振兴是乡村振兴的重要一环。龙眼枇杷均在莆田市的四大名果之列，产品闻名遐迩，但是由于品种老化，种植效益逐年下降，龙眼枇杷产业萎靡不振，荒废果园日渐增多，果农群众多外出务工补贴家用。为振兴莆田"四大名果"，2017年9月27日，受莆田市副市长吴健明邀请，福建省农业科学院院长翁启勇带领院相关处所领导在莆田市人民政府会议室共商莆田"四大名果"振兴等事宜。期间，在福建省农业科学院书记陈永共和院长翁启勇推动下，副院长余文权带领院相关处所领导与莆田市农业局局长林锋（现为莆田市湄洲岛国家旅游度假区管委会主任）商讨福建省农业科学院新培育的杂交龙眼枇杷新品种在莆田许可使用等具体实施方案。2018年12月18日福建省农业科学院果树研究所与莆田市农业局签订枇杷龙眼新品种三月白、福晚8号的品种实施许可合同。在合同实施过程中，福建省莆田市涵江区委常委、组织部长方振涵，希望我们团队也能在白沙镇开展大果优质白肉杂交枇杷新品种示范。经过多方努力，于2020年1月15日确定选点在白沙镇田厝村，并于1月18日举行涵江区优质白肉枇杷高接换种启动仪式，涵江区副区长周胜主持，涵江区委常委、组织部长方振涵和涵江区人民代表大会常务委员会副主任陈金祥以及区农业农村局、科技局、白沙镇党政主要领导等，福建省农业科学院果树首席专家郑少泉研究员、福建省农业科学院果树研究所副所长范国成研究员、邓朝军副研究员、许奇志农艺师、陈国领科技特派员，以及当地果农代表等50多人参加启动仪式。在启动会上，涵江区副区长周胜主持会议并讲话，白沙镇党委书记张国顺介绍了田厝村基地总体规划和今后发展方向，郑少泉介绍了枇杷育种新成果、品种特性和嫁接技术要点。

周胜副区长主持启动仪式并讲话

张国顺书记（左二）介绍基地情况

郑少泉（左二）介绍新品种

涵江区组织部长方振涵和福建省农业科学院果树研究所副所长范国成共同为涵江区优质白肉枇杷新品种示范基地揭牌。

方振涵部长（左一）和范国成副所长（左二）共同为基地揭牌

郑少泉讲解高接换种技术

随后，郑少泉、邓朝军、许奇志和陈国领共同为当地果农进行枇杷低位大枝高接换种技术培训。

福建省科技特派员现场指导嫁接

田厝村40亩枇杷基地选择福建省农业科学院枇杷科研团队新培育的堪称特早熟优质大果白肉杂交枇杷新品种"三剑客"的三月白、白雪早、早白香，以及特晚熟优质大果白肉杂交枇杷新品种香妃进行更新换代，历时5天完成嫁接任务。

枇杷科研团队成员郑少泉、邓朝军、许奇志多次开展嫁接后管理技术指导。嫁接成活率高、长势好，有望在2020年年底开花结果。

2.福清一都枇杷新品种示范

福建省福清市一都镇是福建省枇杷主产镇，种植面积5万多亩，入选农业农村部2020年第一批农产品地理标志、全国农业产业强镇建设名单，是国家枇杷产业强镇的示范镇，也是国家重点研发计划课题的重点实施点和新品种示范基地。福州市农业农村局和当地政府尤其重视发展新品种对枇杷产业强镇的作用，福清市农业农村局副局长王贞锋、时任福清市农业农村局经济作物站站长陈秀娟高级农艺师（现任福州市蔬菜科学研究所所长），多次与团队成员蒋际谋研究员联系，在福清市一都镇镇长俞强的大力推动下，2019年6月18日福建省农业科学院果树研究所与福清市一都镇人民政府签订特晚熟优质大果白肉枇杷杂交新品种香妃的品种实施许可合同，分两年即2019年和2020年实施。2019年年初，高接换种后的白肉枇杷新品种少量开花结果，曙光在即，成效初显；2020年正月，双方确定继续实施枇杷高接换种项目。

全国不同省（自治区、直辖市）不同生态种植区的龙眼枇杷高接换种和新品种种植最佳时期为1—4月。

2020年春节期间，原定前往福建福清（由许奇志带队）、四川攀枝花和泸州（由郑少泉和邓朝军带队）、广西大化（由陈国领带队）开展嫁接优质大果白肉杂交枇杷新品种和培训龙眼高接换种技术，但由于疫情原因，项目实施一拖再拖。福建省农业科学院龙眼枇杷科研团队成员郑少泉、邓朝军、许奇志、陈国领以及莆田市白沙镇书记张国顺，福清市一都镇镇长俞强、黄培双果场场长，四川攀枝花农林科学研究院农业信息与经济研究所副所长祝毅娟、广西宝隆投资有限公司董事长陈惠明和四川泸州农业农村局经济作物站站长黎秋刚、陈伟研究员等人心急如焚，但也无可奈何，只好时常保持电话联系。在焦急等待期间，郑少泉和邓朝军要求拟准备复工复产的科技人员以及拟选用的技术娴熟嫁接手必须保持清醒头脑，严格实施居家隔离措施，不访亲探友、不参加聚集性活动，待时机成熟，随时准备复工复产。2020年2月9日，看到浙江省人民政府办公厅颁布的复工复产通知，郑少泉马上同福建省农业科学院果树研究所疫情防控领导小组金光副所长、范国成副所长联系，为了不耽误农时是否考虑允许龙眼枇杷科研团队部分人员进驻无疫情的福清市一都镇，点对点在黄培双果场开展枇杷高接换种。期间，郑少泉、邓朝军、蒋际谋多次与俞强镇长、黄培双果场场长、许奇志、陈国领和郑文松联系沟通，解决往返一都镇枇杷嫁接期间人员安全防控等事宜。2020年2月12日，福清市一都镇人民政府向福建省农业科学院果树研究所提出申请，请求按照福建省疫情防控要求支持枇杷改良项目建设。2020年2月13日，福建省农业科学院果树研究所立即召开会议，研究并同意安排龙眼枇杷团队前往福清市一都镇开展枇杷高接换种等工作。

一都镇人民政府请求支持枇杷改良项目建设的报告

福建省农业科学院果树研究所
专 题 会 议 纪 要

〔2020〕4号

关于龙枇课题组申请前往福清一都镇开展
枇杷高接换种等工作安排

2020年2月13日下午，果树所疫情防控领导小组在所资源楼二层会议室就所龙枇室龙枇课题组申请赴福清市一都镇协助枇杷高接换种及课题临时工回所上班事宜研究讨论，现将本次会议内容纪要如下：

在会上，疫眼枇杷研究室蒋际谋主任汇报了龙枇课题组近期2个工作安排：基于福清一都镇人民政府关于请求支持枇杷改良项目建设的报告及疫情防控承诺，龙枇课题组郑少泉研究所拟带领郑文栊、陈国领、郑仁发3位技术工人到枇杷资源圃采接换楼后到福清一都镇开展枇杷高接换种，预计需要10天左右。经商际谋了解，郑少泉、邓朝军二人春节期间在福州居家无外出，郑文栊、陈国领为长期课题组雇工，郑仁发为临时雇工，3位技术工人均在莆田。以上5人近期均未接触湖北武汉人员且目前身体健康。经协商，此行出差人员口罩、疫情承诺函、行程表等由一都镇政府提供，郑仁发完成嫁接任务后由一都镇直接返回莆田；2.龙枇课题组龙眼资源圃长期雇工郑仁发

为国家龙眼枇杷圃唯一安保人员，春节假期返岗由于因新型冠状病毒肺炎疫情防控未能及时返回工作岗位，因给资源圃安全问题，拟在接送人员到资源圃采接楼的时候由郑仁发带回资源圃。经商际谋了解，郑仁发春节期间在莆田老家，未接触湖北武汉人员且目前身体健康。

经所疫情防控领导小组研究，同时，向院疫情防控领导小组办公室安排报告后，同意安排如下：1.考虑到前正从农忙春耕季节，又是疫情防控的关键时期，要求龙枇研究室郑少泉首席、蒋际谋主任做好起重要责任，按照当前疫情防控工作的措施，统筹安排好5位人员来所资源圃及去福清一都开展工作期间的防控办法；2.蒋际谋负责出差期间对随行人员的健康情况了解，并负责做好以上人员的防控工作，长期雇工人员返回所后要自行隔离并加强防护，人员之间不互串。

同时要求所各科室各课题组在疫情防控期间做好科研工作安排和实施，加快课题计划产业科研项目，做好服务果园春耕生产，科技扶贫等各项工作，确保疫情防控与工作"两手抓"、"两不误"，统筹做好疫情防控和经济工作发展。

出席：叶新国　金　光　范国成　刘荣章

　　　杨　凌　黄雄峰　周丹蓉　蒋际谋　陈文捷

记录及招稿：杨凌

分送：所领导，相关科室。

福建省农业科学院果树研究所办公室　　2020年2月14日印发

同意前往福清一都镇的会议纪要

　　2020年2月17日，完善相关手续后，由郑少泉和邓朝军共同负责，带领已由所在村委会出具健康证明的5个嫁接能手，前往福清市一都镇东山村黄培双果场，点对点开展优质大果白肉枇杷杂交新品种三月白、白雪早、早白香、香妃的多枝组高位嫁接和低位大枝嫁接。嫁接期间，基于安全考虑，尽管天气寒冷，果场住宿床位不够、餐厨设备不齐全，嫁接团队人员依然吃住在果场，除上山开展枇杷嫁接外，一律不串门、不外出购物、不参与其他活动。很多人难以想象，像这种平时很容易办到的事情，但疫情期间却大不一样，出现了我们未见过的萧条景象，没有公共交通、没有地方吃饭、没有宾馆住，彰显了疫情特殊期间复工复产的艰辛和困难。

　　在福清市一都镇嫁接6天，一都镇镇长俞强和一都镇农业技术推广中心主任陈远灿在果场共同参与嫁接活动，不时同郑少泉、邓朝军讨论果园规划和枇杷产业强镇的相关事宜。

2020年2月19日枇杷多枝组高位嫁接（左图）和低位倒砧嫁接（右图）

由于山地坡陡，需要爬上爬下，郑少泉的皮鞋裂开了；陈远灿锯树，手上磨出了大血泡，但还是坚持下来；邓朝军累得腰酸背痛，手举不起来，仍然硬撑下来。

2020年2月18日邓朝军与陈远灿调查多枝组高位嫁接情况（左图由俞强拍摄）

2020年2月19日俞强镇长（左图左一，右图左二）到嫁接现场调研

2020年3月26日，应福清市一都镇镇长俞强邀请，陈秀娟所长联系郑少泉，与福州市农业农村局副局长王贞锋、张宏彦总工程师、《福州日报》记者张笑雪等，在一都镇政府同俞强镇长一起研究福清市一都镇枇杷产业振兴系列报道等事宜。2020年3月26日下午，俞强陪同王贞锋、陈秀娟、郑少泉一行考察黄培双枇杷新品种高接换种示范基地，指导高接换种接后管理等工作。

2020年3月26日王贞锋副局长（左二）、陈秀娟所长（右一）现场考察指导

2020年3月31日，因一都镇枇杷

新品种高接换种的社会反响良好，被福建省农业农村厅和福建省农业科学院确定为农业专家"千万服务"行动春耕复工复产联合调研的第一站，将于2020年4月1日到一都镇枇杷高接换种示范基地进行调研。接到通知后，团队成员蒋际谋立即组织人员筹备相关调研工作。

　　2020年4月1日中午，调研组顺利抵达福清市一都镇东山村黄培双果场枇杷新品种高接换种示范基地，俞强、蒋际谋先后介绍了一都镇枇杷产业现状、品种更新迫切性及高接换种规划与成效。福建省农业农村厅厅长黄华康、福建省农业科学院书记陈永共、福建省农业科学院副院长汤浩等一行现场查看了高接换种示范基地，了解询问了枇杷高接换种难点、不同高接方法成效、高接换种成本等。黄华康希望重点扶持一两家龙头企业，并带动一都枇杷产业转型升级；陈永共要求果树研究所枇杷科研团队尽快在一都镇建立福建省农业科学院"枇杷科技示范基地"，提供一流的新品种和新技术，助推福清乃至全省枇杷产业高质量发展。

黄华康厅长（右三）、陈永共书记（右二）调研枇杷高接换种

俞强镇长（左一）介绍枇杷多枝组高位嫁接

调研组一行考察多枝组高位嫁接现场

蒋际谋（右一）介绍枇杷新品种示范基地情况

随后，在参观福清市果之道供应链科技有限公司乡村智慧物流基地时，调研组听取了物流基地负责人关于合力构建枇杷鲜果新型物流平台的介绍。该物流平台实现了农产品产销供应的无缝对接，为破解疫情影响下的枇杷鲜果销售困局奠定了基础。

2020年5月15日，郑少泉、陈国领与福建泉智生物科技有限公司崔明、赵杰、王焕忠等一行5人，在俞强陪同下到黄培双枇杷新品种高接换种示范基地察看枇杷高接换种生长情况，并进行技术指导。该公司土壤肥料专家针对三月白等枇杷新品种提出了配方施肥和平衡施肥的具体实施方案，供示范基地使用。随后考察了枇杷温室大棚地址并指导三月白、白雪早等枇杷新品种小苗定植后管理技术要点。

2020年5月15日专家一行（左三，崔明总经理）现场考察示范基地

黄培双果园枇杷嫁接后生长情况与果园简介

3.莆田白沙澳柄枇杷新品种示范

2020年1月18日，在涵江区优质白肉枇杷高接换种启动仪式会上，莆田市涵江区委常委、组织部长方振涵提出在2020年春节后拟再选择1～2个点继续扩大优质大果白肉枇杷新品种示范，推进涵江区枇杷品种结构调整，实现产业兴旺，助力乡村振兴。2020年2月1日（农历正月初八），在同涵江区白沙镇党委书记张国顺的通话中，张书记提到能否在白沙镇澳柄村建档立卡贫困户李金清果场继续实施枇杷新品种高接换种工作，李金清有近30亩的早钟6号和解放钟枇杷，需要部分改换新品种；针对澳柄村的地理气候条件，推荐嫁接新品种，请求帮助解决；郑少泉建议张书记要及时向涵江区组织部长方振涵请示后再议。经方部长同意后，张书记又到果场动员李金清，并在现场打通郑少泉的电话，请郑少泉向李金清介绍白肉枇杷品种的特征特性、品种优势性状及其市场前景，打消了李金清的顾虑，同意果园隔株嫁接。之后，张书记与邓朝军联系，着手安排嫁接相关手续。2020年2月17日，疫情低风险区涵江区白沙镇人民政府向福建省农业科学院果树研究所提出申请，请求按照福建省疫情防控要求支持枇杷改良项目建设，蒋际谋立即向福建省农业科学院果树研究所汇报情况，申请前往白沙镇澳柄村开展枇杷新品种高接换种。随后，福建省农业科学院果树研究所经研究后同意龙眼枇杷团队前往涵江区白沙镇开展枇杷高接换种。

涵江区白沙镇请求支持枇杷改良项目建设的报告

　　2020年2月23日，郑少泉、邓朝军带领黄敬峰、陈国领、郑文松等9人与涵江区白沙镇党委书记张国顺、镇党委组织委员翁青敏一同前往澳柄村李金清果场，实施国家科技重点研发计划课题"枇杷种质创制与新品种选育"中的优质大果白肉杂交枇杷新品种示范、低位大枝高接换种技术示范及多枝组高位嫁接技术示范。由于李金清果场山势陡峭、园间道路不通，果园田间管理不便，加上其家庭劳动力缺乏，要实现致富奔小康，单凭嫁接新品种是不够的。规范的果园一定要实现"三通"，即路通、水通和电通，2020年2月23日傍晚郑少泉、邓朝军同张书记沟通，能否动员镇、村和社会力量为李金清果园开辟园间道路系统，解决困扰果园长期没有园间道路的问题。2020年2月24日张书记协调好中型挖掘机，当天晚上挖掘机进场。

李金清果场原貌（2020年2月23日）

2020年2月27日张国顺书记与郑少泉在李金清果场查看嫁接情况

2020年2月25日上午，郑少泉对果园道路系统、排水系统、果场大门、果场操作间等进行整体规划设计，随后与翁青敏组织委员一同指挥挖掘机手进行施工。当天上午，莆田市涵江区分管农业的副区长方国民、分管科技的副区长周胜，在书记张国顺的陪同下，到果场看望李金清、嫁接技术工人和福建省农业科学院专家，福建省科技特派员邓朝军向方国民和周胜介绍，福建省农业科学院团队这次带来的枇杷新品种都是人工有性杂交培育的具有极早熟、极晚熟、肉色白、品质特优及免套袋省力化品种，可延长莆田枇杷鲜果的采摘期和市场供应期，省力化品种可节省劳动力，降低生产成本，提高种植效益，对莆田"四大名果"振兴具有重要意义。

福建省科技特派员进果园推广嫁接技术

2020年2月25日福建省科技特派员邓朝军接受涵江电视台采访

2020年2月25日果场主李金清接受采访

方国民副区长表示涵江区是一个盛产枇杷的区域，枇杷的种植面积有15万亩，但近年来，涵江区枇杷存在品种老化、收益逐年下降等问题，亟需通过品种改良、结构调整来提升品质、增加产量，对福建省农业科学院专家给建档立卡贫困户带来新品种和技术表示感谢！

周胜副区长对福建省科技特派员郑少泉和邓朝军在疫情期间仍能扎根基层，亲力亲为，传授科技，

2020年2月25日方国民副区长（右三）考察果园道路施工现场

2020年2月25日周胜副区长（左二）
考察枇杷嫁接现场

2020年2月25日果场道路开辟现场

为果农致富奔小康办实事表示由衷赞叹。

2020年2月26日郑少泉与翁青敏继续指挥挖掘机手施工，嫁接手避开施工现场，继续按区域嫁接大果优质白肉杂交枇杷新品种三月白、白雪早、早白香、香妃和免套袋大果优质枇杷杂交新品种阳光70；邓朝军和黄敬峰对2月25日挖掘机一天的工作量进行测量估算，因指挥得当，挖掘机手技术娴熟老练，一天下来就挖出了宽5m、长358m的道路，土方量近4 000m³，效率极高。当天，张书记与郑少泉、邓朝军、翁青敏探讨在挖好道路系统的初坯后，为避免道路受雨水冲刷和便于机械化作业，须配套道路后沟和铺设道路碎石。

莆田市涵江区委书记陈万东得知郑少泉团队在白沙镇澳柄村为建档立卡贫困户李金清果场嫁接30亩大果优质白肉杂交枇杷新品种后，于2020年2月27日上午带领方国民副区长和有关部门领导，在白沙镇党委书记张国顺的陪同下，到李金清果场看望福建省农业科学院团队专家并慰问李金清。张国顺向陈书记介绍了福建省农业科学院为李金清提供新品种及其配套技术。郑少景团队带来的新育成的具有国际领先水平的二代杂交枇杷新品种，包括极早熟白肉枇杷杂交新品种三月白、特早熟白肉枇杷杂交新品种早白香和白雪早、特晚熟白肉枇杷杂交新品种香妃以及免套袋优质枇杷杂交新品种阳光70。早熟品种在莆田的成熟期为11月底至翌年3月，晚熟品种成熟期为5月底至6月初，这些不同成熟期的品种配置，使莆田枇杷鲜果供应期长达半年以上，免套袋新品种的应用可节约成本30%以上。

2020年2月27日张国顺书记（后排左一）向涵江区委书记陈万东（前排右一）介绍情况

随后，郑少泉向陈万东书记介绍了嫁接的枇杷新品种特征特性及其在莆田的优势性状表现，详尽介绍了多枝组高位嫁接技术和低位大枝嫁接技术的先进性和实用性。

2020年2月27日郑少泉（左三）向涵江区委书记陈万东（左二）介绍科技支撑枇杷发展情况

2020年2月27日郑少泉向涵江区委书记陈万东介绍科技支撑枇杷发展情况

陈万东书记对郑少泉团队在疫情期间克服困难，为贫困户脱贫致富奔小康提供科技支撑，为莆田枇杷"四大名果"振兴、辐射带动涵江区枇杷产业发展表示衷心感谢；同时向郑少泉团队提出，今后要利用资源，帮助涵江区发展绿色有机生态枇杷生产，重塑枇杷知名品牌；并对白沙镇党委书记张国顺提出要求：在澳柄村筛选有意愿改换品种的枇杷专业户进行嫁接，扩大优势

2020年2月27日涵江区委书记陈万东（左二）对白沙镇枇杷发展提出要求

新品种示范；李金清果场新开辟的盘山果园道路要与果园生态相协调，做好护坡和道路排水系统建设。

2020年2月28—30日，涵江区白沙镇党委书记张国顺根据涵江区委书记陈万东的指示，请求福建省农业科学院郑少泉团队继续支持白沙镇澳柄村枇杷改良项目，提供优质枇杷接穗，扩大示范。团队在3天时间内给白沙镇澳柄村嫁接20户60亩的优质大果白肉杂交枇杷。

2020年3月4日，涵江区委常委、组织部长方振涵在白沙镇党委书记张国顺的陪同下，来到李金清果场检查指导工作，并慰问李金清。方振涵部长详细了解了李金清果场嫁接优质大果白肉杂交枇杷新品种的具体布局、嫁接规模数量、果园水、电、路系统，以及果园管理操作间等设施完善情况，对郑少泉团队在人、财、物方面再次大力支持表示衷心感谢；勉励李金清要充分重视枇杷新品种嫁接后管理工作，争取枇杷早日开花结果，实现脱贫致富；方部长还表示从涵江区委组织部党费中列支2万元，作为李金清果场嫁接后果园管理经费。

2020年3月4日涵江区委常委、组织部长方振涵（中）在李金清果场调研

涵江区人民代表大会常务委员会主任黄茂森非常重视莆田"四大名果"振兴，在得知疫情期间福建省农业科学院郑少泉团队科技人员推进涵江区枇杷产业发展的事例后，2020年3月6日，在白沙镇党委书记张国顺的陪同下，考察了白沙镇澳柄村李金清果场的枇杷新品种嫁接后成活情况，提出在涵江区萩芦镇继续扩大优质大果白肉杂交枇杷新品种和二代杂交龙眼新品种示范；带领郑少泉和邓朝军，在萩芦镇对二代杂交龙眼新品种的高接示范点进行现场选点考察。当日，团队成员在萩芦镇莆田顺磊建材有限公司果园实施龙眼枇杷良种高接换种5亩150株。

　　2020年3月9日，莆田市委书记刘建洋带领有关部门领导，在莆田市委秘书长沈伯麟和涵江区委书记陈万东的陪同下，莅临涵江区白沙镇澳柄村李金清果场考察调研，并到李金清家走访慰问；白沙镇党委书记张国顺全程向刘建洋书记汇报白沙镇实施科技产业扶贫的做法和经验；应当地党委邀请，福建省科技特派员郑少泉、邓朝军、许奇志到场介绍枇杷新品种选育情况、二代杂交枇杷新品种在莆田的性状表现及其市场优势地位。刘建洋书记指出，莆田市枇杷栽培面积大、产量高，是中国枇杷的四大主产地之一，产品远近闻名，但目前存在品种老化、品种结构失衡等问题，希望福建省农业科学院能持续对接莆田市果业，关注莆田市果业存在问题，帮助莆田枇杷提高品质，提供技术路径和解决方案，为助力产业兴旺、乡村振兴作出贡献。

2020年3月9日 莆田市委书记刘建洋（后排右一）莅临果场考察调研

2020年3月9日许奇志查看李金清果场枇杷新品种高接生长情况

　　2020年3月9日是李金清果场实施枇杷高接换种的第16天，在短短的半个月内得到了莆田市委书记和涵江区委书记等领导的关怀和勉励，充分体现了各级党委、领导对建档立卡贫困户脱贫致富的高度高度重视（视频链接网址：http://www.ptbtv.com/ptwx/service/wxvod/tv/pttv/folder154/2020-08-05/130748.html）。

　　2020年3月31日，涵江区副区长周胜和白沙镇党委书记张国顺邀请福建省科技特派员郑少泉、邓朝军、许奇志以及莆田市农业科学研究所所长林金禄、莆田市农业农村局经济作物站负责人朱德炳高级农艺师，前往澳柄村李金清果场对接枇杷技术帮扶等相关事宜。林金禄所长和朱德炳科长表示将根据果场季节性技术需求，主动融入指导枇杷生产；在李金清枇杷新品种高接换种示范园现场张国顺书记接受莆田电视台采访。

2020年3月31日张国顺书记接受采访

2020年3月31日林金禄所长（右二）、朱德炳高级农艺师（左二）在李金清果场调研

　　当天下午，郑少泉团队和朱德炳科长一同赴萩芦镇福建旺盛源农业发展有限公司果场，在萩芦镇副镇长陈金聪、许晶明高级农艺师的陪同下，指导果场网络建设，并对二代杂交龙眼新品种落地莆田进行筛选安排。

2020年5月15日，郑少泉、张国顺、陈国领与福建泉智生物科技有限公司崔明、王焕忠等一行5人，在莆田市涵江区白沙镇澳柄村李金清果场开展枇杷新品种配方平衡施肥试验。

2020年5月15日开展枇杷新品种配方和平衡施肥试验

4. 其他科技活动

（1）三月白枇杷新品种现场鉴评会（莆田）。近年来，福建省农业科学院果树研究所育成特早熟优质大果白肉杂交枇杷新品种三月白，表现特早熟、优质、大果、白肉、易剥皮，综合品质优；该品种在莆田示范后表现优异，为了促进在生产上推广应用，拟在莆田召开特早熟优质大果白肉杂交枇杷新品种三月白现场鉴评会。

2020年3月19日，受福建省农业科学院果树研究所邀请，在做好疫情防控措施的前提下，福建农林大学陈发兴研究员、福建省农业科学院工程研究所余亚白研究员、莆田生物工程所吴德宜副研究员3位专家与团队成员蒋际谋、许奇志，点对点接送，不畏疫情风险前往莆田市城厢区常太镇宏耕枇杷示范基地进行三月白现场鉴评。会议由福建省农科院果树研究所科管室主任黄雄峰主持，专家组实地考察了种植现场，并进行了测产、品质分析和鉴评。三月白枇杷田间结果性状良好，成熟期为3月中旬，是当地最早熟的白肉枇杷优良品种；十二年生树龄高接换种后第三年株产17.6kg，按常规亩植19株，折合亩产349.1kg；单果重62.1g，可溶性固形物含量12.7%，可食率73.3%，肉质细嫩、化渣、汁多、易剥皮，味鲜，清甜爽口、风味佳。

莆田市农业农村局、城厢区农业农村局、常太镇镇政府等部门领导和渡里村委、种植户参加了本次现场鉴评会。莆田电视台全程报道了本次现场鉴评会，并采访了专家组组长陈发兴研究员和团队成员蒋际谋研究员。

鉴评专家现场进行枇杷果实测评（蔡向伟提供）

莆田电视台采访报道三月白现场鉴评会

视频链接网址：http://www.ptbtv.com/?_hgOutLink=vod/newsDetail&id=101697&from=singlemessage

2020年2月24日，团队成员郑文松向湖南省郴州市嘉禾县珠泉镇萌溪村李学文邮寄三月白、香妃、早白香等3个枇杷新品种接穗以供示范。

2020年3月8日，团队成员郑文松向宁夏回族自治区农业科学院邮寄三月白、香妃、白雪早等3个枇杷新品种接穗以供示范。

2020年3月20日，团队成员郑文松向云南省文山壮族苗族自治州马关县马白镇文毕小寨村刘汝成邮寄三月白、白雪早、早白香、白早钟8号、香妃等5个枇杷新品种苗木以供示范。

2020年3月25日至4月20日，团队成员陈秀萍、许奇志、郑文松、陈国领等在国家果树种质福州龙眼枇杷圃和育种园开展龙眼枇杷树形修剪、施肥等果园技术管理工作，以及枇杷果实形质分析等相关科研活动。期间，2020年4月14日郑少泉接受《福州晚报》福州人物专栏记者马丽清采访。

为了跟踪施肥对枇杷果实品质的影响，团队成员蒋际谋与许奇志于2020年4月27—29日再次前往莆田常太镇宏耕枇杷新品种示范基地，调查不同肥料对枇杷生长和果实套袋材料对果实品质的影响，并采集果实和土壤样品，测定并分析果实品质和矿质营养差异。

蒋际谋、许奇志在枇杷新品种示范园调查采样（蔡向伟提供）

2020年6月10日，团队成员郑文松向江西省赣州市宁都县会同乡提供枇杷新品种三月白、白雪早、早白香、香妃等4个品种营养袋苗木进行示范。

（2）**枇杷栽培技术科普讲座**。为了应对新冠肺炎疫情造成农业技术科普推广难的新问题，2020年3月25日，福建省科协科普中心组织福建省农业科学院果树、蔬菜、水稻专家，及福建省教育电视台相关人员，召开乡约科普启动会，拟通过电视和网络视频播放的方式，推广农业新品种、新技术、新方法，团队成员蒋际谋应邀参加了首批乡约科普讲座。

针对当前枇杷生产实际需求，蒋际谋准备了枇杷果期管理技术和枇杷采后管理技术两个主题讲座，其中，在枇杷果期管理技术讲座上重点介绍了果期防灾减灾技术、果实套袋技术改进、采前新梢管理技术、果期施肥技术、果期主要病虫害防治要点和果实采摘技术；在枇杷采后管理技术讲座上介绍了采后修剪的主要作用、采后修剪的适宜时期、采后修剪的技术措施、三种树体采后修剪法、采后修剪的管护技术、采后修剪的五个要点。为了能给果农带来更直观的学习体会，制作课件时，重新在果园中拍摄了相关照片和枇杷修剪视频等。两个讲座分别于2020年4月10日（视频链接网址：https://mp.weixin.qq.com/s/

AIHGVfMvSj5OJyyzaWezCQ）和4月20日（视频链接网址：https://mp.weixin. qq.com/s/UkheCwFMTW70rfCnGasxyg）在福建教育电视台及福建科普APP同步播出，受到果农的好评。

（3）科技开放日——"不简单的新生代枇杷"。2020年是福建省农业科学院建院60周年，为了展示"科技为民，成果惠民"的初心和使命，福建省农业科学院以"一月一主题"方式启动了面向社会公众的"科技开放日"系列活动。活动拟通过开放科研试验示范基地，举办农业科普讲座、实验演示和互动体验，展示福建省农业科学院优势特色科研成果，回应社会关注的热点问题，科普现代农业科学知识，弘扬科学精神，增进社会公众对福建省农业科学院和农业科研的认知了解，营造全社会关心农业、支持农业科技的浓厚氛围。

受新冠肺炎疫情的影响，福建省农业科学院首场科技活动日定于2020年4月开展，由福建省农业科学院果树研究所承办，活动主题为"不简单的新生代枇杷"体验活动，主要展示近年来新育成的枇杷优新品种，科普国家枇杷圃种质资源收集保存及鉴定评价利用技术与成效。

接到活动任务后，福建省农业科学院果树研究所成立了活动筹办小组，由范国成副所长总协调，龙眼枇杷团队具体承办，果树研究所科管室配合，落实活动细则与方案，并进行前期准备工作。

考虑到疫情防控的复杂性，经与福建省农业科学院科技服务处、果树研究所领导等多次沟通协商后，确定活动地点为国家果树种质福州枇杷圃，以田间活动为主，参加活动的人员以福建省青年科学家协会成员及家属为主，辅以新闻媒体及福建省农业科学院职工等，总人数控制在50人以下，人员入场前监测体温，活动全程佩戴口罩，活动内容有枇杷种质资源科普讲座、枇杷品种资源鲜果品尝鉴定、枇杷种质资源鲜果鉴定试验演示及枇杷鲜果采摘体验等。

2020年4月25日，由福建省农业科学院果树研究所承办的庆祝建院六十周年首个科技开放日——"不简单的新生代枇杷"体验活动在国家果树种质福州枇杷圃顺利举办，福建省农业科学院副院长余文权、科技服务处处长陈裕德、福建省青年科学家协会理事长陈文哲以及协会会员、社会人士、学生等嘉宾参加了本次活动。开放日活动由福建省农业科学院果树研究所所长叶新福主持，副院长余文权、福建省青年科学家协会秘书长黄金水分别在启动仪式上致辞。团队成员陈秀萍代表国家果树种质福州枇杷圃宣传了枇杷圃历史、种质资源作用及种质资源创新利用方法等，邓朝军、许奇志等科普示范了枇杷种质资源果实品质鉴定评价过程。

余文权副院长肯定了福建省农业科学院枇杷研究团队在枇杷种质资源收集

保存及品种选育研究等方面取得的显著成效，认为科技开放日活动有助于广大群众了解现代农业科研，初步认识种质资源、推广良种和配套技术，推进现代农业的发展。

国家果树种质福州枇杷圃是我国首批建立的果树种质资源圃，建圃以来，在种质资源收集、保存及创新利用研究及推广应用等方面均取得显著成效，是福建省农业科学院枇杷学科研究保持领先地位的根本保障。本次活动以"不简单的新生代枇杷"为主题，通过科普讲座、枇杷品尝、试验演示等方式，向社会公众展示了福建省农业科学院枇杷种质资源研究利用及新生代枇杷培育等研究成果，科普宣传了种质资源果实品质鉴定评价流程及果实采摘技术等。活动现场气氛活跃，参加活动的人员与在场科研人员积极互动，增长了见识，并通过现场采摘、品尝等活动，体验了枇杷圃中保存的不同枇杷品种的丰富风味品质，对国家枇杷圃的平台功能、科研成效等有了更直观的了解，营造了保护种质资源、热爱农业科技、支持农业科研的社会氛围。本次活动在简单而热闹的氛围中结束，参加人员均表示首次见识了如此丰富的枇杷种质资源及品尝了多样的果实风味品质，既科普学习了种质资源研究过程，又体验了采摘的乐趣，收获满满。

2020年4月25日福建省农业科学院副院长余文权致辞

2020年4月25日福建省农业科学院果树研究所所长叶新福主持活动

2020年4月25日"不简单的新生代枇杷"体验活动现场

（4）"龙眼枇杷特异资源利用与创新利用"课题验收会。说起龙眼枇杷大家都很熟悉，虽然市场上时不时出现泰国、越南进口龙眼售卖。但我国才是世界龙眼的起源地，文献记载已经有2 000多年的栽培历史，可以追溯到西汉时期。而且经过近三十年努力，我国龙眼种植面积和产量始终位居世界首位，远超泰国、越南等东南亚国家龙眼规模之和，我国枇杷产业规模占世界的70%以上。

经过3年实施，2020年4月27日，受福建省农业科学院果树研究所邀请，福建农林大学园艺学院副院长曾黎辉教授、厦门大学生命科学学院陈亮教授、福建农林大学食品学院张怡教授、浙江省农业科学院园艺研究所陈俊伟研究员、瑞华会计师事务所福建分所刘琼高级会计师等专家5人不畏疫情风险，克服困难，对我们团队承担的"龙眼枇杷特异资源利用与创新利用"进行了结题验收。

2020年4月27日课题验收现场

①品种储备助力产业升级。经常吃龙眼的消费者大多熟悉石硖龙眼这个品种，这也是目前全国种植面积最大的龙眼品种之一，在广东、广西、海南、福建、四川、云南、贵州、重庆等地有龙眼的地方都有种植。但是石硖龙眼生产中果实偏小，生产中需要进行品种改良。相对于常用的实生选育、芽变选种等技术，人工杂交育种因其可以较好地聚合亲本优异性状而日益成为果树品种改良的主要技术手段。所以龙眼枇杷团队以大果、优质、丰产龙眼品种为目标持续开展新品种选育研究。

2009年，龙眼枇杷团队选用国内主栽早熟品种石硖为母本，晚熟龙眼新品种香脆为父本，杂交培育出09-1-70新株系；2014年后陆续开展高接扩繁；2015完成杂种后代真实性鉴定；经过2016年复选和2017年决选，无性子代性状稳定遗传，单果重超过母本石硖龙眼，具有可食率高、可溶性固形物含量高、肉质嫩脆、丰产稳产等特点，新品种定名华泰丰，取中国和泰国结合并丰产之意。

多年调查显示，华泰丰龙眼果穗大、果实整齐度好，果实大，平均单果重13.8g，显著比石硖龙眼果实大，可溶性固形物含量19.5%，可食率72.3%，果肉质地脆、半透明、黄白色、易离核、化渣、不流汁、味甜、有香气，风味佳。

好的品种一定要推广应用，正如"实践才是检验真理"的名言一样。华泰丰龙眼嫁接后能不能很好地与砧木共生呢？2017年4月在国家果树种质福州龙眼圃采集7个国内主要栽培龙眼品种，包括两广地区的石硖、储良，福建的福眼、乌龙岭、立冬本、松风本，四川的蜀冠、泸丰等接穗，嫁接在四年生乌龙岭龙眼实生苗上，作为试验用中间砧材料，2018年4月将华泰丰龙眼接穗采用切接法嫁接在中间砧新枝上。

实践证明，华泰丰龙眼与主栽品种龙眼砧穗亲和良好，嫁接成活率也较高。7个主栽品种砧木的嫁接成活率平均为81.1%，其中以福建福眼、乌龙岭为砧木的成活率最高，均为90%。嫁接后长势正常，没有出现叶片黄化等发育异常。分析表明，枝梢平均长度为57.1cm。其中以立冬本为砧木的接穗枝梢最长（68.4cm），均没有出现"上大下小"不亲和特征，不同品种之间砧穗比平均为0.73。

龙眼有没有红色的？经常有人说你看荔枝有红色、青色、青黄色，而且比较鲜艳，龙眼就为什么这么低调呢，大多数是青褐色。这也是我们龙眼枇杷团队一直追求的目标之一。

我国资源圃收集保存了大量的龙眼种质资源，其中就有果皮是红色的资源，比如龙荔就是其中一员。它作为龙眼属近缘种记载于《中国果树志·龙眼枇杷卷》，近年来龙荔的系统发育地位存在较大争议，有人说龙荔是龙眼和荔枝的属间杂种，也有人研究后说龙荔是近缘种，总之众说纷纭。

现在分子技术应用广泛，龙眼枇杷团队分析ITS序列的同源性。首先选择无患子科28个属61个种，其中龙荔、荔枝属、龙眼属、车桑子属、鳞花木属、槭属等70份资源的ITS序列来源于GenBank数据库。利用DNAMAN软件分析无患子科ITS序列的同源性；序列的多重排列采用DNAstar软件；种系发生树构建利用MEGA5.0软件，采用Neighbor-Joining法，自展1 000次验证。

经比较发现，龙眼、荔枝、红毛丹等3个属作为无患子科内重要的热带、亚热带果树，亲缘关系比较近，龙眼与荔枝之间的ITS序列同源性为93%，与红毛丹之间的ITS序列同源性为91%，但均低于龙眼种内ITS序列的同源性（98.1%）。

以红毛丹为参考，比对龙荔、龙眼、荔枝、红毛丹等ITS碱基位点发现，龙荔ITS序列中有4.5%的碱基位点与龙眼和荔枝均不同，包括碱基互换（T—C、A—G、C—G、A—C）、插入、缺失等类型，其中主要表现为T和C互换、A和G互换，共占序列差异位点的56.5%。

最后以韶子属红毛丹和鳞花目属为外类群，构建龙荔和龙眼、荔枝的有根系统发育树。可以看出，龙荔和荔枝、龙眼之间的进化分离明显，龙荔最早开始进化分离，其次是荔枝，最后是龙眼，表明显示龙荔的分类地位应高于荔枝和龙眼。把龙荔作为龙眼属内种或近缘种进行描述可能不恰当。

总的来说，支持龙荔应该作为独立属进行描述。

②龙荔为什么红？龙荔因其果实外观和植株性状的特异性备受龙眼荔枝研究者的关注。我们龙眼枇杷团队利用Illumina技术对红、绿龙眼果皮的转录组进行测序，试图阐述果皮为什么会变红。

利用世界上7个不同的公共数据库(NR、NT、KO、Swiss-Prot、PFAM、GO和KOG)对功能基因（红皮和绿皮）进行功能注释。

GO和KOG用于红绿龙眼果皮功能基因的功能分类。18 167个（34.21%）GO注释的功能基因主要分布于GO分类的3大类，其中较大比例的功能基因匹配到细胞过程、代谢过程、单细胞过程、生物调节。然而，细胞组分被分为14个子类，在这14个子类中"细胞"富集最多，"细胞部分"次之，"细胞器""高分子复合物"分别列第三和第四位。关于分子功能的分类，总共有11个子类参与接合、催化活性和转运活性中。

另一方面，总共8 675（15.95%）个功能基因在KOG分析中得到注释，注释结果低于GO。KOG注释得到的功能基因与26个功能分类匹配。除了一般功能预测（R）（其中注释得到1 605个功能基因，占比18.50%）外，最大的分类分别是（O）翻译后修饰、蛋白翻转、陪伴（1 160，13.37%）、（T）信号转导（775，8.93%）和（K）转录（563，6.49%）。除此之外，413（4.76%）个功能基因属于（S）功能未知类。

KEGG数据库，是一种普遍用于全面了解生物系统网络的资源，能够用于基于通路的分析。查询KEGG-GENE数据库后，发现6 228（11.15%）个功能基因与245条KEGG通路匹配。在这些通路中，"碳水化合物"相关的功能基因占比最大（737个功能基因，11.83%），"翻译"次之（610个功能基因，8.53%），随后分别是"折叠，分类，降解"（531个功能基因，8.53%），"概述类"（492个功能基因，7.90%），"氨基酸代谢"（451个功能基因，7.24%）。

通过比较龙眼红、绿果皮所有功能基因表达值的分布，直观地看到大部分功能基因（红果皮组占40.99%，绿果皮占46.05%）的RPKM值都在0.3 ~ 3.6（对数值范围为−0.52 ~ 0.56）。

为了鉴定龙眼红、绿果皮差异表达的基因，我们利用FDR虚假发现率控制方法校正过的P值检出限（$P<0.005$）来尽量减少虚假的差异表达基因。龙眼红、绿果皮组差异表达基因经过比对发现，794个基因显著上调表达，555个基因显著下调表达。

为了进一步鉴定与龙眼果皮颜色相关的候选基因，对龙眼红、绿果皮的全基因组表达图谱进行了分析。获取了24 044个功能基因，在这组数据中，有1 349个显著差异表达的基因，其中32个基因与龙眼果皮颜色调控相关。在这32个相关基因中，17个基因显著上调表达，15个基因显著下调表达。

同时，我们还利用RNA测序检测龙眼红、绿果皮显著差异表达的基因，表达丰度相差16倍及以上的差异表达基因有DFR、$CYP75A1$、$C1$，而且，这三个基因与花青素合成相关，很可能是龙眼果皮（红、绿）颜色调控的关键基因。

③枇杷功效多。枇杷自古以来都是润肺止咳的良药，当今川贝枇杷膏依然在美国卖成了奢侈品价位。但让大家陌生的是枇杷花也是同样具有消炎、止咳的功能，2019年枇杷花通过新资源食品认证。龙眼枇杷团队系统研究枇杷种资资源中花的功效成分及创新利用，发现枇杷花黄酮提取物还能增强肠道蠕动，就是通常说的具有改善便秘作用。

可能有人就怀疑枇杷花有没有毒啊？其实没必要担心，既然国家批准了作为新资源食品利用，一定是通过了多重安全评估，而且枇杷花在很多文献中都有记载，民间食用也有悠久的传统，更是证明枇杷花是安全的。

先看下枇杷花对试验小鼠体重的影响，灌胃给予枇杷花黄酮提取液及对照药物后，分析表明，小鼠的初始体重分别与空白对照组比较，均无显著性差异（$P>0.05$），说明试验前的小鼠分组结果随机均衡。经灌胃处理15d后，各组的小鼠体质量与空白对照组比较，差异不显著（$P>0.05$），说明各受试物不影响小鼠体重的正常增加。

枇杷花黄酮对模型组小鼠排便的影响怎么样呢？与空白对照组相比，模型组小鼠排便时间延长72.79%（$P<0.05$），5h内的粪便粒数和粪便重量分别减

少13.67%（$P<0.01$）、30.56%（$P<0.05$），表明便秘模型构建成功。与模型组相比，枇杷花黄酮的低、中、高剂量组均能够不同程度地缩短给予复方地芬诺酯小鼠的排便时间，增加5h小鼠排出的粪便粒数和重量。分析表明中、高剂量组枇杷花黄酮显著缩短模型组小鼠排便时间（$P<0.05$），高剂量组枇杷花黄酮显著增加排便量（$P<0.05$），低、中、高剂量组枇杷花黄酮均能显著增加排便数量（$P<0.05$）。结果表明，枇杷花黄酮对便秘小鼠具有很好的润肠通便作用。

不同剂量的枇杷花黄酮均可提高模型组小鼠的小肠推进率。给予模型对照组小鼠复方地芬诺酯后，墨汁推进率为52.26%，与空白对照组相比，具有显著性差异（$P<0.01$），表明小鼠便秘模型构建成功。枇杷花黄酮低、中、高剂量组的墨汁推进率分别为63.47%、71.62%、78.08%，与同期模型组相比，具有显著性差异（$P<0.05$，$P<0.01$）。结果表明，枇杷花黄酮具有良好的推进肠蠕动作用。

那枇杷花为什么能具有增强肠道运动的作用呢？肠道中含有神经递质突触素（SY），首先Ellsa试剂盒测试结果显示，SY含量在合适浓度范围内与吸光度具有良好的线性关系，SY含量为15～180pg/mL，回归方程为$y=27.322x+0.417\,2$（$R^2=0.996\,9$）。模型组小鼠结肠SY含量比对照空白组降低25.78%，具有极显著差异（$P<0.01$），表明便秘模型制备成功。与模型组相比，枇杷花黄酮低、中、高剂量组小鼠结肠中SY含量分别提高14.26%、18.77%、23.72%，其中高剂量组与模型组差异显著（$P<0.05$）。

通过试验证实，枇杷花黄酮提取液能显著缩短复方地芬诺酯模型小鼠的排便时间，增加5h小鼠排出的粪便粒数和重量，促进小鼠的肠胃蠕动速率，提高小鼠结肠突触素含量，具有较好的润肠通便作用。说明枇杷花黄酮是枇杷花通畅润便的主要功效成分，为开发枇杷花的功能提供理论依据。

龙眼枇杷作为我国起源的果树，具有悠久的传统和文化，我们有责任把龙眼枇杷弄清楚，做好，真正讲好我国龙眼枇杷的故事。

（二）龙眼新品种示范

1.莆田萩芦龙眼新品种示范

2020年3月1—6日，受莆田市涵江区委书记陈万东和人民代表大会常务委员会主任黄茂森的委托，周胜副区长积极对接莆田市农业农村局寻求福建省农业科学院龙眼新品种成果许可使用的落地相关事宜。期间，涵江区萩芦镇党委书记姚玉章、镇长陈丽琼主抓，副镇长陈金聪具体负责，二代杂交龙眼新品种高接换种工作在萩芦镇稳步推进。选择萩芦镇洪南村福建旺盛源农业发展有限公司果场作为莆田市龙眼新品种示范基地。该果场道路不通，龙眼树多年失管，树冠密闭，树势衰退。福建省农业科学院团队建议在开始龙眼高接换种之前，须先完善果园道路系统，挖除衰弱龙眼树，增施有机肥改良土壤，达到修路、改土、做平台、间伐密闭龙眼树、扩大树间距等操作同步进行，实现集约高效施工的目的。2020年3月6—25日，福建省科技特派员郑少泉、邓朝军、许奇志多次到该基地，指导园田间道路开垦、挖除衰弱龙眼树、增施有机肥改良土壤等工作。

2020年3月6日周胜副区长（右一）与郑少泉（右二）调研龙眼并选址

2020年3月19日郑少泉与朱德炳高级农艺师指导基地路网建设与深翻改土

2020年3月24日郑少泉、许奇志与萩芦镇镇长陈丽琼、副镇长陈金聪指导果园路网建设、高接换种划线与预锯砧

2020年3月25日龙眼基地路网建设与施肥改土现场

　　在前期准备工作完成后，2020年4月1日，涵江区萩芦镇在该基地举行了涵江区萩芦镇龙眼优良品种嫁接基地项目启动仪式，启动仪式由陈丽琼镇长主持，莆田市涵江区副区长周胜讲话，郑少泉介绍了福建省农业科学院新育成的具有国际领先水平的二代杂交龙眼新品种的优势性状、发展潜力以及部分新品

种在莆田的良好表现，邓朝军、许奇志、陈国领、陈金聪副镇长、许晶明高级农艺师和福建旺盛源农业发展有限公司池国钦、江元洪等人参加了启动仪式。

嫁接基地启动仪式

2020年4月1日萩芦镇龙眼优良品种嫁接基地项目启动仪式现场

启动仪式后，郑少泉带着大家来到龙眼树前，现场示范讲解龙眼嫁接技术，手把手指导果农，从划线、锯桩到嫁接，详细地讲授每个步骤。

2020年4月1日许奇志、郑少泉现场嫁接技术培训

2020年4月1—5日，陈国领带领娴熟的技术工人，完成了30亩早熟、中熟、晚熟等新品种宝石1号、翠香、榕育8号、榕育1号、秋香、窖香、醉香的高接换种工作。

2020年5月15日，郑少泉与福建泉智生物科技有限公司崔明、王焕忠等一行3人，在陈金聪副镇长、福建旺盛源农业发展有限公司池国钦陪同下到萩芦福建旺盛源农业发展有限公司龙眼高接换种示范基地察看龙眼高接换种成活情况和指导接后管理，福建泉智生物科技有限公司土壤肥料专家将针对龙眼新品种提出施肥方案，供示范基地使用。

2020年5月15日郑少泉和陈金聪副镇长（右二）到龙眼基地指导

2.对口帮扶"千万行动"

2019年，莆田市涵江区白塘镇双福村列入福建省农业科学院果树研究所"千万行动"帮扶挂钩点。为深入贯彻福建省农业农村厅《福建省实施科技助力乡村产业振兴千万行动方案》以及福建省农业科学院《关于推进实施科技助力乡村振兴千万行动工作方案》等精神，团队成员胡文舜积极与双福村取得联系，提供技术支持。

莆田市涵江区白塘镇双福回族村是少数民族村，地处莆田木兰溪下游，全村区域面积约1km²，耕地面积520亩，水域面积130亩。全村下辖3个自然村，7个小村民小组，总户数464户，总人口1 916人，其中少数民族人口1 725人，占总数人口的90%，在莆田市11个少数民族行政村中少数民族人口比例最高。近年来，先后被国家民族事务委员会评为少数民族特色村寨建设试点村，被福建省民族与宗教事务厅评为少数民族团结进步先进集体，被莆田市评为"幸福家园"建设试点村等。

莆田有"荔城"之称，荔枝乃莆田市树。2014年，郑少泉团队与莆田市农业科学研究所彭建平研究员、莆田市农业农村局经济作物站站长蔡斯明在对莆田荔枝古树进行较为全面普查时，发现仅双福村就有10株百年以上荔枝古树，弥足珍贵，但树体多呈衰退。此后数年，应村委要求，调查组对这些古树制定了有效的针对性保护措施。

2020年4月29日，团队成员胡文舜、姜帆，联系莆田市农业科学研究所果树研究室主任、福建省农业科学院莆田分院园艺中心副主任刘国强研究员及团队成员林革副研究员、张游南助理研究员等人，专程前往涵江区白塘镇双福村携手开展"千万行动"对口帮扶服务。

在双福村，团队成员对前期指导实施的荔枝古树保护成效进行调查，树体恢复良好；并对该村四季采摘园建设过程的优质果苗购买、龙眼投产树管理、火龙果栽培、农场认养模式等问题进行详细指导。此外，胡文舜、姜帆与双福村委干部座谈交流，就打造富有民族特色的乡村休闲观光旅游品牌提出建议。

结合该村果业发展需求，制定了《打造名优龙眼新品种科技园》方案1个，具体内容为：引进菠萝味、冰糖味、牛奶味、醇香味等不同龙眼新品种5～6个，如醉香、宝石1号、96-82、福晚8号、榕育3号、冬香等早熟、中熟、晚熟品种，在延长采摘期（8—11月）的同时满足了人们对味蕾的需求。

2020年6月上旬，胡文舜指导双福村委对四季采摘园内几十株龙眼投产树进行疏花疏果、下基肥，复壮树体，计划2021年春季实施新品种嫁接。

姜帆（右一）、胡文舜（右二）在双福村调研

3.厦门同安龙眼新品种示范

郑少泉对福建省厦门市同安区的地方龙眼良种凤梨穗印象深刻，他的恩师厦门亚热带植物研究所的庄伊美教授，也多次提及凤梨穗。2019年11月30日至12月1日，郑少泉、邓朝军、胡文舜和许奇志在厦门市同安区农业农村局农业技术推广中心主任叶榕坤陪同下，前往厦门同安调查龙眼古树资源，并调研

厦门同安凤梨穗的市场情况、龙眼产业现状和存在问题。考察调研结束后，郑少泉向同安区农业农村局局长王永远、主任叶榕坤介绍福建省农业科学院新选育的二代杂交龙眼枇杷新品种特征特性及其优势性状表现，结合厦门市都市农业发展的特点，提出优化同安区龙眼品种结构、引进优质大果白肉二代杂交枇杷新品种的构想和实施方案，当即得到王永远局长的支持和肯定。此后，福建省农业科学院团队郑少泉、邓朝军与厦门同安区农业农村局主任叶榕坤，达成合作共识。2020年1月，厦门市同安区农业农村局引进三月白、早白香、白雪早、香妃等13个熟期配套枇杷系列新品种（系）营养袋苗400株，在厦门绿惠园果蔬专业合作社基地定植，同时拟签订晚熟龙眼杂交新品种"冬香"引进成果许可使用合同，但受疫情影响，双方合作协议的实施一直在推迟。

2020年4月4日，在完成全国热带作物品种审定现场鉴评会——香妃白肉杂交枇杷新品种任务之后，郑少泉、邓朝军、许奇志一行3人从广东省深圳市坪山区驱车前往厦门市同安区莲花镇的绿惠园果蔬专业合作社指导国家重点研发计划课题"枇杷种质创制与新品种选育"厦门示范基地二代杂交枇杷新品种小苗定植等春季管理技术工作。苏水源总经理十分期盼尽快引进福建省农业科学院的二代杂交龙眼系列新品种进行高接。叶榕坤主任表示视疫情情况而定，尽力协调各方，争取2020年不误农时，早日嫁接龙眼新品种。2020年4月5日傍晚，叶榕坤主任致电郑少泉，告知经同安区委领导和同安区农业农村局领导同意，可以签订晚熟龙眼杂交新品种冬香引进成果许可使用合同，并请求尽快组织实施厦门同安龙眼高接换种项目。2020年4月5—18日，郑少泉、邓朝军组织9名技术过硬的嫁接手组成嫁接队，由苏水源总经理负责安排，前往厦门同安绿惠园果蔬专业合作社开展龙眼新品种高接换种工作。经过半个月努力，在厦门同安建立了130亩龙眼新品种示范基地，为厦门龙眼品种结构调整、产业升级提供科技支撑。

（三）国家果树种质福州龙眼枇杷圃设施改造

农作物种质资源是人类生存和发展最有价值的宝贵财富，是国家重要的战略性资源，是作物育种、生物科学研究和农业生产的物质基础，是农业可持续发展的重要保障。龙眼枇杷种质资源是开展育种的前提条件和支撑材料。福建省农业科学院领导班子十分重视龙眼枇杷资源的特殊地位，从福建省财政专项中列支200万元资金用于改造龙眼资源圃木栈道、枇杷圃大门和围墙等基础设施，完善资源圃保存条件，提高省级科普平台条件。列为院重点的改造项目——龙眼枇杷资源圃改造工程，原计划2020年春节后动工，以崭新的面貌迎接福建省农业科学院60周年庆。但受新冠肺炎疫情的影响，原计划动工被迫延迟近一个月。为了避免即将来临的雨季对工程建设进度的影响，确保工程按计划工期实施，在福建省农业科学院果树研究所领导的高度重视下，与工程施工方多次沟通协调，在严格落实疫情防控措施的前提下，改造工程于2020年3月5日正式动工。

在施工过程中，福建省农业科学院果树研究所副所长金光多次带领蒋际谋、陈小明、许奇志、胡文舜等相关人员前往枇杷圃和龙眼圃等施工工地，与工程监理、施工方负责人现场研究讨论枇杷圃围墙瓷砖的选材、铁栏杆和铁门的样式、管理房油漆颜色的选择等工程实施过程中的问题，现场考察监督枇杷圃围墙地基水泥的浇铸、龙眼圃木栈道电焊基础的牢固性等工程施工质量、进度，并为施工方协调解决水电、施工场地的使用等遇到的困难和问题。经过一周的紧张施工，枇杷圃围墙的混凝土地基已经开始浇铸，龙眼圃的旧木栈道也开始拆除，各项工程稳步有序开展。为了方便工作沟通，还建立了微信工作群。"监理，下午在吗？我上去看看。""监理，督促加快进程，太慢了，原来答应15日前完成。"福建省农业科学院果树研究所所长叶新福时刻关心工程施工进度。'监理，质量要把关好''监理，今天几点倒水泥？'"监理，明天开始连续几天都是好天气，要叫施工工方抓紧施工"……福建省农业科学院果树研究所副所长金光在工作群不断督促监理抓紧施工及工程质量。"金所，这栋楼的门最好能换下，外墙粉刷下，整体效果好。"蒋际谋为工程施工建言献策；"脚手架搭设在硬化的地面，要放置垫板，防止地质松软导致脚手架倾覆。"工程监理在监督施工安全。在福建省农业科学院果树研究所领导的支持和督促下，施工方紧张有序施工，龙眼枇杷资源圃改造工程于2020年5月按进度完成施工任务。

2020年3月施工现场

2020年5月国家果树种质福州龙眼圃旧木栈道改造后面貌

2020年5月国家果树种质福州枇杷圃新建大门

二、四 川

（一）泸州龙眼枇杷新品种示范

1.泸州龙眼新品种示范

泸州龙眼种植历史悠久，上百年生古树随处可见，更有张坝桂圆林这样原生古树品种资源，全市龙眼种植面积30余万亩，也是全国最大的晚熟龙眼生产基地。泸州气候独特，冬无冻害，是发展晚熟龙眼的最有利条件，从全国来看，只有泸州才具备这一优势。但是，泸州市龙眼品种杂乱、结构不合理、产期过度集中等问题制约了龙眼产业的健康发展。近年来，泸州市龙眼丰产不丰收，有的龙眼如小手指头大，每千克售价不到2元，严重挫伤果农生产积极性，龙眼产业亟待提档升级。泸州市委、市政府高度重视，把龙眼良种高接换种作为一项助农增收的重点工作来抓，建立了完善的工作机制，从市、县、乡镇到村上下联动，通力配合，全力推进龙眼良种高接换种，在泸州市委、市政府的领导下，泸州龙眼产业将成为全国乃至全世界的知名品牌，必将成为助农增收推进乡村振兴的支柱产业。"泸州模式"是集育种单位、政府、农业行政主管部门、高校、科研院所、龙头企业等龙眼产业发展共同体，通过财政项目补贴、龙眼品种选育、区域试验试种、品种统一规划、接穗统一供应、新品种核心示范基地打造、规模化栽培与产业技术示范、优质果品采购销售等全产业链合作，共同创建规模化龙眼品种示范新模式，促进泸州龙眼产业发展。2019年在"泸州模式"的推进下，按照"一镇一品（种）"布局，高接优质大果杂交龙眼新品种高宝、翠香、宝石1号、秋香、冬香等1 512亩；在泸县海潮镇红合村打造龙眼新品种核心示范基地60亩，获得泸州市和泸县财政先期支持120万元；创造出适合泸州本地大面积龙眼高接换种的新技术——低位挖砧嫁接技术。

2019年低位挖砧嫁接

2019年低位挖砧嫁接1年后生长情况（上部枝干为拔水枝）

　　泸州市副市长薛学深看到这喜人的成果，于2020年春节前，部署泸州市农业农村局继续推进龙眼新品种高接换种，要求在2019年的基础上，新增改良龙眼3 000亩。接到这个任务后，具体负责人黎秋刚站长和陈伟研究员深感任务艰巨、责任重大，于是立即谋划，未雨绸缪。根据以往经验，泸州市龙眼高接换种最佳时期是在3月下旬至4月底，而且这短短的40天内下雨天还不能嫁接。2020年嫁接任务是2019年的2倍，嫁接手从哪里来？2019年嫁接的龙眼树是否能采穗？怎么去采穗？怎么向老天借时间？2019年嫁接的龙眼新品种春季怎么管理？一系列问题一直困扰着两位站长，感觉时间紧迫，任务重。于是，黎秋刚站长马上安排人手调查2019年高接龙眼树的新品种接穗情况，看能从中采多少接穗供今年嫁接使用，同时迅速与国家荔枝龙眼产业技术体系遗传改良研究室主任、品种改良岗位科学家、福建省农业科学院郑少泉研究员联系，提出既要保证嫁接质量，又要增加嫁接数量，能否采取2019年的培训方式并扩大培训范围，以扩充泸州的嫁接队伍。

鉴于2018年和2019年两年的理论和实操培训泸州龙眼嫁接手，嫁接手培训主要以手把手实操培训为主，分为6个步骤培训。第一步为锯砧部位划线手培训，要求划线部位尽量低矮，不宜过高，根据树势情况划线部位要分布均匀，同时还要高低错落有致，这样锯树嫁接后就易形成矮化丰产树冠；在划线时要先考虑如何预留整体树冠约1/10的枝叶作为拔水枝，尽量考虑预留中间枝作为拔水枝，以利锯砧后形成开心波浪形矮化树冠，便于今后树冠管理；主干分枝在80cm以上的嫁接树要采用挖砧处理，挖砧嫁接要求高地面30cm，表面相对光滑的部分，挖掉木质部3/5～4/5，形成嫁接口，挖砧划线的树，要先考虑锯除嫁接口同方向的枝叶，尽量预留低矮的并与嫁接口相背的枝条作为拔水枝为佳，这样做可使嫁接成活后的生长枝不受拔水枝遮挡，以利嫁接新品种生长发育。第二步是培训锯砧手，基于安全考虑，锯砧手要求要会使用电锯或油锯的技术工，同划线手一起培训，掌握先锯上部后锯下部，尽量锯高不锯低，便于今后拔水枝的去除。由于锯砧在前，龙眼高接换种锯砧要与嫁接同时进行，才能提高成活率，提早锯砧，龙眼接口很容易回枯，将极大影响嫁接成活率。为了及时跟上嫁接进度，在实践中采用两段锯砧法，即先锯除大部分枝条，待嫁接时再进行二次锯砧到位，保证嫁接成活。第三步是对嫁接手进行用芽眼辨别龙眼接穗、削接芽和剪芽方法培训，要求嫁接手判断一根接穗可用多少芽，每个芽接口要求一刀削平4cm以上，削接芽成功率要达到80%以上。第四步是切砧木，大枝嫁接在切砧木前要求用刀削除老皮部分至新鲜部位，留离木质部1mm左右，这样处理可使切砧木时树皮不易断裂，提高成活率，切砧时稍带木质部平直下切，长达4～5cm；砧木粗度直径在15cm以上的，要求切口长达5～6cm。第五步是砧穗形成层对准，切口与接穗相交的下三角区对实，接穗上削口要有"留白"（即接穗的削面高出砧木横断面0.5cm左右）。第六步是嫁接口和接穗包扎，要求接口和接穗包扎紧密，包扎时接穗不能移位，同时包扎接穗芽眼时只能是单层塑料薄膜，不能包扎2层以上，以利于接芽成活后及时顶破薄膜生长。嫁接前还要准备好可用于大枝高接的嫁接刀，切忌使用芽接刀。参训以上6个实操步骤的嫁接手，都要做到按教学老师的技术要点，反过来能培训老师，才算培训过关，但6个步骤都能过关的嫁接手极少。虽然2018年和2019年泸州龙眼高接换种采用"划线—锯砧—切砧—削芽—对砧—包扎"流水线分组培训，但在泸州市200多位嫁接手参加培训中，能上岗的龙眼大枝嫁接手只有47人，其中嫁接能手10人，过关的划线手仅5人，所以要完成2020年春季3 000亩龙眼新品种高接换种任务，泸州本地嫁接手显然不够，因此继续培训当地嫁接手成为2020年泸州市龙眼高接换种项目实施方案中的当务之急。

于是郑少泉与邓朝军协商，邀请国家荔枝龙眼产业技术体系龙眼栽培岗位科学家、广西大学潘介春教授于2020年正月初十，共同赴泸州开展2020年春季龙眼嫁接技术培训工作。由于新冠肺炎疫情严重，取消行程，待疫情缓和之后再商讨实施计划。

2020年3月初，泸州市农业农村局经济作物站站长黎秋刚、陈伟研究员和国家荔枝龙眼产业技术体系泸州综合试验站站长李于兴一边有条不紊地安排嫁接前期准备工作，一边向郑少泉和邓朝军请求福建省农业科学院龙眼团队前往泸州开展嫁接手培训、研究当前龙眼嫁接树技术管理等科技助农活动，但由于团队成员没到现场，摸不清情况，贸然提出龙眼新品种高接换种春季管理方案怕有失偏颇，因为疫情的影响，三位站长对福建省农业科学院龙眼团队一直未能到达现场指导感到非常不踏实（此时广西大学尚在封校期，潘介春教授也无法如期来泸州参加培训活动）。鉴于泸州已经连续14天没有增加新型冠状肺炎病例，2020年3月6日泸州市人民政府致函福建省农业科学院，请求福建省农业科学院龙眼团队郑少泉、邓朝军、陈国领等省科技特派员前往泸州支援龙眼高接换种等相关工作。随后，泸州市农业农村局谭德卫总畜牧师，致电福建省农业科学院院长翁启勇，请求派人支援泸州龙眼良种高接换种项目实施，得到翁启勇院长的大力支持。

泸州市人民政府

〔2020〕42 号

邀 请 函

福建省农业科学院：

为共同创建晚熟龙眼优势区域中心，2019 年福建省农业科学院与泸州市人民政府签定了共建晚熟龙眼区域优势中心框架协议，在贵院的大力支持下，我市龙眼良种高换取得较好成效。今年，我市将进一步加快龙眼品种改良力度，在龙眼品种布局、高换技术以及援后管理等方面急需取得贵院的支持。目前，我市整体属疫情低风险地区，已连续 14 天无新增病例。由于我市龙眼良种高换季节来临，因此，特邀请贵院郑少泉研究员及其团队成员邓朝军、陈国领等于 3 月 7～13 日莅泸指导与培训。

望贵院大力支持！

2020 年 3 月 6 日

（联系人：黎秋刚；联系电话：13679670072）

2020年3月6日泸州市人民政府发出的邀请函

2020年3月10日，批准福建省农业科学院龙眼团队郑少泉、邓朝军、陈国领在疫情期间，首次赴福建省外出差，在出发前，翁启勇院长特别交代，一定要注意防疫，确保全体团队成员健康安全返回福建省农业科学院。出于安全考虑，泸州方面特地安排在没有疫情的龙马潭区巨洋饭店住宿。泸州市副市长薛学深代表泸州市政府对国家荔枝龙眼产业技术体系和福建省农业科学院龙眼团队的支持表示衷心感谢，并表示龙眼是泸州市的区域优势产业，做强做大龙眼产业，品种要先行，以高接换种为核心的新品种示范效果在泸州初见端倪，"2019年9月底在四川市州长农产品推介会上，贵院培育成功的福晚8号（现更名为秋香）龙眼新品种在泸州表现果大、肉厚、有香气、口感佳，也得到广大果农的认可和好评，我选择的秋香龙眼鲜果作为市长代言果，深受欢迎。2020年实施的龙眼高接换种项目在疫情期间是泸州市的第一个也是唯一一个市级农业项目，得到泸州市委、泸州市政府的高度重视，希望泸州市农业农村局局长李仁军带领相关人员，与福建省农业科学院龙眼团队和国家荔枝龙眼产业技术体系泸州综合试验站站长李于兴共同谋划，在疫情形势下如何开展2020年的高接换种项目并精准实施到位，确保完成任务。"随后，黎秋刚站长、陈伟研究员与郑少泉、邓朝军、陈国领就2020年高接换种龙眼新品种选定、区县良种高接换种新品种布局、嫁接手培训和接穗协调等问题研究到深夜12点。

在福建省农业科学院团队人员到达泸州前，泸州市农业农村局经济作物站站长黎秋刚、陈伟研究员根据泸州市副市长薛学深指示和农业农村局工作统筹安排，连续几天前往各区县调查2019年嫁接的龙眼新品种生长情况，筛选出各类型有代表性的村镇嫁接示范点和农户。在此基础上，2020年3月11—12日，黎秋刚站长、陈伟研究员组织郑少泉、邓朝军、陈国领以及泸州市农业农村局经济作物站吴安辉研究员和李于兴站长共同前往泸县、龙马潭区调研和指导，对2019年高接换种的龙眼新品种高宝、宝石1号、醉香、翠香、秋香、冬香等嫁接亲和性、生长表现、锯砧影响和嫁接未成活原因等进行调查分析，并拍照作为室内培训素材。泸县农业农村局经济作物站站长熊安会、龙马潭区农业农村局经济作物站站长幸润智与基地乡镇、村负责人等参加调研。

一路走来，郑少泉看到这些龙眼嫁接成活率高，长势喜人，感到十分满意，同时也发现了不少的问题。"你们看，这个嫁接虽然活了，但是没有愈合好，就是因为在嫁接时，接穗插入太深，没有留白的缘故。"郑少泉指着一处没有愈合好的接穗遗憾地说道，"这样很容易遭受风害，或者长果实后把枝条压裂。""原来是这样啊，我们一直以为是这个品种的砧穗不亲和呢。"一旁的辜润智站长恍然大悟，随后郑少泉向辜站长详细解释了砧穗不亲和与嫁接没有愈合好的区别。

2019年高接已成活但未愈合好的　　　2019年高接愈合好的龙眼树（接
龙眼树（接穗未留白）　　　　　　　穗有留白）

随着进一步深入调查，郑少泉心情越来越沉闷，他看到有一片2019年嫁接的龙眼基地中80％嫁接树拔水枝被过早锯除，嫁接后的龙眼树长势衰弱，甚至导致死亡。

2019年高接后过早锯除拔水枝的龙眼树长势弱

当再看到一个果农正在锯拔水枝后，忍不住大声叫道："快停下，老乡，是谁通知你们锯拔水枝的？你们不知道这个时候锯拔水枝会影响龙眼嫁接树的生长，导致树势衰退，甚至死亡吗？"原来，这位果农对嫁接树拔水枝的作用没有认识到位，反而觉得拔水枝会与成活的接穗争夺营养，影响龙眼新品种枝条的生长，果农因疫情期间，隔离在家没事情干，就上山锯除拔水枝了。郑少泉听了连忙告诉这位果农，在嫁接成活枝条没有形成与原来树冠1/10左右时，拔水枝是起"保姆"作用的，供应养分给整棵树生长，要好好保护它，不能锯除掉。"那么，这些已经过早锯掉拔水枝的树怎么办？"这位果农迫切地问道。郑少泉又耐心地讲解，目前这种情况，只有挖深沟断大根，重新培养龙眼树新根系，才能慢慢恢复。

2020年3月11—12日，郑少泉、黎秋刚、陈伟、吴安辉等一行调查2019年龙眼高接生长情况

调查后的当天晚上，黎秋刚、陈伟、吴安辉、李于兴、郑少泉、邓朝军和陈国领等7人在巨洋饭店，梳理总结2019年龙眼新品种高接换种中各区县、各嫁接团队、高接新品种生产表现状况及存在的问题，问题主要包括以下8点：①过早去除拔水枝；②嫁接接穗插入太深，没有留白；③接穗长削面没有削平，或者削过长，超过了芽眼位置，成为通透芽；④砧木切口木质部切太厚太多；⑤个别嫁接手还是没有对好形成层；⑥包扎薄膜时，缠绕太多层的嫁接薄膜，导致接穗芽眼被"闷死"；⑦有些买的嫁接薄膜太厚，不易包紧，芽不容易"顶"出来，影响成活率；⑧有些嫁接树的斜枝枝干没有保护好，被太阳暴晒，树皮干枯开裂，导致树势衰弱。

针对这些问题，大家纷纷出谋献策，研究出2020年春季龙眼嫁接注意事项，完善嫁接流程等嫁接前准备，落实春季管理的施肥、灌水等技术措施，讨论培训对象、时间安排。原定计划在2019年龙眼新品种嫁接树上采集接穗，但由于果农群众过早锯除嫁接树拔水枝，导致树势衰弱，只能采集小部分接穗，不能满足2020年高接换种需求，大家又讨论接穗供应和运输调配方案，由吴安辉负责组织实施。依据新培育的二代杂交龙眼新品种嫁接后翌年即能开花结果的特性，为尽快突显示范效果，研究了龙眼多枝组高位嫁接品种、地点选定与实施、嫁接手组织与选配等事宜，并形成实施方案，供2020年龙眼良种高接换种项目使用。

2020年3月13日，国家荔枝龙眼产业技术体系遗传改良研究室、泸州综合试验站与泸州市农业农村局共同组织，在江阳区黄舣镇罗湾村举办泸州市龙眼良种高换示范项目技术培训会。郑少泉、李于兴、李小孟、陈伟、吴安辉、邓朝军、陈国领、李景明、官民、辜润智、宋俊杰和基地乡镇、村负责人、嫁接手、果农代表等90多人参加培训会。会议由泸州市农业农村局经济作物站副站长李小孟主持，郑少泉

2020年3月13日李小孟副站长（主席台左一）、李于兴站长（主席台中）、郑少泉共同组织培训会

在会上做了龙眼嫁接与春季管理技术专题培训，陈伟研究员强调2020年龙眼良种高换管理注意事项，李于兴站长、邓朝军、陈国领分别就泸州龙眼春季管理与2019年龙眼高接换种存在的问题进行补充说明。

2020年3月13日郑少泉、李于兴站长在江阳区开展技术培训

2020年3月13日陈伟研究员在江阳区培训会上发言

随后郑少泉、吴安辉研究员对2020年部分嫁接手、划线手、锯手进行分组、实操培训与考核。

2020年3月13日吴安辉研究员和郑少泉在江阳区培训嫁接手、划线手和锯手

为了进一步推进2020年龙眼新品种高接换种示范，经过泸州市农业农村局充分准备和酝酿，2020年3月14日泸州市2020年龙眼良种高接换种示范项目启动会在泸县海潮镇举行。会议由泸州市农业农村局局长李仁军主持，泸县副县长先泽平在启动仪式上致辞，参加启动会的领导有谭德卫总畜牧师和泸县、江阳区、龙马潭区农业农村局局长、分管领导等；参加会议的还有福建省农业科学院、泸州市农业农村局、泸州市农业科学研究院、泸县农业农村局、江阳区农业农村局、龙马潭区农业农村局、龙眼高接换种实施乡镇及村负责人、嫁接手、果农代表等100多人。启动会安排部署了泸州市2020年龙眼良种高接换种工作；现场颁发嫁接手上岗证，会上领导专家为各嫁接分队授队旗；泸州市副市长薛学深到启动会现场督察项目开展情况，并学习龙眼良种高换嫁接技术。

2020年3月14日薛学深副市长（右一）在启动会现场学习龙眼嫁接技术

　　在会上，郑少泉认为泸州晚熟龙眼产业发展潜力巨大，泸州龙眼良种高换成效显著。"泸州模式"是郑少泉最近讲得最多的一个词。他说："到目前，我还没看见哪个地方开展如此大规模的良种高换工作，2019年1 500余亩，2020年3 000亩，在全国也是首次，泸州做到了，相信2020年会做得更好。在培训嫁接人员，安排品种、组织穗条等方面均建立了完整的机制，很多地方是做不到的。无论是农业农村局工作人员，还是乡镇村工作人员，他们求真务实、扎实工作，以高度的责任心开展龙眼高接换种让我深受感动。通过系统专业培训与考核，建立了一支泸州自己的嫁接团队，嫁接技术水平不比我们福建队伍差；泸州市高度重视科技，与福建省农业科学院签订了共同创建晚熟龙眼优势区域中心框架协议，我们将把品种、技术等更多的成果带到泸州进行转化，为泸州晚熟龙眼产业发展作出贡献。"郑少泉现场讲授了嫁接技术要点（视频链接网址：https://m.thecover.cn/news_details.html?id=3817439&channelId=0&from=timeline）。

2020年3月14日泸州市2020年龙眼良种高接换种示范项目启动会现场

2020年3月14日泸州市副市长薛学深到启动会现场督察项目开展情况

2020年3月14日龙眼良种高接换种嫁接现场

　　受泸州市江阳区农业农村局农业技术推广中心宋俊杰主任邀请,2020年3月15日郑少泉、邓朝军和李于兴在黄舣镇马道子村举行龙眼良种高接换种与管理技术培训,参加培训人员有60多人。

2020年3月15日马道子村龙眼良种高接换种与管理技术培训会

2020年3月15日上午，吴安辉与陈国领赴泸县海潮镇红合村开展龙眼新品种醉香多枝组高接换种示范，2020年3月15日下午，吴安辉、邓朝军、周少猛赴红合村进行多枝组高接换种嫁接品种定位、调查与记载。2020年3月15日傍晚，郑少泉、黎秋刚站长、陈伟研究员、吴安辉研究员、唐才禄研究员等在红合村示范现场察看醉香多枝组嫁接情况，并研究下一步在龙马潭区开展龙眼新品种秋香多枝组高接的相关事宜。

2020年3月15日郑少泉、黎秋刚站长、陈伟研究员、吴安辉研究员与唐才禄研究员（右二）现场研究下一步工作

2020年3月15日红合村龙眼新品种醉香多枝组高接换种树

2020年3月16日，受泸州市龙马潭区农业农村局经济作物站站长辜润智邀请，黎秋刚、陈伟、郑少泉等一行3人参加了龙马潭区胡市镇敦和村举行的龙马潭区2020年龙眼良种高换示范项目启动会。启动会由辜润智站长主持。黎秋刚站长在会上强调龙马潭区实施二代杂交龙眼新品种秋香多枝组高接换种的重要性，并要求配合市里做好2020年高接换种工作各个环节不出纰漏，确保嫁接成功。郑少泉介绍了秋香的早结性能、丰产表现、品质性状以及在泸州的适应性表现，讲解了实施多枝组高接的技术要点。龙马潭区胡市镇党委书记吴开会代表胡市镇对远道而来的福建省农业科学院龙眼团队在疫情期间，克服艰难，在胡市镇指导龙眼嫁接和开展技术培训表示感谢，表示将全力配合泸州市、龙马潭区相关部门开展龙眼高接换种工作。胡市镇人民代表大会主席王力、龙马潭区农业农村局总农艺师王顺南、唐才禄研究员等参加了会议。会后，郑少泉、黎秋刚站长、陈伟研究员对划线手、锯手和嫁接手等人员等进行"二次锯砧"新技术现场培训与考核。

2020年3月16日龙马潭区2020年龙眼良种高接换种示范项目启动会现场

2020年3月17日，郑少泉、李于兴、邓朝军、陈国领、黎秋刚、陈伟、吴安辉、李景明、熊安会等又在泸县太伏镇玉溪村举行龙眼良种高换实战培训，黎秋刚、陈伟共同主持培训会。参训人员近50人。针对2019年龙眼高接换种锯砧速度慢，跟不上嫁接进度的问题，郑少泉提出全市2020年嫁接前，要采用"二次锯砧"新技术，确保锯砧和嫁接协同进行，高效高质量完成龙眼品种改造任务。李于兴站长介绍龙眼低位高接换种实操技术要领。吴安辉研究员对参加培训的划线手、锯手和嫁接手进行分组安排。

2020年3月17日李于兴站长、吴安辉研究员安排培训相关事宜

经过紧张有序地组织实施2020年泸州龙眼良种高接换种项目，截至2020年5月1日，泸州龙眼良种高接换种全面结束。据泸州市农业农村局统计，2020年高接龙眼新品种高宝、秋香、宝石1号、醉香、翠香等5个，龙眼树总计57 300株，示范面积3 581亩，新建、扩建龙眼高接换种示范园14个，完成2019年龙眼补接7 318株，示范面积457亩。

2.泸州枇杷新品种示范

2020年3月12日，泸州市农业农村局经济作物站站长黎秋刚组织纳溪区农业农村局经济作物站站长赵喻和枇杷种植户、江阳区农业农村局农业技术推广中心主任宋俊杰、合江县枇杷种植户等12人，到泸州市农业科学研究院枇杷基地进行嫁接培训。郑少泉现场介绍了福建省农业科学院新培育的优质大果白肉杂交枇杷新品种三月白、早白香、白雪早、香妃等品种特征特性及在泸州种植的可行性，并在基地现场开展枇杷高接换种技术培训。培训结束后，种植大户从泸州市农业科学研究院枇杷基地采集白肉枇杷新品种接穗到纳溪区高接示范。

2020年3月12日郑少泉在泸州市农业科学研究院基地讲解枇杷高接换种技术流程

（二）泸州龙眼生产考察与技术示范

福建省农业科学院郑少泉团队一行离开泸州后，一直关注着泸州龙眼良种高接换种工作进展，当听到黎秋刚站长说2020年5月1日高接换种工作全部结束后，郑少泉研究员终于松了一口气，帮助泸州开展3 000亩龙眼新品种嫁接的任务终于完成了。尽管2020年受到疫情的影响，但看到泸州高接换种积极性高，进展顺利，之前所有的努力和付出都是值得的。"泸州龙眼良种有了，良法还没有配套上去，怎么办？"一个新的问题又浮现在郑少泉脑海里，要建设好泸州晚熟龙眼优势区域中心和产业集群，仅仅靠嫁接龙眼新品种还不行，每个龙眼新品种都必须至少要有一个果农群众看得见、摸得着、有效益的良种与良法配套的示范基地。恰好，2020年5月初，黎秋刚站长和陈伟研究员分别致电，再次邀请郑少泉与潘介春两个团队前往泸州指导2020年龙眼花期管理和嫁接后管理，以及现场考察确定良种与良法配套的示范基地。

2020年5月9日郑少泉团队再次来到泸州，潘介春研究员也同时抵达泸州指导龙眼春季花期管理、轮换结果等技术工作。

2020年5月9日当天，郑少泉、潘介春、邓朝军和许奇志等就深入到泸县云龙镇查看2020年龙眼高接换种成活情况。2020年5月10日又到江阳区黄舣镇，龙马潭区胡市镇、特兴镇，泸县太伏镇、海潮镇、潮河镇等地查看2019年嫁接树成花情况等。一路看到，泸州各个地方龙眼满树成花，2020年生产形势大好，估计是泸州历史上龙眼成花率最高的年份，丰收在望；而且，2019年刚刚高接的龙眼新品种也均有抽生花穗。

2020年5月11日，根据两天的调查结果，郑少泉、潘介春一行认真分析泸州当前龙眼生产情况，梳理存在问题，并在泸县海潮镇政府会议室召开有针对性的技术培训会。会上，郑少泉认真分析了2020年全国龙眼生产形势，图文并茂地讲解了良种高接换种中存在的问题和接后春季管理技术要点，并特别强调2020年龙眼高接换种中千万不要像往常一样过早锯除拔水枝等注意事项，一定要等待接到泸州市农业农村局通知后再进行锯除拔水枝。潘介春根据泸州市龙眼成花情况，提出2020年重点任务是既要保证龙眼品质，又要确保2021年有收成，系统地讲解了龙眼疏花疏果技术、轮换结果技术和当前肥水管理重点工作。邓朝军就龙眼高光效树形培养进行专题讲解。李于兴对当前生产管理工作进行补充强调。

2020年5月11日郑少泉、邓朝军在泸县海潮镇开展技术培训

　　2020年5月11日到海潮镇红合村基地进行实际操作培训，两个团队手把手传授疏除花穗、培养树形、土壤施肥和修剪拔水枝等技术。参加此次培训的农业技术人员和果农达110余人，大家对龙眼关键技术的渴望很强烈。

2020年5月11日红合村技术培训现场

2020年5月12日，在赴龙马潭区现场示范疏除花穗和龙眼春季管理技术的路上，郑少泉与潘介春商量道："今天我们的培训以实际操作为主，现在可以挖沟施基肥了，要亲自去做几株龙眼树作为示范树，让果农群众了解龙眼基肥怎么施，施肥量怎么掌握等。"潘介春补充道："对，一定要这样做，包括疏除花穗也这样干，果农才能掌握方法。"李小孟和陈伟立即决定把泸州市农业农村局库存的复合肥和有机肥调运过来供现场示范使用。两个团队到龙马潭区特兴街道桐兴村龙眼基地后，向果农示范龙眼施肥、疏花穗等生产管理技术。

郑少泉、陈伟研究员进行疏花穗和施肥示范

"这样干还是不行，可能示范效果不会很明显，我们今天还要干一件事情，就是在我们嫁接的龙眼新品种中选定一个或者两个30亩左右示范基地，通过应用龙眼新品种的树形培养、轮行轮枝结果、高光效生态栽培等优质、丰产、稳产的栽培技术，建立果农看得见的、可以跟着学的良种良法示范基地。"陈伟听了眼前一亮，认为是个好主意，立即在脑海中浮现出几个可供选择的基地，通过认真对比和思考后，最终选择了龙马潭区金龙镇雪螺村海源果品农场龙眼园。农场主何先海2019年参加了龙眼高接换种结果树管理技术与实际操作现场培训会，易于接受新技术，且其果园基础较好，可以作为国家荔枝龙眼产业技术体系的产业示范园进行重点打造。于是，郑少泉、潘介春、邓朝军、陈伟、李小孟和辜润智一行6人，前往海源果品农场龙眼园，短暂交流后，农场主非常愿意把其果园作为示范园进行打造，并表示将全力配合专家们做好试验和示范工作。交流结束后，何先海立即带队前往基地选择试验树，开展施肥、疏除花穗、轮枝轮行结果等示范工作。

邓朝军、李小孟、陈伟、辜润智进行施肥示范

为了尽快推动龙眼示范园建设，展示良好示范效果，大家不顾白天的辛劳，晚上与胡卓炎、黎秋刚、李于兴、赵雷、李景明等在伊顿饭店召开务虚会。会上大家针对龙眼示范园的生产现状、技术需求，研究了建设目标和实施方案。此外，郑少泉还邀请了国家荔枝龙眼产业技术体系质量安全与营养评价岗位科学家孙海滨研究员、龙眼种质资源收集评价岗位科学家石胜友研究员和生物防治与综合防控岗位科学家李敦松研究员等相关专家共同参与该示范园的打造，希望通过汇聚国家体系力量，全力打造泸州良种加良法配套的现代化龙眼示范园。

2020年5月23—25日，郑少泉、许奇志、潘介春教授、邓英毅副教授、石胜友研究员、王一承高级农艺师、李于兴站长、丁晓波农艺师与福建泉智生物科技有限公司崔明、赵杰、王焕忠等一行11人，随同陈伟研究员、吴安辉研究员、辜润智站长前往龙马潭区金龙镇海源果品农场龙眼果园开展龙眼品种配方平衡施肥试验，并考察了泸州市2019年龙眼新品种高接换种生长、开花、坐果和2020年龙眼新品种高接成活情况。

许奇志（右二）、潘介春（右三）、崔明总经理（左一）在龙眼疏花坐果和施肥现场

（三）泸州世界晚熟龙眼优势产业集群考察

为科学利用长江流域南亚热带特色水果晚熟龙眼种质资源，促进我国晚熟龙眼品种更新换代，产业提档升级，将泸州建成晚熟龙眼优势区域中心，推动全国晚熟龙眼优势特色产业高质量发展，2019年福建省农业科学院与泸州市人民政府签订了共同创建晚熟龙眼优势区域中心的框架协议。福建省农业科学院书记陈永共、院长翁启勇一直都很重视院地合作，始终践行"科技为民，成果惠民"的初心和使命。为了更好地促进晚熟龙眼优势区域中心建设和泸州龙眼产业发展，2020年5月25—27日，翁启勇院长率领福建省农业科学院对外合作处处长郑回勇、成果转化处处长苏汉芳、果树研究所所长叶新福、果树首席专家郑少泉研究员及其团队成员蒋际谋研究员、许奇志农艺师一行考察了泸州龙眼产业情况。

2020年5月26日早上，在泸州市长杨林兴、泸州市农业农村局局长李仁军等陪同下，福建省农业科学院翁启院长一行6人考察了龙马潭区特兴街道桐兴村龙眼高接换种园、泸县海潮镇红合村龙眼基地和泸县宴美农产品冷链物流有限公司。在考察中，杨市长指出泸州龙眼产业要积极发挥晚熟优势，进一步深化与福建省农业科学院的合作，培育具有泸州独特的高品质龙眼品牌，强化标准体系建设，增强行业自律，提升产品品质，延伸产业链条，培育龙头企业，不断提升泸州龙眼产业的知名度、美誉度和经济效益。

杨林兴市长陪同翁启勇院长一行听取龙马潭区农业农村局局长陈伦介绍

杨林兴市长（右二）与翁启勇院长（右三）考察高接换种龙眼新品种翠香开花坐果情况

郑少泉（左二）向翁启勇院长（左三）介绍龙眼新品种翠香低位挖砧嫁接技术

李仁军局长（左五）向杨林兴市长（左三）、翁启勇院长（左四）介绍泸州龙眼新品种高接换种成效

杨林兴市长（左五）与翁启勇院长（左六）商讨共建泸州晚熟龙眼产业集群

　　杨市长与翁院长均认为泸州龙眼产业可以打造成100亿元泸州晚熟龙眼产业集群。为此，杨市长提出两点希望：一是希望优质龙眼品种的引进能够推动泸州龙眼全产业链的发展；二泸州是劳务输出大市，希望通过龙眼产业振兴让更多的农民工能够回流泸州，实现"打工不离乡，就业在家乡"的愿景。

杨林兴市长陪同翁启勇院长一行考察海潮镇红合村龙眼新品种高接换种示范基地

杨林兴市长（中）同翁启勇院长（右）、郑少泉（左）在泸县龙眼新品种示范现场

翁启勇院长一行考察泸县宴美农产品冷链物流有限公司

　　2020年5月26日下午，在泸州市副市长薛学深、泸州市农业农村局局长李仁军等人陪同下，翁启勇院长一行6人前往江阳区考察了况场镇龙眼王、黄舣镇罗湾村龙眼高接换种示范园、泸州市农业科学研究院荔枝龙眼区试基地和张坝桂园林龙眼古树资源群。

翁启勇院长（左三）、薛学深副市长（左二）在江阳区况场镇考察龙眼王

翁启勇院长在江阳区黄舣镇罗湾村详察龙眼新品种高接换种生长情况

薛学深副市长（左六）和李仁军局长（左四）陪同翁启勇院长（左五）考察泸州龙眼新品种高接换种基地

翁启勇院长（左二）与薛学深副市长（右一）等在泸州市农业科学研究院交流考察意见

　　2020年5月27日上午，在泸州市委常委、副市长吴燕晖等陪同下，翁启勇院长一行考察了合江县三江荔枝现代农业产业园。翁院长一行详细地了解三江荔枝现代农业产业园规划和建设情况。

泸州市委常委、副市长吴燕晖（左三）陪同翁启勇院长（左二）一行考察三江荔枝现代农业产业园规划和建设情况

翁启勇院长（左二）一行在泸州市委常委、副市长吴燕晖（左三）陪同下考察合江现代荔枝产业园区

考察结束后，翁启勇院长一行与泸州市政府领导和市、县（区）农业部门相关领导进行了座谈。会上，大家一致认为泸州晚熟龙眼优势独特，产业基地规模大，泸州市委、市政府高度重视，龙眼品种结构调整力度大，新品种、新技术应用推广好。

翁启勇院长指出在高纬度的泸州能有这么大规模的龙眼产业，令人震惊，对晚熟龙眼优势区域中心建设，提出3点建议。一是院地双方凝聚目标，建设晚熟龙眼产业集群、共同打造百亿元龙眼产业，促进龙眼产业结构调整与产业升级；二是在双方框架协议下，共同探讨建立泸州晚熟龙眼产业研究院，针对不同阶段泸州龙眼产业存在的问题，分别制定解决方案并开展相关工作，如打造标准化龙眼示范园，建立一镇一品发展模式，树立泸州龙眼品牌等；三是积极探索合作机制，共同创造经济效益。希望福建省农业科学院能与泸州市政府建立长效合作机制，从品种、技术、人才等方面加强合作，共同推进泸州晚熟龙眼产业提升，让国家级龙眼团队长期为地方龙眼产业服务，进而带来更好的社会、经济、生态效益。

泸州市副市长薛学深表示：一要进一步深化院市双方合作，探讨建立产业研究院合作模式；二要在延长龙眼全产业链上下功夫，通过新品种、新技术、新理念等推广，让晚熟龙眼价值实现最大化；三要共同打造和提升泸州龙眼的影响力，让世界了解泸州种植晚熟龙眼的悠久历史，促进泸州龙眼产业跨越发展。

参会人员进一步围绕院地合作和泸州打造世界晚熟龙眼产业集群进行深入研讨，对打造100亿元泸州晚熟龙眼产业集群达成合作共识。未来，泸州龙眼必将成为全国、甚至全世界的知名品牌，成为助农增收和推进乡村振兴的重要产业之一（视频链接网址：http：//www.luzhoutv.com/cms/video/27555721）。

（四）攀枝花枇杷新品种示范

攀枝花市气候独特，属南亚热带亚湿润气候，具有夏季长、温度日变化大、四季不分明，降水少而集中，日照多，太阳辐射强，气候垂直差异显著等特征。攀枝花是我国实施枇杷产期调节的最重要的区域之一，枇杷鲜果采摘期长达半年以上，2019年福建省农业科学院枇杷科研团队新选育的优质大果白肉二代杂交枇杷新品种在攀枝花表现投产期早、丰产、早熟、优质。2019年11月9日，白雪早枇杷新品种可溶性固形物含量平均达22%，最高达到30.4%，而且略带微酸，口感好，风味极佳。三月白、白雪早、早白香、香妃等二代杂交白肉枇杷新品种，高接树第二年即可挂果试产。早白香2019年1月在攀枝花高接，2019年12月就能成熟，实现了当年嫁接当年成熟的优异性能。基于这种情况，受攀枝花市农林科学研究院农业信息与经济研究所副所长祝毅娟和米易县农业农村局经济作物站站长陈华的共同邀请，福建省农业科学院枇杷科研团队郑少泉和邓朝军原计划带品种带技术带人员，于2020年农历正月初八，前往攀枝花实施国家科技重点研发计划课题"枇杷种质创新与新品种选育"中的新品种区域试验和生产性试验示范。但由于当时正是新型冠状肺炎病毒暴发期，取消了行程。随后，郑少泉和邓朝军同祝毅娟副所长、陈华站长商定，在攀枝花能够进行嫁接时间内邮寄枇杷新品种接穗。3月20日，福建省农业科学院枇杷科研团队郑文松采集白雪早、三月白、早白香、香妃、白早钟8号等枇杷新品种接穗1 000条寄往攀枝花，由祝毅娟负责品种区域试验和生产性试验示范的具体实施。

三、云　南

屏边龙眼枇杷新品种技术示范

农业农村部科教司通知国家荔枝龙眼产业技术体系，国家级脱贫攻坚挂牌督站县——云南省屏边苗族自治县，提出了枇杷产业技术帮扶需求，要求国家荔枝龙眼产业技术体系兼做枇杷研究的岗位专家对接落实，做好技术支持。

2020年4月4日，郑少泉获悉此项事情后，马上联系国家荔枝龙眼产业技术体系首席专家、华南农业大学陈厚彬研究员，向其汇报前往屏边开展枇杷产业技术科技扶贫的思路和实施方案，得到陈厚彬首席的鼓励和肯定；随后，又马上联系了云南省农业科学院热带亚热带经济作物研究所副所长、国家荔枝龙眼产业技术体系保山综合试验站站长罗心平研究员，征求共同负责屏边枇杷科技扶贫工作的意向，得到他的支持；并与陈厚彬首席、罗心平站长共同商讨赴屏边行程安排。由于枇杷定植、嫁接等是季节性很强的农事，时间紧，任务重，要实施此次计划，必须马上行动，尽快组织好人、财、物。人方面，组织居家隔离的技术娴熟嫁接手；财方面，营养袋和带果实的大盆栽枇杷苗从福建福州运到云南屏边，需要1万元左右运费，罗心平站长表态计划由云南农业科学院热带亚热带经济作物研究所负责开支；物方面，需要准备枇杷苗、枇杷接穗、嫁接薄膜、嫁接工具等。陈厚彬、郑少泉、罗心平经商讨后一致认为，要顺利开展这项工作，必须得到屏边苗族自治县委书记苏畅的支持。郑少泉请罗心平站长先行同苏畅书记联系，说明科技帮扶的意向。罗心平站长反馈说："屏边苗族自治县委书记苏畅极其重视，但怕中午影响您休息，表示午后联系。"得到罗心平站长的消息后，郑少泉顾不上午休，立马同屏边苗族自治县委书记苏畅联系，介绍了福建省农业科学院龙眼枇杷团队新育成的一系列熟期配套、国际领先的优异品种，以及科技服务屏边枇杷产业的意向、实施方案和具体要求，苏畅书记表示全力支持，希望福建、云南科研团队尽快赶赴屏边开展帮扶，并提出运苗费用由屏边苗族自治县承担。随后苏畅书记马上责成县有关部门落实枇杷种植示范园和母本园的选址，确定优质大果白肉枇杷新品种高接换种示范园以及科技培训等相关日程安排，指派吴红昌副县长作为联系人，并全权负责福建农业科学院和云南农业科学院专家赴屏边开展科技助农活动等事宜。之后，邓朝军同罗心平研究员、屏边苗族自治县副县长吴红昌联系，商定对接云南屏边枇杷科技助农活动的具体细节和实施方案。2020年4月8日，由郑少泉、罗心平、邓朝军、张惠云组成的专家组一行4人，晚上10点到达云南屏边后，稍作休息，立即同吴红昌副县长商量第二天的工作安排。2020年4月9日，专家组在屏边苗族自治县副县长吴红昌、屏边苗族自治县林草局副局长钱良超、玉屏镇副镇长保宇鹏的陪同下，深入屏边苗族自治县枇杷主产区的玉屏镇、新现镇和新华乡调研，与枇杷种植户交流，了解屏边枇杷生产情况、品种分布与气候条件。

2020年4月9日吴红昌副县长陪同郑少泉、罗心平等专家一行5人在枇杷主产区调研

2020年4月9日吴红昌副县长与专家组商讨枇杷新品种高接换种布局

　　2020年4月9日下午，屏边苗族自治县委书记苏畅在新现镇调研督导脱贫攻坚工作时，与郑少泉、罗心平、邓朝军、张惠云一行4人进行了座谈交流，就屏边龙眼枇杷种植中存在的问题，以及今后龙眼枇杷产业发展的思路和经营模式进行了深入交流与探讨。会上，郑少泉认为，屏边生态、区位和资源优势

得天独厚，非常适宜发展枇杷种植，并表示愿意积极发挥自身影响，与屏边苗族自治县委、县政府一道共同探索出适合枇杷产业发展的"屏边模式"。苏畅书记表示："希望通过品种改良、技术配套、提高种植规模面积、建立合作社等措施，共同推动枇杷产业的持续健康发展，助力脱贫攻坚和促进乡村振兴。"会上苏畅书记提出在原来玉屏镇枇杷新品种高接换种示范片的基础上，增加新现镇枇杷新品种高接换种示范片，同时提出引进福建省农业科学院、国家荔枝龙眼产业技术体系龙眼品种改良岗位新育成的龙眼新品种到屏边高接换种，促进屏边龙眼产业发展。郑少泉当即联系团队成员许奇志，于2020年4月13日带队携带龙眼枇杷新品种接穗赴云南支持屏边龙眼枇杷新品种高接换种工作。屏边苗族自治县委常委、统战部部长、新现镇党委书记杨富丞，屏边苗族自治县副县长、玉屏镇党委书记吴红昌及屏边苗族自治县委办公室、县扶贫开发办公室有关负责人参与座谈。

　　2020年4月9日傍晚，来自福建的三月白、白雪早、早白香、香妃、白早钟8号、白早钟3号、白早钟16、白早钟4号、冠红1号等12个品种432株容器枇杷苗（其中12株带枇杷果的大苗）以及2 500条二代杂交白肉枇杷新品种接穗运抵屏边。

2020年4月9日傍晚12个枇杷新品种容器苗抵达屏边

　　2020年4月10日，屏边苗族自治县林草局副局长钱良超和玉屏镇副镇长保宇鹏带队在屏边苗族自治县玉屏镇大份子村开展种苗定植，专家组一行4人先对枇杷示范园和母本园进行整体规划，现场培训种植者小苗定植技术。

2020年4月10日玉屏镇大份子村枇杷新品种母本园暨示范园种苗定植现场

2020年4月10日罗心平副所长（右一）和杨国安研究员（左一）在枇杷新品种母本园暨示范园大苗定植现场

　　2020年4月11日，受中共云南省委组织部杨洪涛处长（挂职屏边苗族自治县副县长）邀请，专家组一行4人到湾塘乡营盘村开展产业发展调研，为当地寻求发展特色产业种植项目进行选点，调研期间，专家组步行1.5h山路到达海拔1300m的张家寨进行实地调查，邓朝军步行过程中扭伤脚踝仍继续前行。

2020年4月11日杨洪涛处长（中）陪同郑少泉、罗心平副所长在湾塘乡营盘村考察现场

2020年4月11日杨洪涛处长（左三）陪同专家组在湾塘乡营盘村调研

　　2020年4月10日和12日，专家组分别在玉屏镇平田村委会和新现镇政府进行枇杷品种、栽培技术会议培训，及枇杷高接换种、树冠修剪和施肥等技术现场培训，郑少泉、邓朝军分别为果农做了枇杷差异化育种和枇杷树形培养及高接换种技术等技术培训，培训人数103人。屏边苗族自治县农业农村和科学技术局杨国安研究员在玉屏镇平田村枇杷产业技术培训会上主动发言，并激动说道："郑教授团队带来的国际领先水平的成熟期配套的白肉枇杷新品种，就像屏边引进先进的光刻机，屏边枇杷产业一跃进入5G时代。"

2020年4月10日玉屏镇平田村枇杷品种与栽培技术培训

2020年4月12日新现镇枇杷品种与栽培技术培训

2020年4月12日晚上，屏边苗族自治县副县长吴红昌召集郑少泉、罗兴平、邓朝军、张惠云，屏边苗族自治县林业和草原局副局长钱良超，玉屏镇副镇长保宇鹏，屏边苗族自治县农业农村和科学技术局杨国安研究员等研究修建枇杷母本园暨示范园道路、蓄水池、水肥池、水源等设施，配备2名专职管理人员，以及制定枇杷新品种定植后管理技术方案等，并达成共识。工作要点如下。

（1）本基地以打造屏边苗族自治县枇杷示范园、母本园、展示园为目的。聘请2人全年管护。

（2）在不破坏枇杷种苗的前提下，在地块中间修建机耕路一条。在每两行枇杷中间修建作业小道。

（3）以每株每次需水量25kg为标准修建化粪池、水池，分大、中、小，合理布局在地块内。

（4）2020年定植后半年母本园技术工作要点。

①有机肥。每株施农家肥。鸡粪、花生饼或豆饼碎料各20kg（可用茶油

有机肥施肥作业示意图

饼代替，量加至25kg)，钙镁磷2.5kg，生石灰0.5kg。有机肥分层或混拌均匀，以下一行枇杷苗为中心前后各2.5m平铺在地内；然后和表层土（20cm左右）混拌，混拌后将其置于下一行枇杷树盘旁。

②水肥。每15天施肥1次，15kg/株。肥料配比浓度为尿素浓度0.1%，复合肥浓度0.2%。

③叶面肥。每15天施肥1次（叶面叶背用喷雾器喷湿即可）。肥料配比浓度为进口尿素浓度0.1%，磷酸二氢钾浓度0.1%。

④在树盘上铺稻草5～10cm，稻草横竖交叉铺。稻草与树干保持一定的距离。

以上四项工作需要同时开展。

⑤一个月后（5月12日左右）解开嫁接口薄膜。操作前先用木棍或者竹子按照种植时的斜度固定好苗木，后用手小心解开薄膜。

⑥地块下面（杉树附近）土硬的部分需松土。在树盘外松土深50cm，宽100cm。

⑦种苗若有虫，喷洒4 000倍液的菊酯类等农药。

⑧现在已经挂果的大苗进行果实套袋保护。

⑨将田埂开口、地块开沟，以利于排水。

⑩全年树盘保持土壤湿润，无杂草，树盘外要及时割草，杂草不得高于30cm。不得使用除草剂、不能火烧。

⑪田间工作日志记录。

2020年4月9—12日，专家组一行4人在屏边期间，白天开展技术培训等工作，晚上又在云梯酒店围绕屏边荔枝、龙眼、枇杷产业发展问题探讨至凌晨1点才休息。

郑少泉、罗心平、邓朝军、张惠云商讨屏边果树项目推进事宜

2020年4月8—20日，团队成员陈国领带领8个技术娴熟的嫁接工在屏边苗族自治县嫁接枇杷新品种（系）三月白、白雪早、香妃、早白香、白早钟3号、白早钟4号、白早钟8号、冠红1号、白早钟16、白早钟15等10个，龙眼新品种（系）翠香、醉香、冬香、秋香、醇香、窖香、宝石1号等7个。期间，4月12日提供三月白、白雪早、香妃、早白香、白早钟14、白早钟15、白早钟16、白早钟3号、白早钟4号、白早钟8号、阳光70、冠红1号等12个枇杷新品种（系）接穗，由云南省农业科学院热带亚热带经济作物研究所在云南保山嫁接示范。

第二次前往屏边之前，郑少泉多次与屏边吴红昌副县长、钱良超副局长和杨国安研究员联系，询问屏边冰雹对枇杷新品种示范基地影响和枇杷长势，以及蓄水池、水肥池、水源等设施等建设情况，2020年5月8日枇杷新品种示范基地基础设施建设完成。

枇杷新品种母本园暨示范园水池建设与定植场景

　　2020年6月1日，郑少泉、罗心平、邓朝军、张惠云联系了土肥专家崔明、赵杰、徐志勇到屏边指导工作。6月2日，在屏边苗族自治县林草局副局长钱良超和枇杷新品种母本园暨示范园负责人屏边苗族自治县林科所所长陈友祥的陪同下，郑少泉、罗心平等专家一行7人，顶着炎炎烈日在玉屏镇、新县镇查看新品种高接换种示范园嫁接后生长和小苗嫁接成活情况，并指导果农嫁接树抹芽、树干保护等技术工作。

2020年6月2日专家一行到玉屏镇平田村指导枇杷高接换种后管理工作

2020年6月2日新县镇枇杷新品种小苗嫁接成活与生长情况

2020年6月2日下午，专家组在指导母本园开沟施肥过程中，发现人力开沟施肥费时费力，提出采用挖掘机开沟施肥省时省力，且效果会更好，于是屏边苗族自治县林草局马上联系挖掘机。

2020年6月2日专家一行在玉屏镇大份子村扩穴改土现场

2020年6月3日，专家组一行7人，在杨洪涛副县长陪同下，前往营盘村实地考察夏季定植的枇杷新品种三月白和香妃小苗生长情况。

专家组一行在杨洪涛处长陪同下考察营盘村枇杷夏季定植生长情况

专家组根据中共云南省委组织部县级驻村工作队队员、村"两委"及党员群众意见，拟在湾塘乡营盘村发展三月白枇杷，专家组一行实地查看营盘村地形、海拔、土壤状况、水资源分布等自然条件，认为适宜发展枇杷生产。

杨洪涛处长同专家组一行商讨夏季定植枇杷新品种相关事宜并考察营盘村种植现场

2020年6月3日傍晚挖掘机进场进行扩穴改土与整修梯田，但是挖掘机师傅听说挖掘机是用来平整土地和施肥，感觉一头雾水，不知如何下手。郑少泉耐心指导挖掘机师傅，但由于语言交流不通畅，挖掘机师傅听不明白操作流程，这时陈友祥所长赶紧用当地方言解释，共同指导挖掘机师傅开展工作，直至晚上8点才吃晚饭。

枇杷母本园暨示范园挖掘机扩穴改土与整修梯田

2020年6月2—3日，屏边苗族自治县委书记苏畅连续两个晚上召集吴红昌副县长、钱良超副局长、杨国安研究员、郑少泉、邓朝军、罗心平副所长、张惠云副研究员等专家在下榻酒店就屏边三大果树产业发展对策商讨至深夜。

2020年6月3日晚屏边苗族自治县委书记苏畅（左四）同专家组研究屏边三大果树产业发展对策

四、广　东

（一）深圳香妃枇杷新品种示范见成效

深圳正在"中国特色社会主义先行示范区"和"粤港澳大湾区核心区"双区驱动下，深圳市农业科技促进中心与福建省农业科学院果树研究所开展合作，在更高起点、更高层次、更高目标上全面推进都市农业发展新格局，在深圳市农业科技促进中心试验示范场建立了枇杷新品种国家区域试验示范园，作为国家科技重点研发课题"枇杷种质创制与新品种选育"的一部分，系统开展枇杷新品种引进选育、试验示范和育苗推广等工作，深圳市农业科技促进中心先后从福建省农业科学院果树研究所引进香妃、三月白、白雪早、白早钟3号、白早钟8号、早白香、新白7号和冠红1号等8个优良品种。2020年春季，提供新品种（系）三月白、白雪早、白早钟3号、白早钟8号接穗，嫁接苗木3万多株，供全国枇杷区域试验。

2020年4月2日马海峰场长陪同郑少泉、邓朝军、许奇志考察白肉杂交枇杷新品种育苗基地

近五年的区域试验和生产试验效果表明，香妃枇杷在深圳表现特晚熟、优质、大果、白肉，综合品质优。香妃枇杷丰产稳产，抗逆性强，具备了全国热带作物品种审定条件。

深圳坪山区香妃枇杷新品种结果状

2020年4月1—3日，福建省农业科学院果树研究所郑少泉、邓朝军、许奇志驱车前往深圳市农业科技促进中心坪山试验场，为召开特晚熟优质大果白肉杂交枇杷新品种香妃全国热带作物品种审定现场鉴评会做前期准备。深圳市农业科技促进中心主任周向阳非常重视此项工作，莅临现场指导筹备会议各项事宜，表示深圳市农业科技促进中心将全力协助福建省农业科学院果树研究所圆满完成香妃现场鉴评会的工作，试验场场长马海峰研究员也亲力亲为，布置现场，安排会议相关工作，深圳市农业科技促进中心坪山试验场副场长王先琳、屈海斌、罗锋等人积极参与会议筹备和鉴评。此次会议也得到农业农村部南亚热带作物中心热带作物发展处处长刘建玲，科长郑红裕的大力支持和帮助。由于疫情原因，郑红裕科长提出具体要求，如参会人员要精简，会议采用工作餐，专家要专车点对点接送，不建议福建省农业科学院育种单位派相关领导参会等。2020年4月3日上午，会议在深圳市农业科技促进中心坪山试验场会议室召开，由深圳市农业科技促进中心副主任陈章鹏主持，邀请专家分别为广东仲恺农业工程学院黄建昌教授、广州市果树研究所徐社金研究员、深圳职业技术学院乔方教授、广东省农业科学院果树研究所邱继水研究员和华南农业大学周碧燕教授。专家们前往深圳市坪山区对枇杷新品种香妃进行现场鉴评。

2020年4月3日深圳坪山区香妃枇杷鉴评会现场

现场测产结果表明，小苗定植6年树龄香妃植株株产40.47kg，株行距4m×6m，折合亩产1 133.2kg，单果重58.0g，可溶性固形物含量14.1%，可食率72.4%。香妃枇杷特晚熟，丰产性好；树体和果实均耐热；裂果和皱果发生少，适应性强；果实大、优质，风味浓郁，易剥皮，可食率高，是一个优质的白肉枇杷新品种，建议加大推广力度。

2020年4月3日邓朝军汇报枇杷新品种香妃选育情况

通过福建省农业科学院和深圳市农业科技促进中心紧张有序地通力合作3天，会议取得圆满成功。

2020年4月3日专家组与课题组成员在鉴评会现场

（二）茂名、湛江龙眼新品种示范

广东农垦集团所属企业在广东种植龙眼面积达5万多亩。2019年6月23日在参加华南农业大学胡桂兵教授组织的荔枝新品种与高接换种技术现场展示观摩会期间，广东农垦热带农业研究院院长助理陈明文请求福建省农业科学院龙眼枇杷团队针对广东农垦龙眼产业现状，提供技术支撑和实施品种改良，并在广东农垦集团寻找适宜地域开展二代白肉杂交枇杷种植示范，改善和优化广东农垦种植业结构，促进垦区果农增收致富。

随后，国家荔枝龙眼产业技术体系龙眼品种改良岗位科学家，福建省农业科学院郑少泉率领团队成员邓朝军和姜帆前往广东农垦热带农业研究院与陈叶海院长、陈明文院长助理、科技开发部陈士伟部长、科研部洪向平部长等探讨科技合作事宜。双方就二代杂交龙眼枇杷新品种落地广东农垦集团进行新品种示范等达成共识。

2020年1月1日后，广东农垦热带作物科学研究所副所长陈海坚就请求郑少泉团队，引进龙眼枇杷新品种，在广东农垦热带作物科学研究所进行高接换种；2020年1月8—11日，进行了第一批为期3天的龙眼枇杷新品种嫁接。

2020年春节后，郑少泉、邓朝军分别与陈明文联系，就福建省农业科学院果树研究所与广东农垦热带农业研究院签订龙眼枇杷新品种在广东农垦许可使用的协议方案进行讨论，准备实施。但由于疫情的蔓延，广东疫情较严重，原定前往广东化州，在广东农垦热带作物科学研究所龙眼园实施二代杂交龙眼新品种高接换种的计划延期。

2020年春节后，广东农垦热带作物科学研究所领导与郑少泉经常联系并交流龙眼枇杷新品种嫁接后管理事宜。为了增加引进龙眼新优品种，扩大示范效果，广东农垦热带作物科学研究所加快科研部署，但因广东疫情防控要求，专家团队和嫁接团队都无法外出到广东化州，龙眼大枝嫁接的关键期窗口在4月底即将结束。陈海坚副所长作为广东农垦热带作物科学研究所龙眼大枝换接新品种的负责人，十分担心错过嫁接时机。2020年4月中旬，广东疫情防控级别降低，陈海坚、郑少泉、邓朝军抓紧联系、安排落实广东化州龙眼新品种高接换种事宜。

2020年4月17日，郑少泉通知陈海坚，抓紧与团队成员邓朝军对接，做好嫁接前准备工作。通过周密有序安排，专门把正在云南屏边服务的嫁接团队7人调往化州。研究团队根据全国区试情况结合茂名生态环境条件重点推荐示范新优品种宝石1号、翠香、醉香、宝石2号、0705-36、0719-3、09-3-33、水沟边、宝石3号、09-3-55、09-3-2等11个龙眼新品种（系），都是最新选育的。

郑少泉团队到达广东农垦热带作物科学研究所后，第一时间与广东农垦热

2020年4月17日广东化州龙眼新品种嫁接与培训现场

带作物科学研究所领导和龙眼团队一起商量龙眼嫁接品种规划、地块划分、嫁接方法、现场人员安排等工作。嫁接的第一天，郑少泉团队与广东农垦热带作物科学研究所领导及其技术人员紧密配合，有序推进嫁接工作。

嫁接期间，广东农垦热带作物科学研究所谋划要把龙眼高接换种新品种试验基地打造成有影响力的基地，请示了上级单位广东农垦热带农业研究院领导，得到上级领导的大力支持和鼓励。郑少泉邀请了国家荔枝龙眼产业技术体系龙眼栽培岗位科学家广西大学潘介春教授和茂名综合试验站站长钟声研究员来到基地指导培训，共同商议打造建设国家荔枝龙眼产业技术体系龙眼优新品种示范基地。该基地利用广东农垦热带作物科学研究所现有的100亩龙眼园，通过低位大枝嫁接、先进的高接换种等技术管理，争取在1～2年内开花结果，筛选出适于茂名地区比传统品种更具有市场竞争力的替代品种。

2020年4月22日钟声站长到广东化州龙眼新品种嫁接现场考察

2020年4月23日郭振粤书记、潘介春教授等在龙眼新品种示范基地现场

2020年5月19—21日，由农业农村部亚热带作物中心、国家荔枝产业龙眼产业技术体系、广东省农业农村厅、茂名市人民政府联合主办，高州市人民政府承办的2020年中国荔枝产业大会在广东茂名召开。会议以"奋进新时代，助荔产业兴"为主题，全国荔枝主产区各级政府主管部门、科研院所、农业推广部门和种植加工、销售企业等单位的400余名代表参加。受主办单位邀请，福建省农业科学院果树首席专家郑少泉研究员和许奇志农艺师2人参加了本次大会。

2020年5月20日下午，中国荔枝产业高峰论坛暨学术技术研讨会在茂名温德姆至尊酒店召开。受主办单位邀请，郑少泉研究员代表国家荔枝龙眼产业技术体系遗传改良研究室做了"荔枝龙眼种业'十四五'发展研究报告"大会报告。报告分"十三五"种业发展成效回顾与经验总结、"十四五"种业发展面临的机遇与挑战、"十四五"种业发展的总体思路等6个方面。

2020年5月20日，郑少泉在大会上作学术报告

"荔枝龙眼种业'十四五'发展研究报告"由华南农业大学、福建省农业科学院果树研究所、广东省农业科学院果树研究所、中国热带农业科学院热带作物品种资源研究所、广西壮族自治区农业科学院园艺研究所、中国热带农业科学院南亚热带作物研究所等单位历经半年时间完成，于2020年5月得到农业农村部种业管理司的感谢。

2020年5月21日，受中国热带农业科学院南亚热带作物研究所的邀请，在农业农村部热带果树生物学重点实验室学术交流会上，郑少泉做了"我国龙眼育种现状、问题与发展思

农业农村部种业管理司

感　谢　信

国家荔枝龙眼产业技术体系：

为推动编制好种业"十四五"发展规划，我司会同科技教育司组织有关国家产业技术体系和行业协会开展了重点物种种业专题研究工作。在胡桂兵同志牵头组织下，国家荔枝龙眼产业技术体系历时半年，完成了《荔枝龙眼种业"十四五"发展研究报告》，为种业"十四五"发展规划编制奠定了良好基础。

在此，我司向为研究工作付出努力和作出贡献的华南农业大学园艺学院胡桂兵、赵杰堂、黄旭明、刘成明、陈厚彬，福建省农业科学院果树研究所郑少泉、邓朝军、姜帆、许奇志，广东省农业科学院果树研究所向旭、邓洁珍，中国热带农业科学院热带作物品种资源研究所王家保，广西农业科学院园艺研究所彭宏祥、朱建华、李鸿莉，中国热带农业科学院南亚热带作物研究所石胜友等同志表示衷心感谢！

顺祝各位专家工作顺利、万事如意！

农业农村部种业管理司
2020年5月

荔枝龙眼种业"十四五"发展研究报告得到农业农村部种业司的感谢

考"的学术报告。报告从龙眼育种目标、龙眼育种进展、存在问题、思考与展望等4个方面详细阐述了龙眼育种进程，详细介绍了福建省农业科学院果树研究所近年来龙眼育种成效，并着重介绍了宝石1号、冬香、福晚8号等品种特性。

2020年5月21日郑少泉在中国热带农业科学院南亚热带作物研究所作学术报告

　　湛江地处南亚热带，背靠广阔的大陆，面临浩瀚的南海，形成热带海洋性季风气候。具有常年高温、台风频繁，夏秋多雨，冬春干旱的气候特点。湛江全年气温较高，年平均气温为23℃。由于湛江常年气温较高，龙眼在花芽分化期常抽梢，长势较旺，一般需要采用氯酸钾等控梢促花才能正常开花结果。中国热带农业科学院南亚热带作物研究所国家荔枝龙眼产业技术体系南繁科研育种基地作为福建省农业科学院果树研究所龙眼杂交新品种繁育基地，高接了20多个杂交龙眼新组合。2020年5月21日，郑少泉与许奇志前往南繁科研育种基地调查龙眼杂交新品种结果情况，发现大部分龙眼树体生长旺盛，没有开花结果，但其中粤香（09-1-37）和热香（12-7-46）在没有利用氯酸钾控梢促花的情况下2020年仍表现良好的结果性能。这两个新品（株）系的成功选育对我国热带和热带边缘地区龙眼产业具有极其重大的现实意义。

2020年5月21日南繁科研育基地的杂交新组合龙眼生长结果情况

2020年5月21日热香龙眼新品系生长结果情况

为了进一步观察粤香、热香的果实性状表现，龙眼枇杷团队成员许奇志与陈国领、郑文松2位技术员于6月18—19日再次前往湛江国家荔枝龙眼产业技术体系南繁科研育基地，对粤香、热香及其他有结果的杂交龙眼株系进行疏果、修剪，并安排施肥，防治危害果实的椿象等病虫害。拟在2020年7月上中旬在龙眼南繁育种科研基地召开龙眼新品系现场观摩鉴评会。

2020年6月19日许奇志、陈国领和郑文松进行龙眼新品系疏果

（三）从化龙眼枇杷新品种示范

2020年5月31日，受广州市荔鼎生态农业开发有限公司董事长邀请，福建省农业科学院郑少泉和邓朝军，前往广州市荔鼎生态农业开发有限公司基

地荔博园考察指导2019年引进的二代杂交龙眼枇杷新品种高接换种春季管理。2019年高接的龙眼枇杷生长状况良好，其中，宝石1号龙眼长势迅猛，欧阳董事长表示从没有见过高接在一年内长势这么旺，树冠这么大，长得这么粗壮的龙眼品种，预计2021年产量将超过50kg。欧阳建忠对从化龙眼枇杷发展充满信心，期间，郑少泉、欧阳建忠、邓朝军、邓志峰一起探讨2020年分别建设30亩龙眼枇杷示范园的选址、整地施基肥等前期准备工作。

2020年5月31日从化2019年春季嫁接的龙眼新品种调查与栽培技术管理指导

五、重 庆

（一）合川枇杷新品种示范

1.三月白等7个枇杷新品种（系）示范

2017年5月，重庆市合川区经济作物指导站副站长李玲参加全国第八届枇杷学术研讨会，聆听了郑少泉"枇杷优异资源利用与新品种选育研究进展"的学术报告，对福建省农业科学院果树研究所选育的二代杂交枇杷新品种非常感兴趣，比较符合重庆市的生产条件和产业需求。于2018年3月，从福建省农业科学院果树研究所引进三月白、白雪早、早白香、香妃、阳光70、白早钟3号、白早钟14、樱桃枇杷等8个枇杷新品种，在合川区古楼镇大自然枇杷园果园进行高接换种，2019年三月白等部分新品种试花挂果，品质优良，引种取得初步成功。根据国家枇杷重点研发课题计划任务，准备于2020年4—5月在合川召开新品种区域试验和生产性试验效果鉴评会。

福建省农业科学院团队面对疫情，不畏惧不退缩。在完成福清一都、莆田白沙杂交枇杷新品种的高接换种任务，以及深圳坪山香妃杂交枇杷品种审定现场鉴评会后，郑少泉、邓朝军和许奇志等3人又把关注点转移至重庆市合川区古楼镇的由合川区农业农村委员会引进重庆示范的系列杂交枇杷新品种。经过疏花疏果等精心管理，三月白、白雪早、早白香、香妃等优质大果白肉杂交枇杷新品种已经试投产，丰产性能优，但2020年何时能够成熟开采？品质又如何？重庆市合川区农业委员会经济作物站副站长李玲和团队人员也心中没数。拟定在合川召开的白肉杂交枇杷新品种现场鉴评会的时间安排也无着落，邀请全国同行专家参加的鉴评会就更难确定。郑少泉、邓朝军和许奇志等3人都很着急，常常同李玲副站长视频联络，但还是不到合川果园现场，谁都定不了枇杷果实成熟时间节点。于是邓朝军建议在完成化州广东农垦热带作物科学研究所的龙眼高接换种任务后，赴重庆察看现场，定夺现场鉴评会何时召开，重庆市农业农村委员会高度重视，积极支持。2020年4月23日，郑少泉、邓朝军从化州到广东湛江机场飞往重庆。重庆市农业技术推广总站副站长熊伟研究员、孔文斌研究员和寇琳羚农艺师驱车到机场，接到郑少泉、邓朝军后，直接奔赴引种试验基地，同在基地等候的合川区经济作物站站长刘勇、副站长李玲、邓椿杨等一道共同观察记录枇杷新品种的成熟情况和果实性状表现，符合召开现场观摩评鉴会的条件，现场落实鉴评会的时间、主要测试内容和鉴评专家。综合大家意见，熊伟研究员确定2020年4月27日在重庆市合川区召开特早熟优质大果杂交枇杷新品种三月白、白雪早现场鉴评会。

2020年4月23日熊伟副站长在刘勇站长的陪同下考察重庆合川枇杷新品种引种结果情况

2020年4月23日熊伟副站长、郑少泉等在重庆合川枇杷新品种现场

  2020年4月27日，福建省农业科学院果树研究所邀请华南农业大学（国家荔枝龙眼产业技术体系首席）陈厚彬研究员、重庆市农业技术推广总站副站长（国家果树专家指导组成员）熊伟研究员、广东省农业科学院果树研究所所长曾继吾研究员、泸州市农业农村局经济作物站陈伟研究员、云南省农

业科学院热带亚热带经济作物研究所副所长罗心平研究员、泸州市农业农村局经济作物站站长黎秋刚高级农艺师、中国农业科学院柑橘研究所江东副研究员、深圳市农业科技促进中心试验场场长马海峰研究员、合川区农田建设及农机服务中心主任唐伟生高级农艺师、云南省农业科学院热带亚热带经济作物研究所张惠云副研究员等专家，组成特早熟优质大果杂交枇杷新品种三月白和白雪早现场鉴评专家组，对重庆市合川区经济作物发展指导站承担的杂交枇杷新品种三月白、白雪早区域试验和生产性试验进行了现场鉴评。各位专家不畏疫情，从广东、四川、云南等各地赶赴重庆，参加鉴评会，支持福建省农业科学院果树研究所枇杷新品种选育和区域测试工作。专家组在实地考察了种植现场，观察生长结果表现，现场测产，鉴评品质，一致认为三月白和白雪早都是早钟6号×新白2号杂交后代群体中培育出来的枇杷新品种，2018年3月引进重庆合川进行区域试验和生产性试验，表现出稳定的早熟、丰产、优质、大果等园艺性状。

2020年4月27日专家组在三月白、白雪早枇杷新品种种植现场考察

　　三月白枇杷单果重68.2g，可溶性固形物含量13.4%；可食率75.7%；高接二年生树株产10.4kg，亩植89株，折合亩产925.6kg。肉质细嫩、化渣、汁多、易剥皮、味鲜、清甜爽口、风味佳，品质优。三月白枇杷田间结果性状良好，在重庆市合川区成熟期为4月下旬，与早钟6号相比早熟7天，单果重高21.8%，可溶性固形物含量高8.1%，是目前重庆市合川区成熟期最早的枇杷良种。

　　白雪早枇杷单果重70.8g，可溶性固形物含量12.3%；可食率70.5%；高接二年生树株产10.9kg，亩植89株，折合亩产970.1kg。肉质雪白细嫩、化渣、汁多、易剥皮、味鲜、清甜爽口、风味佳，品质优。白雪早枇杷田间结果性状良好，在重庆市合川区成熟期为4月下旬至5月上旬。

　　专家组建议加快三月白和白雪早枇杷新品种在不同区域示范推广，并进一步完善优质丰产配套栽培技术。

2020年4月27日三月白、白雪早室内鉴评

在三月白和白雪早枇杷新品种鉴评会期间，为了发展泸州特色果树产业，受泸州市副市长薛学深委派，时任泸州市农业农村局局长李仁军，率领泸县农业农村局经济作物站站长熊安会、纳溪区农业农村局经济作物站站长赵喻、农业技术人员以及枇杷种植户等12人，考察了合川大自然枇杷园种植的优质大果杂交白肉枇杷新品种生长结果情况和品质表现，对二代白肉杂交枇杷新品种的丰产、果大、优质给予充分肯定，表示愿意在泸州发展白肉枇杷新品种，并将其作为泸州特色果业发展的首选品种。

2020年4月27日泸州市农业农村局局长李仁军（左三）一行考察三月白、白雪早等白肉杂交枇杷新品种

2020年4月27日泸州市农业农村局局长李仁军（左一）与黎秋刚站长（右一）在现场品鉴白肉杂交枇杷新品种三月白

随后，2020年5月9日，福建省农业科学院果树研究所邀请重庆市农业农村委员会洪国伟总农艺师、重庆市农业农村委员会文泽富研究员、广东省农业科学院果树研究所所长曾继吾研究员、重庆市农业技术推广总站副站长熊伟研究员、重庆市农业科学院果树研究所所长谭平研究员、广西大学潘介春教授、泸州市农业农村局经济作物站陈伟研究员、云南省农业科学院热带亚热带经济作物研究所副所长罗心平研究员、中国农业科学院柑橘研究所江东副研究员、合川区农田建设及农机服务中心主任唐伟生高级农艺师、泸州市农业农村局经济作物站站长黎秋刚高级农艺师等11人，组成专家组，对2018年重庆市合川区经济作物发展指导站承担福建省农业科学院培育的三月白、白雪早、早白香、白早钟3号、白早钟14、阳光70等6个优质枇杷新品种区域试验和生产性试验进行了现场鉴评，专家组在重庆成玺农业发展有限公司枇杷基地实地考察了种植现场，观察生长结果表现，现场测产，鉴评品质。具体评价如下。

（1）三月白枇杷。单果重68.2g，可溶性固形物含量13.4%，可食率75.7%；高接二年生树株产10.4kg，亩植89株，折合亩产925.6kg。肉质细嫩、化渣、汁多、易剥皮、味鲜、清甜爽口、风味佳，品质优。在重庆市合川区成熟期为4月下旬，与早钟6号相比早熟7天，单果重高21.8%，可溶性固形物含量高8.1%，是目前重庆市合川区成熟期最早的枇杷良种。

（2）白雪早枇杷。单果重70.8g，可溶性固形物含量12.3%，可食率70.5%；高接二年生树株产10.9kg，亩植89株，折合亩产970.1kg。肉质雪白细嫩、化渣、汁多、易剥皮、味鲜、清甜爽口、风味佳，品质优。在重庆市合川区成熟期为4月下旬至5月上旬。

（3）早白香枇杷。单果重61.4g，可溶性固形物含量14.1%，可食率72.4%；高接二年生树株产9.5kg，亩植94株，折合亩产893.0kg。肉质细嫩、化渣、汁多、易剥皮、味鲜、清甜爽口、风味佳，品质优。在重庆市合川区成熟期为5月上旬。

（4）白早钟3号枇杷。单果重63.4g，可溶性固形物含量15.5%，可食率70.5%；高接二年生树株产10.3kg，亩植102株，折合亩产1 050.6kg。肉质细嫩、化渣、汁多、易剥皮、味鲜、清甜爽口、风味佳，品质优。在重庆市合川区成熟期为5月上旬。

（5）白早钟14枇杷。单果重59.9g，可溶性固形物含量14.0%，可食率71.1%；高接二年生树株产13.5kg，亩植83株，折合亩产1 117.4kg。肉质细嫩、化渣、汁多、易剥皮、味鲜、清甜爽口、风味佳，品质优。在重庆市合川区成熟期为5月上旬。

（6）阳光70枇杷。单果重79.1g，可溶性固形物含量11.7%，可食率71.3%；高接二年生树株产6.2kg，亩植98株，折合亩产607.6kg。肉质细嫩、化渣、汁多、易剥皮、味鲜、风味佳，品质优。在重庆市合川区成熟期为5月中旬。

综上所述，上述品种长势好、抗性强、丰产、质优、味浓、果大、可食率高，品质佳，可在相似生态气候区域推广发展。

杂交白肉枇杷新品种在重庆合川的引种表现

2.枇杷新品种生产现场观摩会

鉴于三月白和白雪早等白肉杂交枇杷新品种引种表现突出，为示范推广枇杷新品种及丰产栽培新技术，提高重庆市枇杷产业品质效益，支撑乡村振兴，重庆市农业技术推广总站决定在合川区古楼镇大自然枇杷园召开重庆市枇杷新品种现场观摩研讨会。

重庆市农业技术推广总站文件

渝农技发〔2020〕34号

**重庆市农业技术推广总站关于
召开2020年枇杷生产现场观摩会的通知**

合川、大足、铜梁、璧山、江津、渝北、长寿、涪陵、万州、黔江区农技（经作、果树）站，云阳县果品产业发展中心，南岸区农业农村委农业科：

为示范推广枇杷新品种及丰产栽培新技术，提高我市枇杷产业品质效益，支撑乡村振兴，经研究决定于5月7日在合川区召开全市枇杷新品种现场观摩研讨会。现将有关事项通知如下：

一、会议时间及地点

时间：5月7日1天，上午11：00报到。

地点：合川区古楼镇大自然枇杷园。

二、参加人员

枇杷主产区县果树技术负责人1人，市特色水果产业技术体系果树育种功能实验室主任，同时邀请福建省农业科学院果树所、市农业农村委经作处、科教处领导到会指导。

三、会议内容

（一）现场观摩合川区枇杷新品种示范园及生产情况；

（二）福建省农科院果树所省水果首席专家郑少泉介绍早中熟白肉枇杷新品种；

（三）区县交流，专家点评；

（四）领导总结发言。

四、其他事项

请各单位接到通知后，将参会人员名单于5月6日上班前报农技总站，并组织人员准时参会，回执发至邮箱：1553507567@qq.com。

联系人：市农技推广总站寇琳岭，电话89133889，手机15223164609，合川区经作站李玲，电话15023690987。

附件：2020年枇杷生产现场观摩会回执

重庆市农业技术推广总站
2020年4月29日

2020年4月29日重庆市农业技术推广总站关于召开2020年枇杷生产现场观摩会的通知

　　2020年5月7日，来自合川、大足、长寿、涪陵、万州、黔江、云阳等12个枇杷规模较大区县的技术负责人共计42人参加枇杷新品种生产现场观摩会。会议由重庆市农业技术推广总站副站长、重庆市特色水果产业技术体系首席专家熊伟研究员主持，重庆市农业农村委经济作物处处长马平到会指导。

2020年5月7日重庆市枇杷生产现场观摩会现场

　　与会人员现场观摩了合川区枇杷新品种示范园及生产情况，福建省农业科学院果树首席专家郑少泉研究员做了"枇杷育种70年"的学术报告，系统地介绍了福建农业科学院新育成的早中晚熟白肉系列二代杂交枇杷新品种；福建省农业科学院果树研究所邓朝军副研究员在会上作了"枇杷高光效树形培养"的精彩报告；云阳、长寿、万州、涪陵、黔江等区县代表介绍本地区枇杷栽培品种及生产现状及问题，各区县参会代表在会上做了充分交流和研讨；会议由重庆市农业技术推广总站站长曾卓华做总结，希望各区县通过新品种、新技术示范推广，不断提升枇杷产业效益。

2020年5月7日重庆市枇杷新品种现场观摩研讨会

（二）万州龙眼枇杷新品种示范

　　2020年4月28日上午，受重庆市农业科学院果树研究所所长谭平研究员邀请，福建省农业科学院郑少泉、邓朝军和深圳市农业科技促进中心试验场场长马海峰研究员、重庆市合川区经济作物发展指导站副站长李玲一行4人，前往重庆市农业科学院果树研究所做学术交流。下午一行4人，同重庆市农业科学院果树研究所武峥主任、段敏杰驱车前往万州区武陵镇大唐荔园重庆如美生态农业有限公司龙眼枇杷基地考察指导二代杂交龙眼新品种宝石1号疏花技术和白肉枇杷新品种果期管理，与杨元太董事长讨论继续扩大引进二代杂交龙眼枇杷新品种进行高接换种等事宜。

郑少泉、邓朝军等在万州区武陵镇大唐荔园枇杷新品种示范基地
考察

　　郑少泉经与团队成员蒋际谋主任协商，派遣陈国领带领3个娴熟嫁接技工及龙眼新品种（系）醉香、翠香、醇香、水沟边、宝石2号、榕育8号、华泰丰以及枇杷新品种三月白、白早钟3号、白早钟16、白早钟8号、白雪早、早白香接穗，于2020年4月30日至5月6日进驻大唐荔园进行龙眼枇杷新品种高接换种，并对二代杂交龙眼新品种宝石1号进行全面疏花处理；在果实成熟期，拟准备在重庆万州武陵镇召开宝石1号现场观摩评鉴会。

陈国领等在万州区武陵镇大唐荔园指导龙眼新品种疏花

六、广　西

（一）南宁等龙眼枇杷新品种示范

广西是全国水果大省，广西壮族自治区水果技术指导站书记梁声记，特别重视广西果树品种结构优化，以及新品种引进示范等。福建省农业科学院团队2019年在召开的宝石1号、福晚8号（秋香）和冬香三场二代杂交龙眼新品种现场鉴评会上，梁声记书记都给予很大的支持和帮助，提出发展意见，并希望福建省农业科学院团队能够支持广西龙眼生产发展，引进早中晚熟系列配套的二代杂交龙眼新品种在广西不同地区开展区试，在广西南宁布置了广西大学国家荔枝龙眼产业技术体系龙眼栽培岗位科学家潘介春研究员负责南宁校内试验园，在广西大新布置了大新县与福建省农业科学院、广西壮族自治区农业科学院合作建立系列二代杂交龙眼新品种中试示范。那么，在平南县的龙眼新品种引进示范，还需福建省农业科学院团队提供新品种支持，而平南龙眼品种引进这个事，广西荔枝龙眼创新团队朱建华首席和国家荔枝龙眼产业技术体系龙眼栽培岗位科学家潘介春教授也有这个请求。按照梁声记书记的工作安排，潘介春教授分别又在南宁和平南布置龙眼枇杷新品种区域试验点。2019年12月29日，潘介春教授前往福建农业科学院考察并分析了目前最晚熟浓香型优质杂交龙眼新品系09-3-2，引进宝石2号、宝石3号、醉香，09-3-2龙眼新品种（系），并引进白雪早、三月白、香妃、早白香枇杷新品种，在南宁高接示范；2020年3月26日经潘介春教授联系确定，由福建农业科学院团队提供宝石1号、宝石2号、醉香、翠香、冬香等二代杂交龙眼新品种（系）在广西平南县丹竹镇丰塘村高接示范。

梁声记书记认为枇杷是广西准备发展的一个新兴果树产业，多次提及要在广西开展由福建省农业科学院团队选育的优质大果白肉二代杂交枇杷新品种的引进工作。2019年年底，梁声记书记在福建福州参加国家柑橘产业技术体系年终考核会期间，特意抽空到福建省农业科学院果树研究所科研基地考察指导工作，并向蒋际谋主任再次提及引种枇杷新品种事宜。为贯彻落实中央粤桂扶贫协作工作精神，2020年4月30日，郑少泉和邓朝军在广西南宁参加了粤桂扶贫协作水果新品种新技术产业化合作项目对接座谈会。会上，郑少泉介绍龙眼枇杷新品种新技术产业化开发在广西扶贫领域的合作计划；梁声记书记介绍广西龙眼枇杷产业化发展情况后，又向福建省农业科学院郑少泉、邓朝军提出引种枇杷新品种的要求。随后，邓朝军和广西壮族自治区水果技术指导站王举兵多次联系共商特早熟优质大果白肉二代杂交枇杷新品种三月白在广西的品种许可使用合同签订事宜。目前此项工作进展顺利。

（二）大化龙眼枇杷新品种示范

广西大化县是农业农村部督战的全国52个未脱贫深度贫困县之一。2019年福建省农业科学院团队，在广西大学潘介春研究员团队、广西农业科学院彭宏祥团队的大力支持和共同努力下，在广西大化县实施二代杂交龙眼新品种高接换种近300亩8 000多株，并繁育枇杷营养袋实生苗2万袋，计划2020年春嫁接二代杂交枇杷新品种。项目实施主体为广西宝隆投资有限公司。大化县委、县政府和广西宝隆投资有限公司总经理陈惠明都极其重视龙眼枇杷新品种科技项目落地大化，可为当地异地搬迁农户就业提供机会，实现以新兴果业带动农民致富。原定2020年正月初八，由陈国领科技特派员负责大化枇杷小苗嫁接和2019年龙眼高换树的补接任务，但还是由于疫情影响，全体人员只能在家待命。

春节期间，陈惠明总经理心急如焚，多次与郑少泉和邓朝军联系，恳求帮助。2020年2月21日，全国已经开始复工复产，陈惠明马上联系郑少泉和邓朝军，请求枇杷小苗嫁接和龙眼补接工作安排。根据复工复产要求，陈惠明特地从广西雇请1辆大巴车和从福建泉州雇请2部小轿车前往福建福州接人和运接穗等生产物质，以解广西大化枇杷嫁接的农时之急。2020年2月24日，在家待命的嫁接工人由李国新负责迎接前往大化开展枇杷小苗嫁接和龙眼补接工作。经过一个多月的努力，完成嫁接三月白、香妃、白雪早、新白7号等枇杷新品种2万株营养袋枇杷苗木，和4 000多株龙眼补接工作。

七、贵　州

龙眼枇杷新品种技术示范

2020年4月11日，姜帆习惯性地打开手机查询疫情报告情况，湖北省累计报告新冠肺炎确诊病例67 803例，国内新增确诊病例46例中42例为境外输入病例。但是农情不等人，当前正是龙眼枇杷修剪管理关键季节，也是龙眼品种花期物候期鉴定节点。

说起这次出差的目的地，真可以说机缘巧合。郑少泉龙眼枇杷团队负责的国家果树种质福州龙眼枇杷资源圃是世界上规模最大、基因资源最丰富的国家级资源圃。目前，收集保存了国内外龙眼产区的主要龙眼品种和资源，其中贵州的龙眼资源10多份。由于20世纪80年代完全靠纸质文档手写记载，近年整理资料发现，贵州个别龙眼资源的记载信息不全，影响整个龙眼资源数据库建设，当时就计划到贵州产区重新考察收集。2014年，郑少泉龙眼枇杷团队4人在贵州农业科学院同行的协助下，从贵阳出发走遍了习水、赤水等龙眼产区，丰富和完善了国家资源圃贵州龙眼资源保存数量。

通过资源调查发现，龙眼在贵州特别是赤水和习水产区已经初具规模，特别在元厚镇建成的万亩龙眼园，可以说是当地主要果树产业，有效地增加了当地农民的收入。同时走访发现，因地处川贵交界地区，受四川泸州龙眼影响较大，种植了较多的蜀冠等地方老品种，也引种了福建等地的传统品种，近10年来选育的新品种尚属空白。

近年来，福建省农业科学院和贵州大学等加强了院校地方合作。2018年贵州大学校长宋宝安院士受邀参加福州评审杂交枇杷新品种香妃，期间与福建省农业科学院院长翁启勇研究员达成院校合作意向。宋宝安院士希望多引进福建优异的品种和技术，优化贵州本地农业产业结构，助力2020年全面脱贫攻坚战。随后，郑少泉龙眼枇杷团队根据贵州龙眼枇杷产业现状，筛选自主选育的优异品种到贵州龙眼枇杷产区布点示范，以加快品种更新换代，提升产业水平，提高果农收入。

2020年4月11—14日，姜帆前往贵州调查新引种龙眼枇杷的生长表现情况。平时很顺利的安检，此时变得缓慢了很多，工作人员一丝不苟地测量体温、核对健康码、检查身份证。虽然戴着口罩，姜帆在福州到贵阳的路途中依然小心翼翼，坚持不喝水、不吃东西，最大限度减少和陌生环境的接触，在忐忑中到达了贵阳。

2020年4月12日上午，姜帆与贵州大学陈红教授赶到赤水市，一同与赤水市袁富春站长前往赤水市元厚镇桂圆林村龙眼新品种示范基地，对嫁接的龙眼新品种进行调查。秋香、宝石1号等杂交龙眼新品种和福州表现一致，均表现较好的嫁接亲和性，嫁接成活率在70%以上。其中，秋香算是当地的明星龙眼了，2018年嫁接，2019年就能正常挂果。袁站长介绍，由于秋香成熟期弥补了当地空档期，2019年市场可以卖到80元/kg，而且品质明显优于传统品种，表现果大、核小、非常甜，有香气，深受果农和消费者欢迎。一般龙眼丰产后第二年开花和产量均受影响，但是秋香今年依然正常成花，表现良好的丰产稳产结果性能。

2020年4月13日秋香龙眼新品种在赤水市开花状

考虑到龙眼是赤水当地重点果树产业，但在生产中品种更新慢，而且本地技术缺乏，尤其缺乏稳定的龙眼科研团队。贵州大学陈红教授建议由贵州大学、福建省农业科学院、赤水市农业局三方组建龙眼团队，系统地摸清了贵州龙眼产业的家底，逐步加大新品种的示范推广，培训当地嫁接、修剪、管理等技术人员，做强贵州龙眼特色产业。

2020年4月13日赤水市秋香龙眼新品种嫁接树

2020年4月13日姜帆（左一）、陈红教授（右一）、袁富春站长（右二）在赤水市调查龙眼生产

龙眼枇杷团队选择贵阳市开阳县南江乡北广村醉美水果种植农民专业合作社作为示范推广枇杷新品种的基地。先后嫁接了不同成熟期的三月白、香妃、新白7号等枇杷新品种，嫁接后生长正常，预计2020年可以抽穗试产。

2020年4月12日姜帆（右一）与陈红教授（左一）在开阳观察香妃枇杷新品种嫁接后生长情况

相信贵州龙眼枇杷特色产业将很快出现在我国龙眼枇杷版图中。

下 篇 XIAPIAN

品　　　种

龙眼枇杷团队，从1994年开始开展龙眼人工有性杂交育种工作，经过多代杂交育种，培育出熟期配套、不同香型优质大果、核小肉脆等系列龙眼新品种（系）25个，在生产上示范推广17个；从1977年开展枇杷人工有性杂交育种工作，经过多代杂交育种，培育出熟期配套、优质大果、白肉高可食率等系列枇杷新品种（系）23个，在生产上示范推广16个。2020年1月15日至2020年6月19日，龙眼枇杷团队在我国南方9省（自治区、直辖市）示范推广新品种（系）见下表。

表1　示范推广龙眼枇杷新品种（系）

省（自治区、直辖市）	新品种（系）	
	数量（个）	新品种（系）名称
福建	龙眼（12）	翠香（05-5-12）、秋香（05-3-4）、醉香（0705-31）、宝石1号（0703-33）、榕育8号（96-1）、窖香（0705-32）、榕育1号（96-68）、冬香（0705-25）、水沟边、醇香（0705-53）、宝石2号（0703-20）、宝石3号（0703-38）
	枇杷（10）	三月白（42-197）、早白香（42-120）、白雪早（42-161）、香妃、阳光70、白早钟3号（42-103）、白早钟8号（061-272）、白早钟16（42-262）、白早钟4号（42-74）、白早钟14（062-17）
四川	龙眼（5）	高宝、秋香（05-3-4）、宝石1号（0703-33）、醉香（0705-31）、翠香（05-5-12）
	枇杷（5）	三月白（42-197）、白雪早（42-161）、香妃、早白香（42-120）、白早钟8号（061-272）
云南	龙眼（7）	翠香（05-5-12）、醉香（0705-31）、冬香（0705-25）、秋香（05-3-4）、宝石1号（0703-33）、醇香（0705-53）、窖香（0705-32）
	枇杷（12）	三月白（42-197）、早白香（42-120）、白早钟3号（42-103）、白雪早（42-161）、白早钟16（42-262）、香妃、白早钟15（061-100）、白早钟4号（42-74）、白早钟8号（061-272）、冠红1号（42-286）、白早钟14（062-17）、阳光70
广东	龙眼（11）	醉香（0705-31）、翠香（05-5-12）、宝石2号（0703-20）、宝石2号（0705-36）、宝石2号（0719-3）、宝石2号（09-3-33）、水沟边、宝石3号（0703-38）、宝石3号（09-3-55）、宝石3号（09-3-2）、宝石1号（0703-33）
	枇杷（4）	三月白（42-197）、白雪早（42-161）、白早钟3号（42-103）、白早钟8号（061-272）

（续）

省（自治区、直辖市）	新品种（系）	
	数量（个）	新品种（系）名称
重庆	龙眼（7）	榕育8号（96-1）、醉香（0705-31）、翠香（05-5-12）、醇香（0705-53）、水沟边、宝石2号（0703-20）、华泰丰（09-1-70）
	枇杷（6）	三月白（42-197）、白早钟3号（42-103）、白早钟16（42-262）、白早钟8号（061-272）、白雪早（42-161）、早白香（42-120）
广西	龙眼（7）	宝石1号（0703-33）、宝石2号（0703-20）、醉香（0705-31）、翠香（05-5-12）、冬香（0705-25）、宝石3号（0703-38）、宝石3号（09-3-2）
	枇杷（4）	三月白（42-197）、香妃、白雪早（42-161）、早白香（42-120）
江西	枇杷（4）	三月白（42-197）、香妃、白雪早（42-161）、早白香（42-120）
湖南	枇杷（3）	三月白（42-197）、香妃、早白香（42-120）
宁夏	枇杷（3）	三月白（42-197）、香妃、白雪早（42-161）

　　本书以图文并茂的形式介绍了部分育成的龙眼枇杷新品种（系）31个，其中，龙眼21个、枇杷10个，供生产、教学、科研等单位和果农群众选择使用。

一、龙 眼

1.冬宝9号

冬宝9号是立冬本（♀）×青壳宝圆（♂）的人工杂交后代，果实成熟期9月下旬至10月上旬（福州），单果重15.3～18.5g，可溶性固形物含量19.5%～22.6%，可食率71.3%～73.9%，肉质脆，不流汁，风味佳。优质、晚熟、大果、丰产稳产、综合性状好，是我国培育出的世界首个杂交龙眼新品种。2006年，通过福建省农作物品种审定委员会认定，2008年被农业部确定为主导品种，2010年通过广西壮族自治区品种审定委员会审定，2019年通过全国热带作物品种审定。

冬宝9号

2.高宝

高宝是立冬本（♀）×青壳宝圆（♂）的人工杂交后代，果实成熟期9月下旬（福州）；果肉高多糖（每100克鲜重多糖含量为808.82mg，是普通龙眼的5倍），表现为优质、大果、丰产性好；果面感官新鲜；肉质嫩脆、味甜、汁液多、稍流汁、化渣；果实扁圆形，单果重15.3～18.5g（最大单果重达21.3g），果肉厚度7.33mm，可溶性固形物含量19.2%～20.4%，可食率69.2%～71.0%。

高宝（一）

2018年9月21日，对杂交龙眼新品种高宝进行现场鉴评，经现场测产和品质分析，五年生高宝株产42.5kg，株行距3.6m×3.6m，折合亩产2 250.0kg，单果重15.3g，可溶性固形物含量20.4%，可食率69.2%；肉质细嫩、稍流汁、离核易、化渣、味甜、风味佳，福州9月下旬成熟，具有多糖含量高、优质、晚熟等特点。

高宝龙眼大果、优质、晚熟等优势明显，可作为我国龙眼鲜食、加工利用结构调整的优选品种。

高宝（二）

3.榕育8号（96-1）

榕育8号（96-1）是立冬本（♀）×青壳宝圆（♂）的人工杂交后代，丰产稳产；果实成熟期9月中下旬（福州）；果皮青褐色，果实感官新鲜；果大均匀，单果重15.7g，可溶性固形物含量23.7%，可食率70.4%；果肉乳白色，半透明，稍流汁，汁液多，离核较易；肉质细嫩，化渣，味浓甜。

榕育8号

4.榕育1号（96-68）

榕育1号（96-68）是立冬本（♀）×青壳宝圆（♂）的人工杂交后代，果实成熟期9月中旬至10月上旬（福州）；果实成穗，紧密整齐，外观好，穗重974.3g；果实近圆形，果肩下斜，果顶浑圆，果皮黄褐色；单果重14.2g，可溶性固形物含量21.3%，可食率69.1%；果肉乳白色，半透明，稍流汁，汁液多，离核易，肉质嫩脆，化渣，味浓甜，品质优。

榕育1号

5.秋香［福晚8号（05-3-4）］

秋香［福晚8号（05-3-4）］是冬宝9号（♀）×香脆（♂）的人工杂交后代，果实成熟期9月中下旬（福州）；丰产性能好，果实成穗，果大均匀，果穗重2001.5g，嫁接后一年可挂果，之后连年结果，早结丰产，一年生高接树株产可达10～15kg；果实心脏形，双肩耸起，果顶钝圆，果皮青褐色，果实感官新鲜；单果重15.4～17.8g，可溶性固形物含量18.5%～21.3%，可食率68.8%～70.5%；果肉乳白色，稍流汁，汁液多，离核易，果肉质地脆，化渣，味浓甜，有香气，品质优。

秋香（一）

2019年8月26日，福建省农业科学院组织国内同行专家，在广西南宁潘介春教授龙眼栽培岗位龙眼基地，对香型优质大果中晚熟杂交龙眼新品种秋香进行了现场鉴评。鉴评意见如下：秋香龙眼在广西南宁成熟期为8月下旬，经现场测产，2017年春小枝嫁接，平均株产39.68kg，亩植33株，折合亩产1309.92kg，表现丰产稳产；经取样测定，秋香龙眼单果重13.1g，可溶性固形物含量21.9%，可食率69.4%；风味甜、肉质脆、香气浓、离核易、稍流汁，综合品质优。

秋香（二）

6.05−5−11

05-5-11是冬宝9号（♀）×香脆（♂）人工杂交后代，果实成熟期10月上旬至10月下旬（福州）；果实扁圆形，双肩耸起，果顶钝圆，果皮黄褐色；果大核小，单果重15.2～18.8g，果肉厚度6.7mm，可溶性固形物含量21.5%～22.2%，可食率75.7%～76.9%；果肉乳白色，半透明，不流汁，汁液中，离核易，果肉质地脆，较化渣，风味浓甜，有香气。

05-5-11

7.翠香（榕育3号，05−5−12）

翠香（榕育3号，05-5-12）是冬宝9号（♀）×晚香（♂）的人工杂交后代，果实成熟期9月中旬（福州）；果穗成串，果大均匀；果实心脏形，双肩耸起，果皮黄褐色；单果重14.7～16.3g，可溶性固形物含量20.5%～22.7%，可食率71.6%～76.3%；果肉黄白色，不流汁，质地爽脆，离核易，较化渣，味甜浓香，品质优。

翠香（一）

2018年9月13日，在福州对香型优质大果杂交龙眼新品种——翠香进行成果评审。针对龙眼产业发展中存在优质大果龙眼品种缺乏，尚无香型品种的状况，项目组在前期选育晚熟、优质、大果冬宝9号的基础上，充分利用国家果树种质福州龙眼圃的种质资源，挖掘出浓香优质的新种质翠玉，开展定向杂交育种，从冬宝9号×翠玉后代群体中，培育出优质大果浓香型杂交龙眼新品种翠香。翠香龙眼具有香气浓郁、优质、大果和丰产等优良性状。该品种在福州成熟期为9月中旬。经现场测评，单果重16.3g，可溶性固形物含量20.5%，可食率71.6%；肉质脆、易离核、不流汁（干胞），风味甜，香气浓郁，综合品质特优。高接三年生无性子二代株产30.7kg，亩植45株，折合亩产1 362kg。

评审委员会专家一致认为，该品种是我国首个自主杂交育成的优质、大果、浓香的新品种，综合性状优异，应用潜力巨大，成果整体

翠香（二）

在同类研究中居国际领先水平。

8.宝石2号（0703-20）

评审会

宝石2号（0703-20）是冬宝9号（♀）×石硖（♂）的人工杂交后代，丰产；果实成熟期8月中下旬（福州），是国家果树种质福州龙眼圃内最早熟品种资源之一；果穗成串，果穗重1.1kg；果大核小，果实侧扁圆形，果肩下斜，果顶钝圆，果皮青褐色；单果重13.9～14.5g，可溶性固形物含量18.4%～20.9%，可食率75.5%；果肉乳白色，半透明，不流汁，质地脆，离核易，化渣，风味甜，品质优。

宝石2号

9.宝石3号（0703-38）

宝石3号（0703-38）是冬宝9号（♀）×石硖（♂）的人工杂交后代，丰产；果实成熟期8月中旬至9月上旬（福州），是国家果树种质福州龙眼圃内最早熟品种资源之一；果穗成串；果实侧扁圆形，果肩下斜，果顶钝圆，果皮青褐色；单果重12.8g，可溶性固形物含量18.2%～20.8%，可食率76.7%；果肉黄白色，半透明，不流汁，果肉质地脆，离核易，化渣，风味甜。

10.宝石1号（0703-33）

宝石3号

宝石1号（0703-33）是冬宝9号（♀）×石硖（♂）的人工杂交后代，早产、丰产、稳产；果实成熟期8月下旬至9月上旬（福州）；结果性能好，果穗成串，穗重1 375.2g；果实近圆形，果肩平广，果顶钝圆，果皮青褐色；单果重14.3～15.8g，可溶性固形物含量19.5%～20.3%，可食率70.0%～76.4%；果肉黄白色，不流汁，汁液中，离核易，肉质脆，化渣，味甜，品质优。

2018年9月8日，在福州对优质丰产早熟大果杂交龙眼新品种—宝石1号进行评审。宝石1号龙眼具有优质、丰产、早熟、大果等优良性状；福州成熟

宝石1号（一）

期8月底至9月上旬；单果重15.9g，可溶性固形物含量20.4%，可食率72.2%；肉质脆、离核易、不流汁、风味甜，综合品质优；高接五年生无性子二代株产35.8kg，折合亩产1 432kg（亩植40株），高接三年生无性子三代株产17.6kg，折合亩产704kg（亩植40株）；该品种表现早产、丰产、稳产。

评审委员会专家一致认为，该品种综合性状优异，应用潜力大。该成果整体在同类研究中居国际领先水平。

2019年8月10日，在广西南宁潘介春教授龙眼栽培岗位龙眼基地，对早熟优质大果杂交龙眼新品种宝石1号现场鉴评。经现场测产，宝石1号龙眼广西

二、评审意见

2018年9月8日，福建省农业科学院组织有关专家，在福州对福建省农业科学院果树研究所完成的"优质丰产早熟大果杂交龙眼新品种——宝石1号"进行评审。与会专家经现场观摩、测产和鉴评，听取了项目组的汇报，经质询与讨论，形成如下评审意见：

一、项目组提供的资料完备，数据翔实，符合成果评审要求。

二、针对龙眼产业发展中早熟优质大果龙眼品种缺乏之状况，项目组采用人工杂交方式，从'冬宝9号'×'石硖'后代群体中，选育出优质丰产早熟大果杂交龙眼新品种'宝石1号'。

三、'宝石1号'龙眼具有优质、丰产、早熟、大果等优良性状；福州成熟期8月底～9月上旬；单果重15.9g，可溶性固形物含量20.4%，可食率72.2%；肉质脆、离核易、不流汁、风味甜，综合品质优；高接5年生无性子二代，株产35.8 kg，折合亩产1432kg（亩植40株），高接3年生无性子三代，株产17.6 kg，折合亩产704 kg（亩植40株）；该品种表现早产、丰产、稳产。

综上所述，评审委员会专家一致认为该品种综合性状优异，应用潜力大。该成果整体居同类研究国际领先水平。

建议：进一步总结'宝石1号'配套相关技术，加快试验示范工作，尽快申报品种权或成品种审定。

评审委员会主任（签字）蒋际明

副主任（签字）陈栗村

2018年9月8日

宝石1号（二）

南宁成熟期8月中下旬；单果重13.3g，可溶性固形物含量20.1%，可食率70.9%；肉质脆、离核易、不流汁、风味甜，综合品质优；高接三年生树，平均株产25.2kg，亩植44株，折合亩产1 108.8kg；该品种表现早产、丰产、稳产。

11.福早2号（0705-13）

宝石1号（三）

　　福早2号（0705-13）是冬宝9号（♀）×晚香（♂）的人工杂交后代，果实成熟期9月上旬至9月下旬（福州）；果实近圆形；单果重13.2～13.5g，可溶性固形物含量22.4%～24.9%，可食率69.6%～71.8%；果肉不透明，稍流汁，离核易，肉质细嫩，较化渣，味浓甜，香气浓。

12.冬香（福晚1号，0705—25）

福早2号

　　冬香（福晚1号，0705-25）是冬宝9号（♀）×晚香（♂）的人工杂交后代，丰产稳产；果实成熟期10月中旬至11下旬（福州）；果穗重1 123.6g，穗大整齐；果实扁圆形，双肩耸起，果顶钝圆；单果重14.6～16.7g，可溶性固形物含量19.6%～24.28%，可食率71.9%～74.74%；果肉乳白色，半透明，不流汁，汁液中等，离核易，果肉质地脆，化渣，味浓甜，香气浓，综合品质上乘。

2018年11月1日，福建省农业科学院组织有关专家，在福州对特晚熟香型优质大果杂交龙眼新品种——冬香项目进行成果评审。冬香龙眼具有香气

冬香（一）

浓郁、优质、大果和丰产等优良性状。该品种在福州成熟期为11月上旬，可留树保鲜至12月上旬；经现场测评，单果重16.7g，可溶性固形物含量20.9%，可食率72.9%；肉质脆、易离核、不流汁，风味甜，香气浓郁，综合品质特优。高接五年生无性子三代株产33.2kg，以亩植23株计，折合亩产763.6kg。

评审委员会专家一致认为，该品种是我国首个自主杂交育成的特晚熟、浓香、优质、大果等多种优异性状的新品种，应用潜力大，成果整体在同类研究

中居国际领先水平。

2019年10月8—9日，在广西大学对特晚熟优质杂交龙眼新品种冬香进行现场鉴评，冬香龙眼田间结果性状良好，在广西南宁成熟期为9月下旬，

冬香（二）

比桂明1号晚熟20天左右，是目前广西最晚熟的龙眼优良品种。

13.醉香（福晚10号，0705-31）

醉香（福晚10号，0705-31）是冬宝9号（♀）×晚香（♂）的人工杂交后代，

冬香（三）

早产、丰产、稳产；果实成熟期10月上旬至11月上旬（福州）；单果重14.3～19.3g，可溶性固形物含量20.1%～23.3%，可食率70.0%～75.0%；果肉黄白色，半透明，稍流汁，离核易，肉质嫩脆，化渣，味浓甜，香气浓，品质优。

2015年10月23日专家组在福建福安进行现场测评，高接后一年生树株产5.73kg；果穗重645.0g；果形扁圆形，果肩平广，果顶浑圆，果皮青褐色，果实感官新鲜；单果重15.6～17.8g，可溶性固形物含量20.1%，可食

醉香（一）

率71.4%；果肉乳白色，半透明，汁液中，离核易，果肉质地脆，化渣；风味甜，香气浓，综合品质优。

2019年在国内整体为龙眼小年情况下，杂交龙眼新品种醉香依然表现较好的结果性状。2019年10月连续召开两场醉香现场鉴评会，邀请专家鉴评醉香的果实留树保鲜性能。

2019年10月16日经现场鉴评测定，醉香龙眼福州成熟期10月中下旬；穗重达1 954.0g，单果重16.5g，可溶性固形物含量20.1％，可食率72.3％，果肉厚度7.6mm；肉质脆、离核易、不流汁、风味甜、香气浓，综合品质优，丰产性好。

2019年10月31日，经现场评鉴，醉香龙眼福州留树至10月下旬，与10月中旬品质相当。检测结果如下：单果重15.4g，可溶性固形物含量20.6％，可食率68.27％，果肉厚度7.10mm；肉质脆，离核易，不流汁，风味甜，香气浓，综合品质优，

醉香（二）

醉香（三）

丰产性好。

14.窖香（福晚3号，0705-32）

窖香（福晚3号，0705-32）是冬宝9号（♀）×晚香（♂）的人工杂交后

醉香（四）

代，丰产稳产；果实成熟期9月中旬至10月上旬（福州）；果穗重858.7g；果实心脏形，果肩平广，果顶尖圆，果皮青褐色，果实感官新鲜，果实均匀；单果重14.2～19.1g，可溶性固形物含量20.4%～23.1%，可食率70.2%～71.1%；不流汁，汁液中，离核易，果肉质地脆，较化渣；风味甜，香气浓郁，综合品质优。

15.榕育4号（0705-54）

榕育4号（0705-54）是冬宝9号（♀）×晚香（♂）的人工杂交后代，丰产；果实成

窖　香

熟期9月下旬至10月中旬（福州）；单果重14.2～16.2g，可溶性固形物含量22.4%～24.9%，可食率71.5%～74.9%；果肉乳白色，半透明，不流汁，离核易，肉质脆，化渣，风味甜，有香气，品质优。

16.醇香（福晚9号，0705-53）

醇香（福晚9号，0705-53）是冬宝9号（♀）×晚香（♂）的人工杂交后代，丰产；果实成熟期9月下旬至10月中旬（福州）；果实成穗，大小均匀；果实近圆形，果肩下斜，果皮黄褐色；单果重12.9～14.0g，可溶性固形物含量22.7%～26.3%，可食率70.2%～71.9%；果肉乳白色，半透明，稍流汁，汁液中，离核易，果肉质地稍脆，化渣，味浓甜，有香气，品质优。

榕育4号

17.福晚4号（0707-28）

醇 香

福晚4号（0707-28）是冬宝9号（♀）×施冲蒲（♂）的人工杂交后代，丰产；果实成熟期9月下旬至10月上旬（福州）；果穗成串；果实侧扁圆形，果肩平广，果皮青褐色；单果重12.3～13.5g，可溶性固形物含量21.8%～23.2%，可食率67.4%；果肉乳白色，半透明，稍流汁，质地韧脆，离核较易，化渣，味甜，有香气，品质优。

18.榕育7号（0716-17）

榕育7号（0716-17）是高宝（♀）×
依多（♂）的人工杂交后代，丰产；果实
成熟期9月下旬至10月上旬（福州）；果穗
成串；果实扁圆形，果肩平广，果皮青褐
色；单果重12.5～12.8g，可溶性固形物含
量19.7%～21.1%，可食率68.2%～68.9%；
果肉乳白色，半透明，不流汁，质地韧脆，
离核易，较化渣，味甜，香气浓，品质优。

福晚4号

19.0719-13

0719-13是高宝（♀）×香脆（♂）的人工杂交后代，果实成熟期9月
下旬（福州）；穗重1 439.3g，果实侧扁圆形，双肩耸起，果顶钝圆，果皮
青褐色；单果重14.5～18.5g，可溶性固形物含量19.6%～22.7%，可食
率70.9%～74.3%；汁液多，离核易，肉质脆，化渣，味浓甜，有香气。

20.粤香（福早3号，09-1-37）

粤香（福早3号，09-1-37）是石硖（♀）×香脆（♂）的人工杂交后代，果实

榕育7号

0719-13

成熟期8月下旬至9月下旬（福州）；果实成穗，侧扁圆形，双肩耸起，果皮青褐色；单果重11.6 ～ 14.7g，可溶性固形物含量21.4％ ～ 24.6％，可食率70.7％ ～ 72.2％；果肉黄白色，半透明，不流汁，质地爽脆，离核易，化渣，味浓甜，香气浓，品质极优。

粤 香

21.福晚13（09-3-2）

福晚13（09-3-2）是石硖（♀）×晚香（♂）的人工杂交后代，浓香型质脆核小留树保鲜期极长的杂交龙眼新品系，丰产性较好；果实成熟期10月上旬至翌年1月上旬（福州），留树保鲜期长达90天以上，是目前留树保鲜时间最长的品种资源；果实近圆形，果肩平广，果皮黄褐色；单果重10.6 ～ 12.6g，可溶性固形物含量19.3％ ～ 22.8％，可食率71.4％ ～ 73.6％；果肉乳白色，半透明，不流汁，果肉质地嫩脆，离核易，化渣，风味甜，香气浓，品质极优。

福晚13（一），2019年12月30日测定

福晚13（二），2020年元旦嫁接，2020年5月7日盛花（左图），2020年6月16日幼果期（右图），广西大学南宁校内果园

二、枇　　杷

1.三月白（白早钟1号，42-197）

三月白（白早钟1号，42-197）是早钟6号（♀）×新白2号（♂）的人工杂交后代，果实成熟期3月份（福州），是最早熟枇杷新品种，极早熟白肉枇杷新品种，比早钟6号提前15天以上；单果重43.5～63.4g，大者70.1g，最大90g以上；可溶性固形物含量13.7%～16.8%，最高27.4%；可食率71.4%～73.1%；剥皮易，果肉黄白至乳白色，肉质细嫩、化渣、汁多、味鲜、清甜爽口、风味佳。

三月白（一）

2018年3月31日，福建省农业科学院组织有关专家，在福州对福建省农业科学院果树研究所完成的特早熟优质大果白肉杂交枇杷新品种——三月白的项目进行评审。充分利用国家果树种质福州枇杷圃丰富种质资源，围绕骨干亲本早钟6号科学选配杂交组合，经过15年持续攻关，从杂交组合早钟6号×新白2号后代群体中，选育出特早熟优质大果白肉杂交枇杷新品种——三月白。该品种在福州高接三年生树现场测产，株产12.77kg，按常规亩植50株，折合亩产638.50kg。据多年观测，该品种果实3月上旬至4月上旬（福州）成熟；单果重63.4g，可溶性固形物含量13.8%～16.8%，可食率74.9%，肉质细嫩、化渣、汁多、易剥皮、味鲜、清甜爽口、风味佳。

专家组一致认为，三月白枇杷新品种综合性状整体水平处于同类研究国际领先行列。

二、评审意见

2018年3月31日，福建省农业科学院组织有关专家，在福州对福建省农业科学院果树研究所所完成的"特早熟优质大果白肉杂交枇杷新品种——三月白"的项目进行评审，与会专家听取了项目组的汇报，查看现场并进行测产，经质询与讨论，形成如下评审意见：

一、项目组提供的资料完整，数据翔实，符合评审要求。

二、开展以特早熟优质大果白肉为育种目标的枇杷新品种选育，对进一步优化我国枇杷品种结构、提升枇杷产业的国际竞争力具有十分重要的意义。

三、充分利用国家果树种质福州枇杷圃丰富种质资源，围绕骨干亲本'早钟6号'科学选配杂交组合，经过15年持续攻关，从杂交组合'早钟6号'×'新白2号'后代群体中，选育出特早熟优质大果白肉杂交枇杷新品种——三月白。该品种在福州高接3年生树现场测产，株产12.77kg，按常规亩植50株，折合亩产638.50kg。据多年观测，该品种果实3月上旬～4月上旬（福州）成熟；单果重63.4g，可溶性固形物含量13.8%～16.8%，可食率74.9%，肉质细嫩、化渣、汁多、易剥皮、味鲜、清甜爽口、风味佳。

综上所述，专家组一致认为'三月白'枇杷新品种综合性状整体水平处于同类研究国际领先行列。

建议：进一步加快'三月白'新品种的示范推广。

评审委员会主任（签字）：
副主任（签字）：

2018年3月31日

三月白（一）

三月白（二）莆田庄边，2020年2月27日

三月白（三）莆田华亭，2020年1月13日

2. 白早钟4号（42-74）

白早钟4号（42-74）是早钟6号（♀）×新白2号（♂）的人工杂交后代，果实成熟期3月下旬（福州），为特早熟白肉枇杷新品种之一，比早钟6号提前7天以上；单果重55.2g，大者65.8g；可溶性固形物含量为12.7%；可食率为77.0%；剥皮易，果肉乳白色，肉质细嫩、清甜回甘、鲜味明显，风味极佳。

白早钟4号

3. 白早钟3号（42-103）

白早钟3号（42-103）是早钟6号（♀）×新白2号（♂）的人工杂交后代，果实成熟期3月下旬（福州），为特早熟白肉枇杷新品种之一，比早钟6号提前7天以上，单果重63.6g；可溶性固形物含量13.3%；可食率76.5%～77.0%；剥皮易，果肉黄白色，肉质细嫩、化渣、汁多、味鲜、味甜回甘，品质优。

白早钟3号

4. 早白香（白早钟2号，42-120）

早白香（白早钟2号，42-120）是早钟6号（♀）×新白2号（♂）的人工杂交后代，果实成熟期3月下旬至4月上旬（福州），为特早熟白肉枇杷新品种之一，比早钟6号早5～7天，单果重66.1g，大者80.0g；可溶性固形物含量14.2%；可食率为71.7%；剥皮易，果肉黄白色，肉质细嫩、化渣、汁多、味鲜、浓甜回甘，品质优。

早白香（一）　　　　　　　　　　　早白香（二）四川攀枝花

5. 白雪早（白早钟7号，42-161）

白雪早（白早钟7号，42-161）是早钟6号（♀）×新白2号（♂）的人工杂交后代，果实成熟期4月上旬（福州），为特早熟白肉枇杷新品种之一，

白雪早（一）

白雪早（二），2019年11月9日，四川攀枝花

白雪早（三）四川攀枝花（祝毅娟拍摄）

比早钟6号早3天；单果重61.0～65.2g；可溶性固形物含量13.5%～14.9%；可食率68.5%～70.7%。剥皮易，果肉乳白色，肉质细嫩、化渣、汁多、味鲜、清甜爽口，品质优。

2018年4月9日，福建省农业科学院组织有关专家，在福州对福建省农业科学院果树研究所完成的特早熟优质大果白肉杂交枇杷新品种——白雪早进行成果评审。充分利用国家果树种质福州枇杷圃丰富种质资源，围绕骨干亲本早钟6号科学选配杂交组合，经过15年持续攻关，从第二代杂交组合早钟6号×新白2号后代群体中，选育出特早熟优质大果白肉杂交枇杷新品种——白雪早。该品种在福州高接三年生树现场测产，株产17.4kg，折合亩产1 019.4kg，果实4月上旬成熟（福州）；单果重65.2g，可溶性固形物含量13.5%，可食率70.0%，肉质细嫩、化渣、汁多、易剥皮、清甜爽口，风味佳。

专家组一致认为，白雪早枇杷新品种综合性状整体达到同类研究国际领先水平。

白雪早（四）

6. 白早钟14（061-17）

白早钟14（061-17）是早钟6号（♀）×贵妃（♂）的人工杂交后代，丰产，商品率高，免套袋白肉杂交枇杷新品种；果实成熟期4月中下旬（福州），果大均匀，单果重53.9g；可溶性固形物含量12.9%～15.3%；可食率为67.2%～69.1%；果肉黄白色，肉质致密、化渣、汁多、鲜味浓，品质优。

白早钟14

7.冠红1号（42-286）

冠红1号（42-286）是早钟6号（♀）×新白2号（♂）的人工杂交后代，丰产性好，果大均匀，商品率高，成熟期一致，适于机械化采收的优质大果杂交红肉新品种；果实成熟期4月下旬（福州）；单果重65.0g；可溶性固形物含量12.6%，可食率72.3%；果肉淡橙红色，肉质细嫩、化渣、汁多、鲜味浓，品质优。

冠红1号

8.阳光70

阳光70是解放钟（♀）×山里本（♂）的人工杂交后代，丰产性好，果大均匀，商品率高，是适于轻简化栽培的优质大果杂交枇杷新品种；果实成熟期4月下旬（福州）；单果重65.0～72.7g；可溶性固形物含量11.1%～13.4%；可食率70.1%～72.3%；剥皮易，果肉淡橙红色，肉质细嫩、化渣、汁多、风味浓郁，品质优。

9.白早钟8号（061-272）

白早钟8号（061-272）是早钟6号（♀）×贵妃（♂）的人工杂交后代，果实成熟至七八分熟即可采收，成熟期4月下旬（福州）；单果重70.5g；可溶性固形物含量为14.1%；可食率为73.1%；剥皮易，果肉黄白色，肉质细嫩、化渣、汁多、鲜味浓郁，风味品质与软条白沙相媲美，品质极佳。

阳光70

白早钟8号

10.香妃

香妃是金钟（♀）×贵妃（♂）的人工杂交后代，定植后或高接后第二年开花结果，表现早结性状良好，多年观察，香妃枇杷丰产稳产性好；果实耐热性佳，果实成熟期间，可耐30℃以上的高温，果实仍然正常，不落果，不皱果，不日灼（日烧）；单果重50.7～70.9g，可溶性固形物含量12.9%～16.5%，可食率71.4%～76.5%；果皮橙黄色、较厚，不易裂果，锈斑少，剥皮易；果肉黄白色，厚9.7～12.5mm，抗褐变能力强，剥皮（或者切开）2h后果肉仍可保持原有色泽，基本不变褐；肉质细腻、化渣、味鲜、浓甜回甘，品质佳。

果实成熟期间，在长出新梢的同时果实仍然正常，不脱落、不皱果，可以保证翌年产量；香妃花期迟，在北缘地区种植可有效地避过冬季低温对枇杷幼果的危害。2011年通过专家现场验收，2018年通过省级成果评审。

香妃（一）

香妃（二），四川攀枝花

2018年5月20日，福建省农业科学院组织有关专家，在福州对福建省农业科学院果树研究所完成的特晚熟优质大果白肉杂交枇杷新品种——香妃进行评审。

针对特晚熟优质大果白肉枇杷新品种缺乏的难题，项目组充分利用国家果树种质福州枇杷圃的种质资源，根据枇杷性状遗传规律，挖掘出具有晚熟、优质、大果、白肉特性的亲本，科学配置杂交组合，采用人工有性杂交方式，从金钟×贵妃后代群体中，培育出特晚熟优质大果白肉杂交枇杷新品种香妃。

香妃枇杷具有特晚熟、丰产、大果、优质等优良性状；在福州成熟期为5月中旬至6月初，采收期长；单果重70.9g，可溶性固形物含量16.5%，可食率71.5%；剥皮易，剥皮后果肉不易褐变；肉质较细嫩、化渣、汁多、有鲜味、风味佳；多头高接三年生无性子四代株产27.6kg，折合亩产1 297.2kg；成熟期果实较耐高温，不易落果、皱果；花期迟，可有效地避过冬季低温对幼果的危害，扩大枇杷种植范围；对我国枇杷品种结构优化和产业提质增效有重要作用。

综上所述，评审委员会专家一致认为，该成果创新性强，综合性状优异，应用潜力大。香妃枇杷新品种选育研究达国际领先水平。

二、评审意见

2018年5月20日，福建省农业科学院组织有关专家，在福州对福建省农业科学院果树研究所完成的"特晚熟优质大果白肉杂交枇杷新品种'香妃'"进行评审，与会专家经现场观摩、测产和鉴评，听取了项目组的汇报，经质询与讨论，形成如下评审意见。

一、项目组提供的资料完整，数据翔实，符合成果评审要求。

二、针对特晚熟优质大果白肉枇杷新品种缺乏的难题，项目组充分利用国家果树种质福州枇杷圃的种质资源，根据枇杷性状遗传规律，挖掘出具有晚熟、优质、大果、白肉特性的亲本，科学配置杂交组合，采用人工有性杂交方式，从'金钟'×'贵妃'后代群体中，培育出特晚熟优质大果白肉杂交枇杷新品种'香妃'。

三、'香妃'枇杷具有特晚熟、丰产、大果、优质等优良性状：福州成熟期5月中旬6月初，采收期长；单果重70.9g，可溶性固形物含量16.5%，可食率71.5%；剥皮易，剥皮后果肉不易褐变；肉质较细嫩、化渣、汁多、有鲜味、风味佳；多头高接3年生无性子四代，株产27.6kg，折合亩产1297.2kg；成熟期果实较耐高温，不易落果、皱果；花期迟，可有效地避过冬季低温对幼果的为害，扩大枇杷种植范围；对我国枇杷品种结构优化和产业提质增效有重要推动作用。

综上所述，评审委员会专家一致认为该成果创新性强，综合性状优异，应用潜力大，'香妃'枇杷新品种选育研究整体达国际领先水平。

建议：进一步加快'香妃'新品种在适宜区的示范推广。

评审委员会主任（签字）

副主任（签字）

2018年5月20日

香妃（三）

2020年4月，香妃枇杷在广东深圳通过全国热带作物品种审定委员会现场鉴评。

附录 | FULU

反 响 篇

2020年是全面建成小康社会目标实现之年，是全面打赢脱贫攻坚收官之年。春季是农业最关键的季节，"人误地一时，地误人一年"，如果这个季节错过了春耕，意味着耽误了一年的农事，而新冠肺炎疫情的出现，让2020年的春季不同往常，春耕显得尤为紧迫。福建省农业科学院果树研究所龙眼枇杷团队以强烈的政治责任感和历史使命感，主动作为，克服困难，在福建省农业科学院、福建省农业科学院果树研究所和相关职能处室的支持下，以及承各地相关领导、同行的邀请，分别在福建省福清市，莆田市涵江区、城厢区，福州市晋安区，厦门市同安区，四川省泸州市泸县、龙马潭区、江阳区、合江县、纳溪区、攀枝花市仁和区、米易县，云南省红河哈尼族彝族自治州屏边苗族自治县，广东省深圳市坪山区、茂名市化州和茂南区、湛江市麻章区、广州市从化区，重庆市合川区、万州区、九龙坡区，广西壮族自治区河池市大化瑶族县、平南县、南宁市，贵州贵阳市开阳县、赤水市等7个省（自治区、直辖市）26个区县开展龙眼枇杷品种示范、技术示范等科技活动。2020年1月15日至2020年6月19日，各地相关党委政府、农林行政主管部门、科研院所和企业为本书提供稿件14篇；《人民日报》《福建日报》《云南日报》和"学习强国"APP等传媒对龙眼枇杷团队在各地品种示范、技术示范等科技活动进行了报道，总计74篇，其中，《人民日报》3篇，"学习强国"APP 6篇，其他65篇。

一、福 建

（一）区、镇党委政府部门供稿

1.科技助农显身手

——福建省农业科学院果树研究所郑少泉团队服务涵江区白沙镇枇杷新品种嫁接的故事

"我给自己的果园地施肥，郑博士团队还给了我4 000多元的肥料的科研补助。"2020年6月1日，在涵江区白沙镇澳柄村的一片枇杷园里，户主李金清正高兴地按照福建省农业科学院果树研究所郑少泉博士团队的指导，对新品种枇杷进行施肥。与其他地方不同的是，李金清这次所用的肥料，是福建省农业科学院果树研究所郑少泉博士团队新研发的枇杷品种专用肥，有机、绿色，肥效有保证，能进一步提升枇杷品质和安全。

这只是郑博士团队在防控新冠肺炎疫情期间服务白沙镇枇杷新品种嫁接的一个缩影。

"枇杷曾是白沙镇的支柱产业。然而，近几年因第一代枇杷品质低下、价格低廉，影响了农民种植的积极性。2020年以来，福建省农业科学院果树研究所郑博士带领科特派团队，帮白沙镇引进了三月白等8个早中晚熟优质大果白肉杂交枇杷新品种，建立东泉村、澳柄村、田厝村三大枇杷示范基地，甘作农业'智囊团'，帮助我们实现产业升级。"白沙镇党委书记张国顺说，郑少泉博士给一些偏远深山的空心村和看天吃饭的贫困户带来了新技术，"嫁接"了新希望。

白沙镇澳柄村建档立卡贫困户李金清的果园能够实现升级，多亏了白沙镇村干部和郑博士的专家团队。原来，2020年1月，白沙镇党委书记张国顺到澳柄村查访疫情防控和贫困户生产生活时，得知该村建档立卡贫困户李金清种植枇杷几十年，但因为缺技术支持、缺品种改良等问题，家里30多亩枇杷常常亏损。后来在扶贫政策的支持下，情况虽有好转，但脱贫成效却得不到质的提高。详细了解了情况后，张国顺书记建议他抢抓农时，尝试新品种枇杷嫁接。

55岁的李金清，老婆患有精神病，女儿病故，家里一贫如洗，靠种枇杷过日子。突然叫他把刚刚结的枇杷果实梳理掉，他着实心疼。况且嫁接新品种前期投入资金怎么解决？嫁接风险谁承担？得知他的顾虑后，张国顺书记联系福建省农业科学院果树研究所郑少泉博士，请郑博士一起为李金清脱贫"把脉问诊"。经过实地走访考察后，郑博士认定李金清的枇杷园所在位置土壤、气候、长势都十分适合嫁接新品种枇杷。

"前期投入你不用担心，所有的接穗由福建省农业科学院免费提供。""你现在果园里的早钟、解放钟1kg收购价只有4元，但嫁接后的白肉枇杷成熟后，枇杷肉厚、汁多、味甜，1kg能卖60元以上，而且鲜果供应期能延长半年，这笔账，你好好算一算……"经过三番五次入户劝说，摆事实，讲道理，李金清终于认识到枇杷新品种嫁接的好处，下定决心尝试枇杷新品种改良。

一诺千金。2020年2月23日下午，郑少泉博士率2名干部、8名技术工人，专程来到李金清的枇杷园中，免费为他嫁接新品种枇杷。锯枝干、找切口、配置不同品种不同成熟期的枇杷枝、嫁接、绑伤口……技术工人们一株株作业，忙得连一口水都顾不上喝。为了解决果园地里道路狭窄、陡险的问题，2020年2月25日，郑博士和镇村干部又顶着烈日一起盯现场，建设果园地路网，仅用了两天的时间，挖出土方量5 000多 m^3，一条长400多 m、宽5m的山地道路得以建成，实现了果园地机械化管理的愿望。而后，经过一周时间紧锣密鼓地劳作，800株三月白、香妃等优质白肉枇杷得以成功嫁接。为了不误农时，这期间，郑博士和他的技术工人团队每天早出晚归，中午也没有休息，只是简单地吃个工作餐，就继续作业。

"接穗免费提供，技术工人免费作业，技术咨询无偿提供，果园路网免费建设，连工作餐也不需要我掏钱，还给我补助了4 000多元的肥料钱……"说起2020年以来的这段经历，李金清依然十分没有真实感。他说，自己做梦都没有想到一分钱都没花，能在全区率先把枇杷园升级了。

"2020年4月下旬，春雨过后，嫁接的果树就长出了新芽，我第一时间给郑博士打了电话报喜。郑博士也常常向我传授管理技术，他还说要帮我把枇杷卖到全国各地，打通销路呢。"说起郑博士和自己的果园，李金清的眼睛里全是光，对脱贫致富也充满信心。

澳柄村的农户们看到新商机后，纷纷请求郑博士为他们的枇杷嫁接新品种。目前，该村有20户农户高兴地嫁接上第三代枇杷。无独有偶，在相隔不远的白沙镇田厝村里，一片40亩的新品种白肉枇杷果树，也在郑少泉博士的精心培育下冒出新芽，农户们同样也拿到了4 000多元的肥料补助。

一园独秀不是春。据介绍，在郑少泉博士团队的指导下，白沙镇枇杷产业改造升级规划（2020—2023）已出台，包括坪盘村、东泉村、龙东村在内的13个村居都将推行枇杷产业改造升级，预计枇杷产业改造升级3年后，白沙白肉枇杷新品种亩产可达3万元以上，枇杷产业项目可吸引1 800名农村劳动力回村创业，带动乡村振兴。目前，郑少泉博士带领团队已在白沙镇东泉村开发枇杷育种基地，总面积20多亩，播撒种子1 000多kg，出圃苗木16万株，育苗成功后，可嫁接第三代新品种白肉枇杷5 000亩，给当地的枇杷产业发展带来了新希望。

（涵江区白沙镇人民政府供稿）

2020年6月

2.涵江区科技特派员有力支持疫情防控、复工复产

"郑博士来了以后，免费帮我把这一片品质差的枇杷树全部进行矮化、嫁接、品种改良，明年的收成有盼头了。"莆田市涵江区白沙镇澳柄村贫困户李金清接受记者采访时说道。面对新型冠状病毒感染的肺炎疫情，郑博士充分发挥自身优势，来到涵江协助开展品种改良及春耕指导工作，为打赢疫情防控及脱贫攻坚战贡献自己的力量，这也是涵江区推行百名科技特派员下"疫"线助复产解民忧活动的一个缩影。

近年来，涵江区委、区政府把实施科技特派员制度作为科技精准服务"三农"工作的长效机制，营造良好环境，激发创业活力，把科技特派员打造成农业农村现代化的排头兵和乡村振兴的先锋队。认真贯彻落实习近平总书记关于科技特派员制度推行20周年的指示精神，涵江区委、区政府主要领导召开两次科技特派员工作会议，切实提升政治站位。坚持"按需选派、双向选择"，一方面摸清底数建立区内199个村居的需求库，另一方面整合全区人才信息建立涵江区科特派人才库，实现精准对接。拓宽选任渠道，从台胞、高校、农业科学院所引进优秀人才。2019年共认定102名科技特派员，其中台胞10人；建立2个科技特派员工作站，实现了科特派在全区乡镇的全覆盖，初步形成"科技特派员＋党组织＋农户""龙头企业＋科技特派员＋农户"等形式的工作模式。

面对新冠肺炎疫情的严峻形势，习近平总书记对全国春季农业生产工作作

出重要指示，强调越是面对风险挑战，越要稳住农业，确保粮食和重要副食品安排。为统筹推进疫情防控和复工复耕复产工作，涵江区推行百名科技特派员下"疫"线助复产解民忧活动，引导102名科技特派员发挥人脉资源和技术、智力等优势，积极参与到春耕生产、脱贫攻坚、疫情防控工作中，在战"疫"中展现科技支撑的力量。

（1）**技术指导，服务春耕生产。**为做到新冠肺炎疫情防控和农业生产两手抓、两不误，涵江区多名科技特派员利用自己专业技术助力春耕，主动对接受新冠肺炎疫情影响的农业企业、合作社等新型经营主体10多家，实施科技开发项目5项，建立农业示范基地350亩，引进新品种新技术33个，专业技术培训89人，帮扶建档立卡贫困户12户。通过电话、微信、QQ、慧农信、田间地头指导等方式，开展春耕生产技术指导与咨询服务，共解决技术问题13项。

受新冠肺炎疫情影响，外出受限，农业种植存在用工难的突出问题，在新县镇张洋村、大洋乡车口村等地，为帮助农户做好春季病虫害防治工作，法人科特派——信田农业科技有限公司利用无人机开展农药喷洒作业。2020年1—2月，无人机服务面积达10 000多亩，相当于约2 500人一天的工时，有效地降低农田务工人员聚集并提高工作效率，助力新冠肺炎疫情防控和春耕生产。

信田农业科技有限公司无人机开展农药喷洒作业

在白沙镇广山村，福建省科技特派员顾智炜、郑龙在200亩农业基地田间协助安排春耕生产计划，开展大豆、花生、甘薯等农作物种植技术指导，协调解决蔬菜采收及销售通行等问题。同时，指导农户分开作业，并编制了大豆等农作物应对新冠肺炎疫情和不利气候影响的生产技术指导意见，利用微信发送给各地农户，把科技撒在了田间地头。

借助兴田生态农业企业的资源平台优势,福建省科技特派员严生仁把自己的蔬菜大棚搭建成为"科技特派员+公司+农户"的共享平台,如今已成为福州优野生态农业共建基地,也是麦德龙、朴朴、沃尔玛等大型商超供货基地,还是莆田市农业科学研究所的生态农业种植基地,为农户提供种苗、种植技术等支持,带领农民致富。

兴田生态农业基地

庄边镇萍湖村为进一步推进乡村振兴,首次推出观光农业彩色水稻种植项目,以省级乡村振兴示范点萍湖村为中心,以点带面,辐射周边庄边村、梨坑村,推动乡村旅游发展,进一步巩固乡村振兴战略基础。该项目由福建省农业科学院农业工业化研究所全程提供设计指导服务。同时,福建省农业科学院农业工业化研究所多次安排科技特派员到育秧基地查看秧苗的生长情况,保证秧苗的成活率,确保彩色水稻呈现最佳观赏效果。

萍湖村彩色水稻田

(2)**品种改良,推动农业提档升级。**针对区内果树种植管理不善、技术缺乏及品种不良等问题,涵江区主动对接福建省科技特派员、福建省农业科学院果树研究所郑少泉博士及其团队,率先为白沙镇近100亩枇杷基地嫁接优质白肉枇杷,为萩芦镇30亩龙眼基地嫁接优质龙眼,并将由点及面推进全区果树品种改良,助力传统产业提档升级。有关工作得到莆田市、涵江区主要领导肯定,并被《福建日报》《湄洲日报》和"学习强国"等媒体报道。

郑少泉博士为龙眼种植农户提供技术指导

在萩芦镇洪南村精心筛选的一片龙眼基地上，郑少泉博士指导农户进行土壤改良，并嫁接上其多年精心培育的晚熟龙眼品种，打造一片龙眼树高接换种示范基地。该基地共经营龙眼1 500株，树龄均为25年左右，通过科学改土、矮化树形等栽培技术进行龙眼更新换代，嫁接后的龙眼新品种挂果期增长，形成早熟、中熟、晚熟的品种结构，生产品质特优的新品种龙眼，拉开成熟期，市场价格较好，届时将有力提高果农收入，切实把科技成果有效转化为产业振兴"致富果"。2020年该基地预计嫁接30多亩，力争1年内见成效。

郑少泉博士在田厝村指导新品种白肉枇杷嫁接

在白沙镇田厝村，村民自主成立合作社承包了一片40亩的枇杷林地。郑少泉博士也为这片林地进行了品种改良，嫁接上了优质白肉枇杷品种。这片新品种白肉枇杷果树也在郑少泉博士的精心培育下冒出新芽。作为国家科技重点研发课题"枇杷种质创制与新品种选育"的项目主持人，郑少泉带领团队与白沙镇紧密合作，建立澳柄村、田厝村两大枇杷示范基地，甘作农业"智囊团"，帮助当地实现产业升级。下一步，将以点带面，在部分镇村逐步推广嫁接新技术，促进龙眼枇杷产业结构调整，把两大产业进一步做大做强做优，辐射带动莆田市乃至福建省龙眼枇杷产业转型升级，实现农民增收、农业增效和乡村全面振兴。

（3）**产业帮扶，助力脱贫攻坚。** 李金清是白沙镇澳柄村建档立卡贫困户，种植枇杷多年，因为缺劳力、缺技术支持、缺品种改良问题，家里30多亩枇杷效益不好。2020年3月3日新冠肺炎疫情形势有所好转，郑少泉团队便来到李金清的枇杷园中，赶在春耕备耕之际，帮助其将品质差的枇杷树全部进行矮化、嫁接、品种改良，短短半个月时间协助完成果园地路网建设，共嫁接了800株三月白、香妃等优质白肉枇杷。该团队还无偿提供技术咨询，并为李金清对接深圳百果园水果销售平台，增强了李金清脱贫致富的信心。

郑少泉博士在澳柄村指导枇杷品种改良

在贫困村广山村，莆田市农业科学研究所柯庆明博士和其研究团队来到兴田生态农业基地，协助农业基地安排春耕生产计划，现场指导蔬菜种植。这片基地是科技特派员严生仁带队创建的，流转土地200多亩，主要种植娃娃菜、菠菜等蔬菜，带动农户458户，新冠肺炎疫情防控期间为本村农户提供30个就业岗位。柯庆明等人还来到澳东村，为农户开展种植技术指导，提出应对新冠肺炎疫情和不利气候影响的生产技术意见，推进澳东村大豆良种繁育示范基地项目。目前，广山村也计划推广大豆良种繁育技术，辐射带动更多群众增收致富。

新冠肺炎疫情以来，涵江区科技特派员冲锋一线，充分发挥党的"三农"政策宣传队、农业科技的传播者、科技创新创业的领头羊、乡村脱贫致富的带头人作用。涵江区也将坚持和深化新时代科技特派员制度，营造良好环境，让广大科技特派员在科技助力脱贫攻坚和乡村振兴中不断作出新的更大的贡献。

（涵江区人民政府供稿）

2020年6月

3.巧用"凤巢"策，唱响"振兴"歌

"多亏了郑少泉博士，免费帮我把这一片品质差的枇杷树全部进行矮化、嫁接、品种改良，这下2021年收成可有盼头了！不然2020年新冠肺炎疫情这一闹，还不知日子怎么过呢！"涵江区白沙镇澳柄村的贫困户李金清指着一旁的枇杷树笑着说道，眼里充满了对美好生活的期待。

李金清是白沙镇的"老枇杷户"，围着这几亩枇杷树干了几十年的营生。像他这样常年以种植枇杷为主要收入的，在涵江萩芦镇、白沙镇等龙眼枇杷种植大镇并不少见。但山区种植户技术水平有限、创新意识不足、缺乏科学指导，近年来，因为品种老、价格低、利润薄等问题，常常出现增产不增收的窘境，成为推进乡村振兴战略的一个薄弱点。

（1）筑"巢"引"凤"用"巧劲"。"山区乡镇要扎实推进乡村振兴战略，必须注入'科技血液'，先把枇杷产业带'活'。"涵江区委常委、组织部长方振涵深入各山区乡镇，把当前龙眼、枇杷的发展现状摸清摸透后，迅速成立工作专项小组，协调联系福建省农业科学院果树首席专家、省级科技特派员郑少泉博士，指导开展龙眼、枇杷新品种改良。截至目前，白沙镇已建立田厝、澳柄枇杷新品种示范基地60亩，东泉新品种育苗基地20亩，主要种植特早熟、特晚熟、白肉枇杷等新品种；萩芦镇建立洪南村后垅农场龙眼优良品种嫁接基地120亩，矮化栽培宝石1号、福早3号和品三国等新品种。

"白沙镇原来种植早钟、解放钟等枇杷品种，市场价1kg 10元左右，改种白肉枇杷后，市场价1kg 60元左右，还供不应求，这将大大提高农户收入。接下来，我会继续利用专业优势，做好技术指导，为乡村振兴出一份力！"郑少泉说2020年新冠肺炎疫情期间，包括郑少泉博士在内的广大科技人才主动对接受新冠肺炎疫情影响的农业企业、农村合作社等经营主体和农村群众，利用电话、微信、QQ、慧农信、线下科普、田间指导等多种方式，无偿为农户提

供春耕生产技术指导与咨询服务，还编制了龙眼、枇杷等作物应对新冠肺炎疫情和不利气候影响的生产技术指导意见，帮助解决农业技术难题，确保疫情防控和农业发展"双战双赢"。

乡村振兴，人力资本开发要放在首要位置。优秀科技人才深入基层助力龙眼枇杷战"疫"就是涵江区实施"党组织＋科技人才＋乡村振兴"模式的一个缩影。为深入推进乡村振兴和脱贫攻坚工作，近年来，涵江区和白沙镇两级党委、政府立足山区特有的生态环境、优势特色以及发展战略需求，发挥党组织统筹协调优势，以"服务乡村振兴、助力产业升级"目标，与福建省农业科学院、华南农业大学、福建农林大学等加强合作，邀请25名专家成立乡村振兴专家委员会，组建涵江区乡村生态产业振兴研究院，建设科技特派员工作站2个，选派科技特派员126名向基层一线集聚，先后实施项目45项，引进农业种植新品种、新技术、新产品、新工艺、新装置等69项，制定技术标准3项，创办企业9个，创建创业基地15个，推动先进智力、前沿技术落地落实。

（2）固"巢"育"凤"有"后劲"。"等凤来栖毕竟不是长久之策，我们要培育好自己的人才队伍，逐步形成自力更生开发培养人才资源的局面，把新兴技术力量内化为本土发展优势。"在念好"招才引智"经的同时，涵江区还积极打出"乡情牌"，唱响"后浪"歌。制定《涵江区农村农业实用人才认定与积分制管理办法（试行）》，加强对农村实用人才的选拔、培养、使用，为乡村振兴提供人才支撑；实施"春潮行动""雨露计划"，2019年新培育新型职业农民497人，打造一支有文化、懂技术、会经营、善管理的新型职业农民队伍；实施"头雁领航""智力回归"等工程，鼓励在外创业能人、复转军人、高校毕业生等人才回乡任职，提升村级带头人队伍整体素质，壮大乡村振兴"主力军"。

新冠肺炎疫情期间，涵江区领导带头挂钩走访14个贫困村，指导贫困村抓好新冠肺炎疫情防控和脱贫攻坚各项措施，推动全区40个产业扶贫基地开工；全区1 400多名党员干部、驻村第一书记全员下沉走访建档立卡贫困户，摸排了解贫困户生产、生活情况和困难，逐一建立台账，分类管理、精准帮扶，先后向贫困户发放口罩41 903个，温度计152根，洗手液1 224瓶；青年党员积极组建党员先锋队、帮帮团、示范岗，主动收集滞销农产品、消费者需求等信息，利用微信、抖音、电商等平台，推行"电商＋农户""订单农业"等在线销售模式，加大农产品宣传推介力度……全区上下一心，凝聚起握指成拳的战斗合力，为脱贫攻坚、乡村振兴按下"加速键"。

下一步，涵江区还将持续完善引才育才体制机制，搭建人才创新创业平台，配套人才服务，推动人才振兴与乡村振兴同频共振、共促共赢。

（中共莆田市涵江区委组织部供稿）

2020年6月

4.战疫情抓复产
——福建省农业科学院郑少泉团队服务福清市一都镇枇杷新品种嫁接的故事

2020年新年伊始，新冠肺炎疫情肆虐。全国上下都在经历一场史无前例的疫情考验，一都镇政府广大干部职工积极响应上级号召从大年初一就开始奋战在抗疫一线。随着中央抗击疫情工作的不断深入，我们一方面不断巩固战疫成果，确保全镇"零疫情"，另一方面着手推进全国农业产业强镇示范建设项目的启动，着重推进与福建省农业科学院的"院地合作"项目。

"一都镇是依托枇杷为主导产业的全国农业产业强镇示范点，2月底是枇杷新品种嫁接最后期限，3月又是一都枇杷上市的季节。"俞强镇长说道："这个时候错过时节，往后就无法再进行枇杷嫁接了。农民期待了几年的新品种嫁接就会化为泡影，我们的农业产业强镇示范项目也将受到影响。"2020年2月初的一个夜晚，俞强镇长像往常一样与福建省农业科学院的郑少泉博士互通了电话，这是他自2020年以来打得最多的"热线电话"。福建省农业科学院已经和一都镇合作了两年，2020年不能因为疫情，耽误了枇杷嫁接的黄金时机，还可能错过2021年准备在一都举办的全国枇杷研讨会，两人当晚一致决定：马上分头行动！

于是福建省农业科学院、一都镇双方连夜就进驻一都实施嫁接方案进行充分磋商，尽可能避免新冠肺炎疫情带来的影响。第二天郑少泉亲自向福建省农业科学院果树研究所领导报告，由一都镇出具了承诺函，说明当地防控措施到位疫情稳定，而且项目势在必行。院所领导十分支持，特别批准在这个特殊时期让郑少泉团队赴一都开展院地合作项目。随即，郑少泉和邓朝军紧急召集了在放假在莆田老家的专业嫁接工，2020年2月17日晚，双方准备工作一切就绪。

"今晚务必把枝条裁好，打包清楚，明天去一都嫁接！"郑少泉连夜让工作人员在基地准备好嫁接枝条。一都镇跟进部署，紧急协调两部车辆，赴福州、莆田两地接应相关人员。

"大家稍微休整一下，趁着天气不错，我们要马上开工。"郑少泉安排了人员分工后，就在园区忙活起来，"不行，这个锯得太高了，再低点。""这棵树应该可以多接几只，不要浪费了。"

就这样，郑少泉和邓朝军带领团队，在一都镇一待就是一个星期，累了就在园区的大棚里席地而睡了。2月的夜晚天气还是非常寒冷，可是郑少泉说，这个时间过了后面就无法嫁接了，新冠肺炎疫情期间也不适合到处跑，跑回去再跑回来干活就会影响进度。俞强镇长白天忙着在前线抗疫，一下班就驱车赶到园区，细心安排郑少泉团队的工作和生活。那一段时间，俞镇长与郑少泉团队经常促膝长谈，直至深夜。

在此期间，郑少泉和邓朝军带领团队在一都全力实施一都枇杷新品种改良，推进全国农业产业强镇示范项目——全国面积最大的第二代杂交白肉枇杷"枇杷种植示范园"项目建设，并且现场指导福建省第一个"大棚枇杷母本园"的选址和种植技术，让枇杷今后在恶劣的环境中能够存活下来。经过一段时间的团结协作，此次工作取得了阶段性的成果，大家对一都枇杷的产业前景充满期待。

"枇杷是一都镇的支柱产业，2月份是枇杷嫁接的最后期限，不能因为新冠肺炎疫情，耽误了农民一年的辛苦成果。"福建省农业科学院果树研究所郑少泉研究团队，是国内从事枇杷研究的顶尖团队，这次紧抓枇杷品种改良的黄金时间点，再次对一都枇杷进行了品种优化改良。"最多的一棵树嫁接了84个接芽！多枝组高接换学种，实现当年嫁接次年结果。"一都镇俞强镇长说道，"我们已经多次与福建省农业科学院合作，致力于本镇的品种改良项目，此次非常感谢福建省农业科学院郑少泉、邓朝军两位专家在新冠肺炎疫情期间，扎根果园亲自操作并指导枇杷嫁接工作，一起努力建设规模化、标准化、专业化的枇杷生产示范基地。"福建省农业科学院郑少泉研究员表示："此次打造的枇杷示范园是国际领先项目，课题已纳入国家重点研发计划，是科技部国家科技重点研发计划课题'枇杷种质创制与新品种选育'中的白肉杂交枇杷新品种示范推广、低位嫁接技术和多枝组高位换种技术示范内容。"

邓朝军副研究员说道："本次百亩枇杷种植示范园项目，嫁接品种都是最新选育的品种，共涉及15个优质白肉品种（其中，浙江省农业科学院选育6个新品种），早中晚熟期配套、采收期可长达半年，主要嫁接三月白、早白香、白雪早、白早钟3号（42-103）、白早钟8号、白早钟16（42-262）、白早钟4号（42-74）、062-17、香妃等品种，合计1 400穗，面积达100余亩。特别是优质晚熟品种香妃，枇杷开花时避开了霜寒天气，保证了产量，更有利于果农增收，将在未来的枇杷市场上赢得一席之地，可形成一都名片。"

陈远灿是一都镇农业服务中心主任，也是这次镇里现场对接福建省农业科学院团队的负责人，对于此次种植示范园建设，得到福建省农业科学院如此重视，他十分感动地说："我们一都枇杷这两年在福建省农业科学院的帮助下，引进这么多最新品种，提升了一都枇杷今后的发展空间，果农看在眼里甜在心里，我作为土生土长的一都人，能够参与这个项目建设，感到十分荣幸。"

农场主黄培双也是竖起大拇指说道："感谢福建省农业科学院和一都镇党委政府的支持，提供枝条、农技员现场作业、专家技术指导，让我们果园焕发了生机，对我们果农增收致富也充满了信心。"

为确保新嫁接的枝条大面积存活，郑少泉在此后一段时间多次来到一都镇现场查看指导新品种枇杷种植，从定植、施肥、用药全程参与，还通过自己的平台和朋友圈，联系全国专业的土肥专家，中午顶着烈日在园区研究枇杷专用肥的配方，针对不同树势情况，对症下药。郑少泉说："树木专用肥，就像给枇杷树吃人参汤，将来长出的枇杷果实品质才会更优质。"

2019年，一都镇取得"全国农业产业强镇"及"全国一村一品示范镇"两项殊荣，得益于福建省农业科学院、福州市、福清市农业农村局深入合作，致力实施推动一都镇枇杷品牌战略和产业振兴，通过新冠肺炎疫情期间这次枇杷改良项目，一都镇正逐力打造乡村振兴新样板！

（福清市一都镇人民政府供稿）

2020年6月

5.高接换种发新芽，龙眼产业新思路

厦门市同安区是福建龙眼的核心产区，现有龙眼种植面积4.18万亩，其中，主栽品种凤梨穗种植面积3万多亩，鲜销占比约30%，焙干占比约70%。凤梨穗果型中大、核小、果肉厚、色泽晶莹，汁多脆甜、口感佳，风味独特，具有凤梨的诱人清香。鲜食及加工成的龙眼干，营养丰富、益气补血、美容健体，深受广大消费者喜爱。但由于凤梨穗龙眼成熟期约在每年9月，上市期集中且时间短（仅有20天左右），销售市场有限（基本为内销，外销渠道较窄），导致在国外市场冲击下，龙眼整体价格长期处于不稳定或低迷状态。

为了加快龙眼新优品种的示范推广，在同安区委、区政府高度重视和同安区农业农村局的大力支持下，同安区农业技术推广中心积极对接福建省农业科学院果树研究所，针对同安区龙眼产业现状进行研讨。2019年12月1日，受同安区农业农村局邀请，福建省农业科学院郑少泉研究员团队在同安区农业技术推广中心主任叶榕坤带领下，前往同安区龙眼主产区莲花镇和汀溪镇调研，对同安区龙眼高接换种问题进行"诊断"。郑少泉一行走访了位于莲花镇云埔村、汀溪镇古坑村的厦门市绿惠园果蔬专业合作社等龙眼种植基地，根据实

地调研结果，建议在同安区引进晚熟杂交龙眼新品种，对龙眼品种结构进行调整，错开收成季节，延长市场供应时间，实现农业增产和农民增收。为了更加了解龙眼品种的具体情况，受郑少泉邀请，叶榕坤主任和绿惠园果蔬专业合作社苏水源总经理也前往位于福州的国家果树种质福州龙眼圃和龙眼育种中心现场观摩学习，在基地中，叶榕坤主任实地观察了不同成熟期龙眼品种尤其是晚熟杂交龙眼品种，了解其生长特性以及经济效益。

通过多次的沟通联系，同安区农业技术推广中心与郑少泉研究团队达成合作意向，计划在同安区引进特晚熟浓香型优质大果杂交龙眼新品种冬香进行试验、示范。该品种具有香气浓郁、优质、大果和丰产等优良性状，果实（福州）成熟期为11月上旬，可留树保鲜至12月上旬，肉质脆、离核易、不流汁，风味浓甜，香气浓郁，综合品质特优。新品种引进试验示范实施地点选择在厦门绿惠园果蔬专业合作社莲花镇云埔龙眼基地，计划实施面积80亩。

郑少泉团队从2020年初就着手谋划，计划开展嫁接手培训，但由于疫情的发生，让嫁接工作不得不延后。2020年3月底，随着气温上升，龙眼嫁接的最佳时机到来，郑少泉和邓朝军决定利用清明假期，在福建莆田组织技术过硬的9名龙眼大枝嫁接手成立嫁接队，由苏水源总经理负责安排，前往厦门同安绿惠园果蔬专业合作社开展龙眼新品种高接换种工作。2020年4月5—18日，经过半个月紧锣密鼓的劳作，2 400株宝石1号、翠香、冬香、醉香、水沟边、醇香、0705-21、宝石2号、宝石3号、窖香、秋香等优质大果杂交龙眼得以成功嫁接。同安区农业技术推广中心叶榕坤主任表示，这次试验示范130亩，对这次高接换种换种十分有信心，一旦新尝试成功，这对于同安龙眼产业来说也是开拓了新路，能让更多的果农受益。

（厦门市同安区农业农村局供稿）

2020年7月

（二）媒体报道

1. 白沙镇新品种枇杷嫁接正式启动

原创涵江时讯，2020年1月19日

2020年1月18日，涵江区优质白肉枇杷高接换种启动现场会暨科技特派员工作推进会在白沙镇田厝村举行，福建省农

业科学院果树首席专家郑少泉、福建省农业科学院果树研究所副所长范国成、涵江区委常委、组织部长方振涵，涵江区人民代表大会常务委员会副主任陈金祥参加活动。涵江副区长周胜主持现场会。

现场会上，大家认真听取了优质枇杷新品种示范基地情况和优质白肉枇杷新品种高接换种技术要点。

随后，方振涵和范国成共同为涵江区优质白肉枇杷新品种示范基地揭牌，并宣布新品种枇杷嫁接正式启动。

"在嫁接时，一定要对准形成层插入。""要把接穗和砧木的接口扎紧密封，防止失水及雨水浸入……"揭牌仪式后，郑少泉专家带着大家来到枇杷树前，现场示范讲解了枇杷高接换种技术，围绕确定拔水枝、嫁接部位划线、锯桩、削接穗、对砧、包扎等流程化作业进行认真指导，并现场录制了教学视频，帮助果农进一步了解嫁接技术要点，提高嫁接成活率，通过科技手段增效增收。

郑少泉专家现场指导嫁接技术

据了解，为加快枇杷新优品种的示范推广，促进农业增效，涵江区积极对接福建省农业科学院果树研究所，在白沙镇田厝村建立新品种枇杷基地。该基地总投资150万元，流转土地40亩，整理迁种枇杷1 200棵，将通过科学改土、矮化树形等栽培技术进行枇杷更新换代，把创新动能扩散到田间地头，生产品质特优的新品种枇杷，同时以点带面，在全镇各村逐步推广种植，促进枇杷产业结构调整，努力实现农民增收、农业增效和乡村全面振兴。

福建省农业科学院果树研究所技术人员正在进行嫁接

"此次基地引进嫁接的是枇杷团队最新、最优的第三代枇杷新品种，分别是特早熟白肉枇杷三月白、早白香和白雪早，以及特别晚熟的

基地一角

香妃枇杷，产出的枇杷品质特优、果大、品味佳、商品性好。"据范国成副所长介绍，这一系列优质、熟期配套的白肉杂交枇杷品种，极大地拉开了枇杷鲜果供应期，将进一步促进农业增效、农民增收。接下来，福建省农业科学院果树研究所将无偿提供枇杷技术咨询服务，在品种搭配、栽培技术、科技特派员等方面给予大力支持，全力推动白沙镇枇杷产业做大做强做优。

（文／图曾雅燕、编审林亦霞）

链接：http: //mp.weixin.qq.com/s?__biz=MzI2MDYwNDk5Nw==&mid=2247496459&idx=6&sn=d63eebd2d280d01a5d5810f596fc2491&chksm=ea65a621dd122f3782511c8a6b6162514f03e01ea101885da43486532928aefadbd7e35436ff&mpshare=1&scene=1&srcid=0119DECURZWXOTyNbsm4TRCv&sharer_sharetime=1579428556245&sharer_shareid=3d7a90f3733ae6aaffab0c9c2588329f#rd

2.福建省农业科学院果树研究所科技人员参加涵江区优质白肉枇杷高接换种启动现场会

福建省农业科学院院网，2020年1月22日

2020年1月18日下午，由莆田市涵江区人民政府举办的涵江区优质白肉枇杷高接换种启动现场会在涵江区白沙镇举行，福建省农业科学院果树所副所长范国成、果树首席专家郑少泉研究员等出席了启动现场会，福建省农业科学院果树研究所邓朝军副研究员、许奇志农艺师及涵江区和白沙镇、村各级领导等一同参加了启动会。

开幕式上，白沙镇党委书记张国顺和福建省农业科学院果树研究所副所长范国成分别在启动仪式上致词，福建省农业科学院果树研究所副所长范国成和涵江区组织部部长方振涵共同为示范基地揭牌。启动仪式结束后，果树首席专家郑少泉研究员现场为参会代表培训枇杷高接换种技术和注意事项。会议取得圆满成功。

（福建省农业科学院果树研究所许奇志）

链接：http://www.faas.cn/cms/html/fjsnykxy/2020-01-22/1907054558.html

3.白沙镇抓疫情防控不松劲，产业扶贫不耽误

（1）**勠力同心打牢防控基础**。眼下，新冠肺炎疫情防控已经步入胶着期，白沙镇咬定防护措施不放松，多举措支持各行各业开展复工复产、春耕备耕等工作，全镇上下各项事业有条不紊地进行着。特别是在脱贫攻坚工作上，白沙镇广大党员干部勠力同心，做好疫情期间贫困户的心理疏导、防护提醒、物资慰问等工作，为2020年决胜脱贫攻坚打下坚实基础。

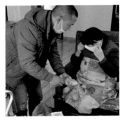

为贫困户发放防控物资、进行防护提醒

为了最大限度地减少疫情对贫困户的影响，白沙镇利用专项资金为全镇76户236个建档立卡贫困户准备防控物资礼包。

"这是免洗洗手液和口罩，你收好，疫情期间不要外出走动，注意做好清洁工作。"由广大党员群众、帮扶人等组成的志愿者队伍在派发礼包的同时，仔细为贫困户解读防护措施，并把建档立卡贫困户"绿色通道"落实到贫困户的家门口。

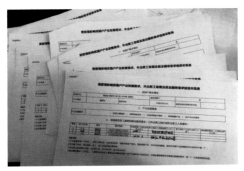

采集受疫情影响贫困户的产业发展、就业务工信息

不仅如此，白沙镇还组织人员全面排查新冠肺炎疫情期间贫困户的务工情况和就业意向，列出问题清单，针对"是否因为疫情耽误务工""是否因为疫情失去就业"等问题进行梳理、汇总，力争最大程度解决贫困户的就业问题，坚决克服新冠肺炎疫情对就业扶贫成效的影响。

（2）**精准施策助力产业扶贫**。白沙镇地处山区，农业资源优厚，特色种植业发展潜力巨大，建档立卡贫困户大多都依靠发展产业来稳固脱贫成效。而这一场席卷而来的新冠肺炎疫情给脱贫攻坚工作带来层层压力。但在"绿色通道"的联通下，白沙镇积极收集贫困户们的需求，进行分类帮扶、精准施策，力争在疫情阻击战和脱贫攻坚战中取得"双赢"。

"你看这都快三月了，我这些枇杷苗木还没嫁接，再拖下去我可怎么办啊！"澳柄村贫困户李金清着急地说道。

李金清是建档立卡贫困户，种植枇杷几十年，因为缺劳力、缺技术支持、缺品种改良等问题，家里30多亩枇杷常常亏损。后来在扶贫政策的支持下，情况有所好转，但脱贫成效却得不到质的提高。得知此情况，白沙镇党委书记张国顺建议他在2020年年初接受新品种枇杷嫁接。李金清刚开始因为害怕承担有风险，不愿意接受嫁接，而后，张国顺书记多次入户劝说，他下定决心尝试新品种。

白沙镇立即联系福建省农业科学院果树研究所郑少泉博士。2020年2月23日下午，郑少泉博士率2名干部、8名技术工人，专门来到李金清家中，免费为他嫁接800株三月白、香妃等优质白肉枇杷，并表示将无偿提供技术咨询，协助完成果园地路网建设，便于机械化管理。

李金清看着满园嫁接好的枇杷，握着郑少泉博士的手，感激地说："真是太感谢了！如果没有你们，我这些枇杷树都不知道该怎么办！"

春天如期而至，疫情也终将过去。白沙镇上下一心，抗疫扶贫两手抓，努力把被疫情耽误的时间追回来，把因疫情受到的影响补回来，打通"产业工作动脉"，畅通"经济发展循环"，多渠道稳固脱贫成效，确保2020年脱贫攻坚圆满收官！

（白沙镇吴冕供稿，编辑曾雅燕，编审林亦霞）

链接: http://mp.weixin.qq.com/s?__biz=MzI2MDYwNDk5Nw==&mid=2247498278&idx=4&sn=ab843b5a76db5211d387830786649c25&chksm=ea65af0cdd12261a88a0b95ce9ade490bbac634941a98ca6c1478871c6b22a0e178c75ff72fa&mpshare=1&scene=1&srcid=0506wz3XGEOwUG3FpaIV4s8a&sharer_sharetime=1588771544051&sharer_shareid=0bd008c41780ac798ed855569c3c134f#rd

4. 涵江区委书记陈万东深入一线调研疫情防控期间脱贫攻坚、春耕备耕工作

原创涵江时讯，2020年2月28日

2020年2月27日下午，涵江区委书记、指挥长陈万东带领有关部门负责人深入白沙镇、大洋乡，调研新冠肺炎疫情防控期间脱贫攻坚、春耕备耕工作。涵江区委常委、大洋乡党委书记林志钦，副区长方国民参加调研。

白沙镇积极对接福建省农业科学院果树研究所，通过科学改土、矮化树形等栽培技术进行枇杷更新换代，把创新动能扩散到田间地头，生产品质特优

156

的新品种枇杷。陈万东深入白沙镇澳柄村的新品种枇杷基地，详细了解枇杷嫁接、栽培技术、科技特派员工作等。陈万东鼓励当地镇村干部要继续发挥技术对接优势，加快枇杷新优品种的示范推广，促进枇杷产业结构调整，努力实现农民增收、农业增效和乡村全面振兴。

随后，陈万东一行深入大洋乡利农农业基地察看种植大棚等，与基地负责人深入交谈，详细了解农产品种类、产量、销售及用工情况等。陈万东勉励企业坚定发展信心，及时跟踪市场变化，全力抓好春季生产，提高基地发展效益，带动更多贫困户摆脱贫困，过上更加幸福的生活。

一年之计在于春，在落实疫情防控措施的同时，如何抓好春耕生产和脱贫攻坚工作？陈万东十分关心。陈万东来到大洋乡车口村，深入基地实地查看扶贫项目，详细了解疫情防控期间脱贫攻坚、春耕备耕、农产品销售等情况，肯定了有关部门强化技术、农资、服务保障，指导企业加大产销对接等做法。他指出，农时不等人，要在严格落实差异化疫情防控措施的同时，充分调动农户种植生产的积极性，科学、精准、有效地做好春耕生产工作，吸纳更多贫困户加入，让蔬菜产业在脱贫攻坚和乡村振兴中发挥更大作用。

陈万东一行还走进大洋乡瑶山村挂钩贫困户叶细碧、车口村贫困户张

玉凤家中，鼓励他们要坚定信心，凭借勤劳双手，创造美好生活。同时要求相关部门单位要始终坚持真心挂钩、真情帮扶，多为困难群众解难题、做实事。

陈万东强调，当前是新冠肺炎疫情防控的关键时期，各级各部门要进一步强化政治担当，统筹做好疫情防控和经济发展工作，强化产业扶贫、就业扶贫，深入实施乡村振兴战略，巩固好脱贫攻坚成果，深化农业农村改革，推动农业增效、农民增收、农村繁荣。在做好新冠肺炎疫情防控工作的同时，抓紧、抓细春季农业生产，确保农业生产平稳发展；农业农村部门和广大农业技术推广人员要深入田间地头，提供有针对性的服务和技术指导，切实为春耕备耕提供坚强保障。

（文／图朱秀花，编辑朱秀花，编审林亦霞）

链　接：http://mp.weixin.qq.com/s?__biz=MzI2MDYwNDk5Nw==&mid=2247498315&idx=2&sn=84f7aea5a36239bf49a4cc47d7285074&chksm=ea65af61dd122677e915004551236
7cfdb4046e9e217d36aa2b519e45179ecf8849f841c7a28&mpshare=1&scene=24&srcid=&sharer_
sharetime=1589468791642&sharer_shareid=699073739a71cf82f1fd35497460e9b3#rd

5.博士进山，产业升级！莆田市白沙镇加快枇杷改良助力乡村全面振兴

"郑博士来了以后，免费帮我把这一片品质差的枇杷树全部进行矮化、嫁接、品种改良。2020年的收成有盼头了。"2020年3月3日，春耕备耕之际，在涵江区白沙镇澳柄村建档立卡贫困户李金清家的枇杷园里，刚刚嫁接了800株三月白、香妃等优

人民日报　**有品质的新闻**

莆田发布

03-04·嗨！这里是莆田市人民政府新闻办公室的官方发布平台，欢迎围观，欢迎关注，同心同德加快建设美丽莆田，群策群力创建美丽中国示范区！

质白肉枇杷的李金清十分高兴。他口中的郑博士，是从福建省农业科学院果树研究所来的科技特派员郑少泉博士。

李金清是建档立卡贫困户，种植枇杷几十年，因为缺劳力、缺技术支持、缺品种改良问题，家里30多亩枇杷常常亏损。后来在扶贫政策的支持下，情

况有所好转，但脱贫成效依然得不到质的提高。得知此情况，白沙镇党委书记张国顺建议他接受新品种枇杷嫁接。李金清刚开始因为害怕承担有风险，不愿意接受嫁接，后来，经过张国顺书记多次入户劝说，他下定决心尝试新品种。

白沙镇立即联系科技特派员——福建省农业科学院果树研究所郑少泉博士。从2020年2月23日下午开始，郑少泉博士率2名干部、8名技术工人，专门来到李金清家中，免费为他嫁接800株三月白、香妃等优质白肉枇杷，并表示将无偿提供技术咨询，帮助打通市场销路渠道，协助完成果园地路网建设，便于机械化管理。如今，得到众多利好的李金清对脱贫致富充满信心。而这并不是白沙镇对接科技特派员，改良枇杷新优品种的第一个基地。据介绍，早在2020年1月初，白沙镇就在田厝村投资150万元，流转土地40亩，整理迁种枇杷1 200棵，建立了新品种枇杷基地。基地引进嫁接枇杷团队最新最优的第三代枇杷新品种，分别是特早熟白肉枇杷三月白、早白香和白雪早以及特别晚熟的香妃枇杷，产出的枇杷品质特优、果大、品味佳、商品性好。这一系列优质、熟期配套的白肉杂交枇杷品种，极大地拉开了枇杷鲜果供应期。

郑少泉博士（中）现场指导枇杷嫁接技术

郑少泉博士向涵江区主要领导介绍枇杷嫁接技术

（朱秀花　摄）

郑少泉博士向涵江区主要领导介绍枇杷嫁接技术

（朱秀花　摄）

白沙镇是莆田市的枇杷种植大镇，下一步，该镇将以点带面，在全镇各村逐步推广种植，促进枇杷产业结构调整，把枇杷产业进一步做大做强做优，辐射带动莆田市乃至福建省枇杷产业转型升级，实现农民增收、农业增效和乡村全面振兴。

来源：涵江区白沙镇党政办公室

链接：https://wap.peopleapp.com/article/rmh11917529/rmh11917529

6.莆田涵江：加快枇杷改良助力乡村全面振兴

"郑博士来了以后，免费帮我把这一片品质差的枇杷树全部进行矮化、嫁接、品种改良，明年的收成有盼头了。"2020年3月3日，春耕备耕之际，在莆田市涵江区白沙镇澳柄村建档立卡贫困户李金清家的枇杷园里，刚刚嫁接了800株三月白、香妃等优质白肉枇杷的李金清十分高兴。他口中的郑博士，是从福建省农业科学院果树研究所来的科技特派员郑少泉博士。

郑少泉博士（中）现场指导枇杷嫁接技术

李金清是建档立卡贫困户，种植枇杷几十年，因缺劳力、缺技术支持、缺品种改良等问题，家里30多亩枇杷常常亏损。后来在扶贫政策的支持下，情况有所好转，但脱贫成效依然得不到质的提高。得知此情况，白沙镇党委书记张国顺建议他接受新品种枇杷嫁接。李金清刚

郑少泉博士（左）现场指导枇杷嫁接技术

开始因为害怕承担风险，不愿意接受嫁接，后来，经过张国顺书记多次入户劝说，他下定决心尝试新品种。

白沙镇立即联系科技特派员——福建省农业科学院果树研究所郑少泉博士。从2020年2月23日下午开始，郑少泉博士率2名干部、8名技术工人，专门来到李金清家中，免费为他嫁接800株三月白、香妃等优质白肉枇杷，并表示将无偿提供技术咨询，帮助打通市场销路渠道，协助完成果园地路网建设，便于机械化管理。如今，得到众多利好的李金清对脱贫致富充满信心。

而这并不是白沙镇对接科技特派员，改良枇杷新优品种的第一个基地。据

介绍，在2020年1月初，白沙镇就在田厝村投资150万元，流转土地40亩，整理迁种枇杷1 200棵，建立了新品种枇杷基地。基地引进嫁接枇杷团队最新最优的第三代枇杷新品种，分别是特早熟白肉枇杷三月白、早白香和白雪早，以及特别晚熟的香妃枇杷。枇杷品质特优、果大、品味佳、商品性好。这一系列熟期配套的优质白肉杂交枇杷品种，极大地拉开了枇杷鲜果供应期。

郑少泉博士介绍枇杷嫁接技术

（朱秀花 摄）

　　白沙镇是莆田市的枇杷种植大镇，下一步，白沙镇将以点带面，在全镇各村逐步推广种植枇杷，促进枇杷产业结构调整，把枇杷产业进一步做大做强做优，辐射带动莆田市乃至福建省枇杷产业转型升级，实现农民增收、农业增效和乡村全面振兴。

（作者吴美琳）

链　接：https://article.xuexi.cn/articles/index.html?part_id=11031098801251127842&art_id=11031098801251127842&item_id=11031098801251127842&study_style_id=feeds_default&pid=&ptype=-1&source=share&share_to=wx_single&from=groupmessage

7. 脱贫不脱责任！莆田白沙镇多管齐下助力乡村振兴

　　白沙镇是莆田市山区中心集镇，是莆田市"幸福家园"试点镇，是涵江人民的大水缸——外度水库的所在地。近年来，白沙镇精准脱贫攻坚战取得明显成效，全镇76户236人建档立卡贫困户已全部实现脱贫，广山村和东泉村2个贫困村已全部脱帽。为夯实脱贫攻坚成果，白

人民日报 **有品质的新闻**

脱贫不脱责任！莆田白沙镇多管齐下助力乡村振兴

莆田发布

03-17·嗨！这里是莆田市人民政府新闻办公室的官方发布平台，欢迎围观，欢迎关注，同心同德加快建设美丽莆田，群策群力创建美丽中国示范区！

沙镇脱贫不脱责任，紧紧围绕中央对农村"产业兴旺、生态宜居、乡风文明、治理有效、生活富裕"的总要求，找准发展定位，积极引进农业产业大户和科技特派员，推动资源优势有效转化，促进城乡融合、农业增效、农民增收。

（1）**党建引领，发挥基层组织"战斗力"。** 引领脱贫攻坚和实现乡村振兴，组织建设是根本保障。近年来，白沙镇积极实施"领头雁"工程，以打造"好班子"夯实脱贫攻坚工作，领跑乡村振兴。2018年，白沙镇以村级组织换届为契机，鼓励在外优秀人才、致富能人回村竞选任职，共选举产生党支部委员47人，其中，书记13人，新当选书记7人，大专以上学历6人，平均年龄43

郑少泉博士（左）现场指导村民枇杷嫁接技术

岁，打造了一支"干事有思想、管理有规矩、服务有真心"敢担当、有作为、战斗力强的村级干部队伍，为精准脱贫、乡村振兴工作打下扎实基础。

全镇共选派了4名挂职第一书记。坪盘村是全国文明村，为打造高级版乡村振兴示范村，选派镇主任科员黄国强为该村挂职第一书记，该村通过设置党员带头致富先锋岗，培养带头致富人等办法，激发村民建设家乡的热情，凝聚乡村振兴的人气，打造了以白梨枇杷、茶叶、油菜花、樱花等产业和旅游相融合的特色品牌村。东泉村原是市级贫困村，近两年从莆田市科学技术协会选派了1名科级干部为该村驻村第一书记，选派白沙镇优秀年轻干部任该村村支书，村级党支部战斗力进一步增强，2017年贫困村摘帽，2019年村财收入逾18万元。广山村原是区级贫困村，莆田市司法局选派了1名科级干部为该村第一书记，帮助该村进一步理清发展思路，完善农田水利设施，引进农业产业公司建设现代农业示范园，进一步巩固精准脱贫成果，2019年村级收入约25万元。白沙镇成立澳柄中心村党委，选派镇科级干部任中心村党委书记，发挥基层强村的辐射引领和党建示范点的典型带动作用，促进东泉村、澳东村、澳柄村三村农业、旅游等产业发展。"不忘初心、牢记使命"主题教育期间，国内首家"入党誓词"展馆在澳东村建成开馆，为莆田市广大党员干部学习教育、锻炼党性提供一个新的"红色精神驿站"。

（2）**精准施策，提振群众脱贫"精气神"。** 扶贫先扶志，对症施良策。长期为贫穷所困，有的群众没了心气，只会"一等二靠三要"；有的顾虑重重，轻易不敢迈出一步；有的无计可施，想干事没门路……脱贫攻坚进入冲刺期，白沙镇始终牢牢抓住"精准"两字，积极推进产业、就业、教育、健康、低保兜底等各项扶贫政策落到实处。同时，更加注重扶贫同扶志、扶智相结合，下更大力气补齐贫困群众"精神短板"，激发精准脱贫内生动力。在新冠肺炎疫情防控期间，白沙镇多措并举聚焦建档立卡贫困户的防护保障，镇、村两级免费给所有贫困户发放口罩、洗手液等物资，积极做好贫困户的心理劝导工作和疫情防护提醒，帮助解决生产生活实际困难，打通了抗疫期间扶贫工作的最后一公里。

如今，白沙镇建档立卡户的精神面貌普遍向好，对未来的生活充满信心。全镇除个别无劳动能力的人员政策兜底外，其他都愿意自力更生。2020年2月中旬，龙东村贫困户黄超胤得知村里防控疫情物资紧缺，看到村民微信群里发起爱心接力，黄超胤主动捐款300元，村干部本不忍心收他的钱，可黄超胤坚持要捐款并说道，他在与贫困和疾病作斗争的几年来，深受国家和党的照顾，如今疫情这么严重，他也想尽一份绵薄之力。再如，澳柄村贫困户李金清在自己30亩枇杷完成了新品种改良嫁接后表示，今后一定尽自己所能，为有需要新品种嫁接的农户免费提供新品种枇杷穗，并无偿指导嫁接技术和传授果树管理经验。

（3）结对共建，打造城乡融合"新模式"。白沙镇党委、政府在梳理乡村振兴发展思路时，充分认识到，农村要脱贫，必须充分利用自身的资源优势，借势借力，促成优势成果转化。东泉村现有耕地800亩，林地3 000亩，果园500亩，山水相依，景色宜人，村民们守着绿水青山，却没有有效的经济收益。在同步分析了城厢区凤凰山街道南门社区旗下的南门集团资金、产业资本雄厚，但发展空间受限的形势后，白沙镇党委、政府主动与南门集团对接，并成立一支项目服务队，为南门在东泉村创业提供全方位的服务，积极促成合作，找出了一条城乡融合的试点发展道路。2019年3月，南门社区和东泉村党组织签订结对共建助推乡村振兴合作协议，本着"优势互补、资源共享、互惠互利、协同发展"的原则，在农业产业开发和扶贫工作等方面加强合作。

目前，结对成效明显。一是党建融合。白沙镇充分利用东泉列宁小学、澳东红军207团旧址陈列馆、入党誓词展馆等当地红色教育资源优势，邀请南门社区党委共同开展主题党日活动，让城区的党员们也能接受最淳朴的革命传统教育。在东泉村建立党员志愿服务基地，南门社区每月不定时组织党员来到农业基地采摘瓜果，参加义务劳动，参观绿色农产品种植过程，体验农村生活。以党建带团建，组织南门学校的学生来到农业基地一起体验蔬果采摘；与此同时，农村的学生也能进城参观南门学校，激发了向上、奋斗的动力。二是资源共享。南门社区整合莆田市万兴苗圃园林基地合作社花卉苗木基地，流转土地近400亩，投资700多万元种植30多种花卉、苗木和20多种蔬菜瓜果。基地实行精细化管理，开展测土配方，科学施肥，种植的茄子、丝瓜、番茄、萝卜等无公害蔬菜瓜果全部供给南门社区居民，产品供不应求。基地建设以来，每年为当地农户增加土地租金和田间劳作工资150多万元，带动东泉当地农户就业86人。其中，建档立卡贫困户5人，每年人均增收约1万元。三是扶贫济困。对东泉村存在实际困难的群众、留守儿童、空巢老人等，两村积极发动党员干部献爱心、开展慰问等活动，并结对精准扶贫，传递社会正能量。目前，南门社区已为东泉村25户困难家庭发放了奖优助学金、慰问金和慰问品。南门社区还选派南方医院骨干医生每年为东泉村村民免费体检，普及健康知识，受到村民们的普遍欢迎。

通过以大带小、以强扶弱、以富帮穷的共建新模式，南门社区在东泉村打造了一处"后花园"，东泉村的村民们也享受到普惠式的共建、共享成果。下一步，两村还将继续在旅游、教育、医疗、就业、养老等方面加强对接合作。如激活东泉小学现有教学楼等场地作用，充分发挥南门社区教育资源优势，整合力量打造新时代教学质量优良的乡村小学，发展农村教育。充分挖掘东泉村闲置房屋，开发民宿、农耕文化、乡村旅游，吸引南门社区原居民来此度假养生养老。

（4）科技撬动，注入乡村振兴"源动力"。白沙镇充分发挥8个科技特派员的技术和资源优势，通过深入调研、座谈、实践，积极推动科技成果落地开花。目前，全镇已在坪盘村、澳柄村、澳东村、田厝村、广山村等多个村庄培育建立了6个农业产业示范基地。

白沙镇是莆田市的枇杷种植大镇，现有面积1.85万亩，枇杷采收曾是白沙农民日常收入的主渠道，但近几年因第一代枇杷品质低下、价格低廉，影响了农民种植的积极性。为了振兴枇杷产业，白沙镇党委、政府组织人员多方走访、调研。在调研时，大家发现，第二代枇杷"坪盘白梨"品牌品质优，价格高，市场优势明显。受此启发，白沙镇确定了"科技+品牌"，改良换种振兴枇杷产业的途径。白沙镇党委书记多方联系福建省农业科学院，满满的诚意最终感动了福建省农业科学院果树研究所的博士、教授们。经过半年多的研究、论证，2020年年初，分别以田厝村、澳柄村为试点，在田厝村打造了40亩优质白肉枇杷新品种示范基地，在澳柄村打造20亩枇杷产业升级科技精准帮扶示范基地，国家级科技重点研发课题——多枝组高位嫁接白肉枇杷杂交新品种示范基地，预计亩产量可达800kg，每亩纯收入3万元。

特别是澳柄村的枇杷产业升级科技精准帮扶示范基地，福建省农业科学院果树研究所郑少泉博士为该村建档立卡贫困户李金清免费嫁接了800株优质白肉枇杷，分别是特早熟白肉枇杷三月白、早白香和白雪早，特晚熟香妃枇杷，以及免套袋枇杷阳光70。早熟品种在莆田的成熟期为11月底，晚熟品种成熟期为6月初，这一系列优质、熟期配套的白肉杂交枇杷品种，使莆田枇杷鲜果供应期延长至半年以上。免套袋新品种应用为农户节约成本30%以上。澳柄村的农户们看到新商机后，纷纷请求郑博士为他们的枇杷嫁接新品种。目前，该村有20户农户高兴地嫁接上第三代枇杷。下一步，白沙镇将在13个村居推行枇杷产业改造升级，同时创立白沙镇特有的白肉枇杷品牌，对接深圳百果园等国内水果销售平台，帮助农户提供"产、供、销"一条龙服务。技改三年后白肉枇杷新品种将吸引1 800名农村年青劳动力回乡创业，促进产业兴旺乡村全面振兴。

科技特派员严生仁，作为莆田市兴田生态农业有限公司总经理，亲自带队在广山村落户，建立蔬菜产业基地，流转土地200亩，主要种植娃娃菜、芥菜、菠菜等有机蔬菜，带动农户458户，新增就业岗位30多个，年增收70多万。莆田市农业科学研究所柯庆明博士共同推动的澳东莆豆5号、兴化豆1号等大豆良种繁育示范推广基地，澳柄兴化豆618大豆良种繁育示范推广基地等项目也有力推进。6个科技特派员示范基地的建立，必将辐射带动更多群众增收致富。

（5）挖掘资源，深耕特色文化"产业田"。白沙镇积极倡导各村居"因势而谋、因势而动、顺势而为"，通过挖掘本村的特色亮点，打造自己的专属"名片"。

广山村文化底蕴深厚，是宋代史学家郑樵的故居，坐落有古迹广业书院。为稳固脱贫成效，该村通过对广业书院进行改造升级，配套建设郑樵故里文化基地，新建口袋公园及法治走廊，对接莆田市环宇国际旅行社有限公司，推广特色手工艺"小蓑衣棕制品"等，全力打造一个集乡情文化、特色农产品、手工艺制品等资源为一体的新产业。

红色文化是澳东村最亮丽的底色之一，闽中革命第一枪曾在澳东打响。这里是省级爱国主义教育基地——红军207团旧址所在地，每年从全国各地过来参观，接受革命传统教育的游客数不胜数。白沙镇充分整合现有红色资源，修缮红军路、红军岭，规划新建207团陈列馆，提升游客对整村红色文化的视听感受。在红色旅游的带动下，澳东村国防教育、户外拓展、国学诵读、农耕劳作等系列中小学生暑期夏令营活动次第开展，也成为市民"清新自驾游"一个新的"网红"打卡地。

艰苦奋斗图发展，老区旧貌换新颜。在6个农业产业示范基地的带动下，白沙镇洋顶等其他几个村也正加快土地开发步伐，你争我赶，在全镇努力形成齐头并进的良好局面。2020年，白沙镇将进一步把握乡村振兴战略的部署要求，强化产业招商，担当作为、狠抓落实，走品牌农业、优质农业发展道路，努力打造乡村振兴莆田样板。

（吴美琳、翁青敏、吴冕供稿，责任编辑林双华、王敏）

链接：https://wap.peopleapp.com/article/rmh12195858/rmh12195858?from=singlemessage

8.＂幸福家园＂真幸福！莆田白沙镇多管齐下助力乡村振兴

中国福建三农网 福建乡村振兴，2020年3月18日

白沙镇是莆田市山区中心集镇，是莆田市＂幸福家园＂试点镇，是涵江人民的大水缸——外度水库的所在地。近年来，白沙镇精准脱贫攻坚战取得明显成效，全镇76户236人建档立卡贫困户已全部实现脱贫，广山村和东泉村2个贫困村已全部脱贫。为夯实脱贫攻坚成果，白沙镇脱贫不脱责任，紧紧围绕中央提出的＂产业兴旺、生态宜居、乡风文明、治理有效、生活富裕＂总要求，找准发展定位，积极引进农业产业大户和科技特派员，推动资源优势有效转化，促进城乡融合、农业增效、农民增收。

郑少泉博士（左）现场指导村民枇杷嫁接技术

坪盘村

（1）党建引领发挥基层组织＂战斗力＂。 引领脱贫攻坚和实现乡村振兴，组织建设是根本保障。近年来，白沙镇积极实施＂领头雁＂工程，以打造＂好班子＂夯实脱贫攻坚工作，领跑乡村振兴。2018年，白沙镇以村级组织换届为契机，鼓励在外优秀人才、致富能人回村竞选任职，共选举产生党支部委员47人，其中，书记13人，新当选书记7人，大专以上学历6人，平均年龄43岁，打造了一支＂干事有思想、管理有规矩、服务有真心＂敢担当、有作为、战斗力强的村级干部队伍，为精准脱贫、乡村

振兴工作打下扎实基础。

全镇共选派了4名挂职第一书记。坪盘村是全国文明村，为打造高级版乡村振兴示范村，选派镇主任科员黄国强为该村挂职第一书记，该村通过设置党员带头致富先锋岗，培养带头致富人等办法，激发村民建设家乡的热情，凝聚乡村振兴的人气，打造了以白梨枇杷、茶叶、油菜花、樱花等产业和旅游相融合的特色品牌村。东泉村原是市级贫困村，近两年从莆田市科学技术协会选派了1名科级干部为该村驻村第一书记，选派镇优秀年轻干部任该村村支书，村级党支部战斗力进一步增强，2017年贫困村摘帽，2019年村财收入逾18万元。广山村原是区级贫困村，莆田市司法局选派了1名科级干部为该村第一书记，帮助该村进一步理清发展思路，完善农田水利设施，引进农业产业公司建设现代农业示范园，进一步巩固精准脱贫成果，2019年村级收入约25万元。白沙镇成立澳柄中心村党委，选派镇科级干部任中心村党委书记，发挥基层强村的辐射引领和党建示范点的典型带动作用，促进东泉村、澳东村、澳柄村三村农业、旅游等产业发展。"不忘初心、牢记使命"主题教育期间，国内首家"入党誓词"展馆在澳东村建成开馆，为莆田市广大党员干部学习教育、锻炼党性提供一个新的"红色精神驿站"。

（2）**精准施策提振群众脱贫"精气神"**。扶贫先扶志，对症施良策。长期为贫穷所困，有的群众没了心气，只会"一等二靠三要"；有的顾虑重重，轻易不敢迈出一步；有的无计可施，想干事没门路……脱贫攻坚进入冲刺期，白沙镇始终牢牢抓住"精准"二字，积极推进产业、就业、教育、健康、低保兜底等各项扶贫政策落到实处。同时，更加注重扶贫同扶志、扶智相结合，下更大力气补齐贫困群众"精神短板"，激发精准脱贫内生动力。

在新冠肺炎疫情防控期间，白沙镇多措并举聚焦建档立卡贫困户的防护保障，镇、村两级免费给所有贫困户发放口罩、洗手液等物资，积极做好贫困户的心理劝导工作和疫情防护提醒，帮助解决生产生活实际困难，打通了抗疫期间扶贫工作的最后一公里。

如今，白沙镇建档立卡户的精神面貌普遍向好，对未来的生活充满信心。全镇除个别无劳动能力的人员政策兜底外，其他都愿意自力更生。2020年2月中旬，龙东村贫困户黄超胤得知村里防控疫情物资紧缺，看到村民微信群里发起爱心接力，黄超胤主动捐款300元，村干部本不忍心收他的钱，可黄超胤坚持要捐款并说道，他在与贫困和疾病作斗争的几年来，深受国家和党的照顾，如今疫情这么严重，他也想尽一份绵薄之力。再如，澳柄村贫困户李金清在自己30亩枇杷完成了新品种改良嫁接后表示，今后一定尽自己所能，为有需要新品种嫁接的农户免费提供新品种枇杷穗，并无偿指导嫁接技术和传授果树管理经验。

（3）结对共建打造城乡融合"新模式"。白沙镇党委、政府在梳理乡村振兴发展思路时，充分认识到，农村要脱贫，必须充分利用自身的资源优势，借势借力，促成优势成果转化。东泉村现有耕地800亩，林地3 000亩，果园500亩，山水相依，景色宜人，村民们守着绿水青山，却没有有效的经济收益。在同步分析了城厢区凤凰山街道南门社区旗下的南门集团资金、产业资本雄厚，但发展空间受限的形势后，白沙镇党委、政府主动与南门集团对接，并成立一支项目服务队，为南门在东泉村创业提供全方位的服务，积极促成合作，找出了一条城乡融合的试点发展道路。2019年3月，南门社区和东泉村党组织签订结对共建助推乡村振兴合作协议，本着"优势互补、资源共享、互惠互利，协同发展"的原则，在农业产业开发和扶贫工作等方面加强合作。

目前，结对成效明显。一是党建融合。白沙镇充分利用东泉列宁小学、澳东红军207团旧址陈列馆、入党誓词展馆等当地红色教育资源优势，邀请南门社区党委共同开展主题党日活动，让城区的党员们也能接受最淳朴的革命传统教育。在东泉村建立党员志愿服务基地，南门社区每月不定时组织党员来到农业基地采摘瓜果，参加义务劳动，参观绿色农产品种植过程，体验农村生活。以党建带团建，组织南门学校的学生来到农业基地一起体验蔬果采摘；与此同时，农村的学生也能进城参观南门学校，激发了向上、奋斗的动力。二是资源共享。南门社区整合莆田市万兴苗圃园林基地合作社花卉苗木基地，流转土地近400亩，投资700多万元种植30多种花卉、苗木和20多种蔬菜瓜果。基地实行精细化管理，开展测土配方，科学施肥，种植的茄子、丝瓜、番茄、萝卜等无公害蔬菜瓜果全部供给南门社区居民，产品供不应求。基地建设以来，每年为当地农户增加土地租金和田间劳作工资150多万元，带动东泉当地农户就业86人。其中，建档立卡贫困户5人，每年人均增收约1万元。三是扶贫济困。对东泉村存在实际困难的群众、留守儿童、空巢老人等，两村积极发动党员干部献爱心、开展慰问等活动，并结对精准扶贫，传递社会正能量。目前，南门社区已为东泉村25户困难家庭发放了奖优助学金、慰问金和慰问品。南门社区还选派南方医院骨干医生每年为东泉村村民免费体检，普及健康知识，受到村民们的普遍欢迎。

通过以大带小、以强扶弱、以富帮穷的共建新模式，南门社区在东泉村打造了一处"后花园"，东泉村的村民们也享受到普惠式的共建、共享成果。下一步，两村还将继续在旅游、教育、医疗、就业、养老等方面加强对接合作。如：激活东泉小学现有教学楼等场地作用，充分发挥南门社区教育资源优势，整合力量打造新时代教学质量优良的乡村小学，发展农村教育。充分挖掘东泉村闲置房屋，开发民宿、农耕文化、乡村旅游，吸引南门社区原居民来此度假养生养老。

（4）科技撬动注入乡村振兴"源动力"。白沙镇充分发挥8个科技特派员的技术和资源优势，通过深入调研、座谈、实践，积极推动科技成果落地开花。目前，全镇已在坪盘村、澳柄村、澳东村、田厝村、广山村等多个村庄培育建立了6个农业产业示范基地。

白沙镇是莆田市的枇杷种植大镇，现有面积1.85万亩，枇杷采收曾是白沙镇农民日常收入的主渠道，但近几年因第一代枇杷品质低下、价格低廉，影响了农民种植的积极性。为了振兴枇杷产业，白沙镇党委、政府组织人员多方走访、调研。在调研时，大家发现，第二代枇杷"坪盘白梨"品牌品质优，价格高，市场优势明显。受此启发，白沙镇确定了"科技+品牌"，改良换种振兴枇杷产业的途径。白沙镇党委书记多方联系福建省农业科学院，满满的诚意最终感动了福建省农业科学院果树研究所的博士、教授们。经过半年多的研究、论证，2020年年初，分别以田厝村、澳柄村为试点，在田厝村打造了40亩优质白肉枇杷新品种示范基地，在澳柄村打造20亩枇杷产业升级科技精准帮扶示范基地，国家级科技重点研发课题——多枝组高位嫁接白肉枇杷杂交新品种示范基地，预计亩产量可达800kg，每亩纯收入3万元。

特别是澳柄村的枇杷产业升级科技精准帮扶示范基地，福建省农业科学院果树研究所郑少泉博士为该村建档立卡贫困户李金清免费嫁接了800株优质白肉枇杷，分别是特早熟白肉枇杷三月白、早白香和白雪早，特晚熟香妃枇杷，以及免套袋枇杷阳光70。早熟品种在莆田的成熟期为11月底，晚熟品种成熟期为6月初，这一系列优质、熟期配套的白肉杂交枇杷品种，使莆田枇杷鲜果供应期延长至半年以上。免套袋新品种应用为农户节约成本30%以上。澳柄村的农户们看到新商机后，纷纷请求郑博士为他们的枇杷嫁接新品种。目前，该村有20户农户高兴地嫁接上第三代枇杷。下一步，白沙镇将在13个村居推行枇杷产业改造升级，同时创立白沙镇特有的白肉枇杷品牌，对接深圳百果园等国内水果销售平台，帮助农户提供"产、供、销"一条龙服务。技改三年后白肉枇杷新品种将吸引1 800名农村年青劳动力回乡创业，促进产业兴旺乡村全面振兴。

科技特派员严生仁，作为莆田市兴田生态农业有限公司总经理，亲自带队在广山村落户，建立蔬菜产业基地，流转土地200亩，主要种植娃娃菜、芥菜、菠菜等有机蔬菜，带动农户458户，新增就业岗位30多个，年增收70多万。莆田市农业科学研究所柯庆明博士共同推动的澳东莆豆5号、兴化豆1号等大豆良种繁育示范推广基地，澳柄兴化豆618大豆良种繁育示范推广基地等项目也有力推进。6个科技特派员示范基地的建立，必将辐射带动更多群众增收致富。

（5）**挖掘资源深耕特色文化"产业田"。**白沙镇积极倡导各村居"因势而谋、因势而动、顺势而为"，通过挖掘本村的特色亮点，打造自己的专属"名片"。

广山村文化底蕴深厚，是宋代史学家郑樵的故居，坐落有古迹广业书院。为稳固脱贫成效，该村通过对广业书院进行改造升级，配套建设郑樵故里文化基地，新建口袋公园及法治走廊，对接莆田市环宇国际旅行社有限公司，推广特色手工艺"小蓑衣棕制品"等，全力打造一个集乡情文化、特色农产品、手工艺制品等资源为一体的新产业。

宋代史学家郑樵故居

红色文化是澳东村最亮丽的底色之一，闽中革命第一枪曾在澳东村打响。这里是省级爱国主义教育基地——红军207团旧址所在地，每年从全国各地过来参观，接受革命传统教育的游客数不胜数。白沙镇充分整合现有红色资源，修缮红军路、红军岭，规划新建207团陈列馆，提升游客对整村红色文化的视听感受。在红色旅游的带动下，澳东村国防教育、户外拓展、国学诵读、农耕劳作等系列中小学生暑期夏令营活动次第开展，也成为市民"清新自驾游"一个新的网红打卡地。

艰苦奋斗图发展，老区旧貌换新颜。在6个农业产业示范基地的带动下，该镇洋顶等其他几个村也正加快土地开发步伐，你争我赶，在全镇努力形成齐头并进的良好局面。2020年，白沙镇将进一步把握乡村振兴战略的部署要求，强化产业招商、担当作为、狠抓落实，走品牌农业、优质农业

红军207团旧址

发展道路，努力打造乡村振兴莆田样板。

（编辑郑丽金，校对朱军伟）

来源：莆田发布人民号

链接：http：//mp.weixin.qq.com/s?__biz=MzUyMjY1MDQ4MA==&mid=2247487217&idx=2&sn=a12d0db76ffefa259dec1f2f66d6861e&chksm=f9c9d8eecebe51f87420df46af0560887a8106dddf0358b945ee83b9d9ee6e791e71b2ac2aaa&mpshare=1&scene=1&srcid=0506JpSewrlGrBmy8chHBBRR&sharer_sharetime=1588771498585&sharer_shareid=0bd008c41780ac798ed855569c3c134f#rd

9.莆田市白沙镇持续巩固脱贫攻坚成果推动乡村振兴

莆田发布，2020年3月19日 16:11:54

白沙镇充分利用自身绿色生态资源优势，借势借力，促成优势成果转化，着力推进乡村振兴。引进南门集团产业资本，建设花卉苗木基地；联系福建省农业科学院、莆田市农业科学研究所等科技特派员，建立6个科技特派员示范基地，推动枇杷产业升级，发展蔬菜产业，示范推广大豆良种繁育等，通过绿色发展持续巩固脱贫攻坚成果。

郑少泉博士在田厝村指导优质枇杷嫁接技术

2020年是全面建成小康社会和"十三五"规划的收官之年，也是脱贫攻坚决战决胜之年。白沙镇从大局出发、着眼长远，认真贯彻落实习近平总书记

在决战决胜脱贫攻坚座谈会上的重要讲话精神，着力巩固拓展脱贫攻坚成果，着重提升优势产业附加值，促进城乡融合、农业增效、农民增收，确保全面建成小康社会。该镇76户236人建档立卡贫困户已全部实现脱贫，广山、东泉2个贫困村也已全部摘掉"贫困帽"。

农户们正在兴田生态农业基地采收有机蔬菜

（1）**结对共建，打造城乡融合新模式。**脱贫攻坚，容不得半点松懈。眼下，白沙镇党委政府正乘势而上、顺势而为，继续发扬老区革命精神，推进脱贫攻坚与乡村振兴有机结合，以乡村振兴来巩固脱贫攻坚成果。

春日里的白沙镇，芳草青碧，翠林如海，山雾缭绕，景致如画。几场春雨过后，农作物的长势更加喜人。在东泉村，头戴斗笠、手挎竹篮的农民们正忙着采收时令蔬菜，村道上的小货车将装好的蔬菜运往城里。这是该镇打造城乡融合新模式的一个缩影。白沙镇党委政府充分利用自身资源优势，借势借力，促成优势成果转化，着力推进乡村振兴。

山水相依的东泉村，虽然有800亩耕地、3 000亩林地和500亩果园，但是村民们守着这些山林资源却无有效的经济收益，真是让人既惋惜又发愁。在进行分析后发现，城厢区凤凰山街道南门社区旗下的南门集团产业资本雄厚，可发展空间受限。白沙镇党委政府主动与南门集团对接，成立了一支项目服务队，为南门在东泉村创业提供全方位服务，积极促成合作，找到一条城乡融合的试点发展道路。2019年3月，南门社区与东泉村组织签订结对攻坚助推乡村振兴合作协议，本着"优势互补、资源共享、互惠互利、协同发展"的原则，在农村产业开发和扶贫工作等方面加强合作。

南门社区整合万兴苗圃园林基地合作社花卉苗木基地，在东泉村流转土地近400亩，投资700多万元种植了30多种花卉、苗木和20多种蔬菜瓜果。基地实行精细化管理，开展测土配方、科学施肥，种植的茄子、丝瓜、番茄、萝卜等无公害瓜果蔬菜全部供给南门社区。一年以来，基地为当地农民增加土地租金和田间劳作工资150多万元，带动就业86人。其中，建档立卡贫困户5人，每年人均增收约1万元。

不仅如此，白沙镇利用东泉列宁小学、澳东红军207团旧址陈列馆、入党誓词展馆等当地红色教育资源优势，邀请南门社区党委共同开展主题党日活动，让城区的党员们也能接受淳朴的革命传统教育。建立东泉党员志愿服务基地，南门社区、南门学校每月不定时组织党员、学生前来采摘瓜果，参加义务劳动，参观绿色农产品种植过程体验农村生活，激发向上、奋斗的动力。对东泉村存在实际困难的群众、留守儿童、空巢老人等，东泉村和南门社区积极发动党员献爱心、开展慰问活动等，并结对精准扶贫，传递社会正能量。南门社区还为东泉村25户困难家庭发放奖优助学金、慰问金和慰问品。此外，南门社区选派南方医院的骨干医生每年为东泉村村民免费体检，普及健康知识，受到村民们欢迎。

以大带小、以强扶弱、以富帮穷，南门社区在东泉村打造了一处"后花园"，而东泉村村民则享受到普惠式的共建、共享成果。接下来，南门社区与东泉村将继续在旅游、教育、医疗、就业、养老等方面加强对接合作，助力乡村振兴，加快农村致富步伐。

（2）科技撬动，注入乡村振兴源动力。白沙镇的枇杷种植面积达1.85万亩，是莆田市枇杷种植大镇。枇杷采收曾是白沙镇农民日常收入的主要渠道，但近几年因第一代枇杷品质低下、价格低廉，影响了农民种植的积极性。白沙镇党委政府组织人员多方走访调研发现，第二代枇杷"坪盘白梨"品质优、价格高，市场优势明显，走"科技＋品牌"改良换种振兴枇杷产业的途径可行。

为了提升脱贫成效，白沙镇特地联系福建省农业科学院的科技特派员进村下地，帮助建档立卡贫困户。在经过半年多的研究论证后，在田厝村打造了40亩的优质白肉枇杷新品种示范基地、在澳柄村打造了20亩的枇杷产业升级科技精准帮扶示范基地，预计亩产量可达800kg，每亩纯收入3万元。

澳柄村建档立卡贫困户李金清说："专家免费帮我们对这一片品质差的枇杷树进行改良，明年的收成有盼头了。"2020年，福建省农业科学院果树研究所博士郑少泉已免费为该村20户农户嫁接上枇杷新品种。下一步，白沙镇将以点带面，在全镇13个村居逐步推行枇杷产业升级改造，促进枇杷产业结构调整，创立白沙镇特有的白肉枇杷品牌，并对接深圳百果园等国内水果销售平台，帮助农户提供"产、供、销"一条龙服务。技术改进3年后，白肉枇杷新品种将吸引1 800名农村年轻劳动力回乡创业，促进产业兴旺乡村全面振兴。

打赢脱贫攻坚战，带动农民增收致富，进一步巩固脱贫成效，科技特派员至关重要。严生仁是莆田市兴田生态农业有限公司总经理，也是一名科技特派员。他带队到广山村建立蔬菜产业基地，流转土地200亩，主要种植娃娃菜、芥菜、菠菜等有机蔬菜，带动了458户农户，新增就业岗位30多个，年可增收70多万元。在莆田市农业科学研究所博士柯庆明的指导和帮助下，澳东大豆良种繁育示范推广基地等项目有力推进。6个科技特派员示范基地的建立，必将辐射带动更多群众增收致富，洋顶等其他几个村也正加快土地开发，你追我赶，全镇形成齐头并进的良好局面。

（3）**精准施策，提振群众脱贫精气神。**脱贫攻坚进入最后冲刺之时，白沙镇牢牢抓住"精准"两字，积极推进产业、就业、教育、健康、低保兜底等各项扶贫政策落到实处，同时也更加注重扶贫同扶志、扶智相结合，下更大力气补齐贫困群众的"精神短板"，激发精准脱贫的内生动力。

在新冠肺炎疫情防控期间，白沙聚焦建档立卡贫困户的防护保障，镇、村两级免费为所有贫困户发放口罩、洗手液等物资，积极做好贫困户的心理劝导工作和疫情防护提醒，帮助解决生产生活中遇到的实际困难，打通了抗疫期间扶贫工作的最后一公里。

如今，白沙镇建档立卡户的精神面貌向好，对未来生活充满了信心。除个别无劳动能力的贫困户由政策兜底外，其他贫困户已自力更生，并立志帮扶他人。2020年2月中旬，龙东村贫困户黄超胤得知村里防控疫情物资紧缺，看到村民在微信群里发起爱心接力，也主动捐款300元。黄超胤说，与疾病和贫困斗争了这么多年，是党和政府的关照让他改善了生活，他也想尽一份力回报。澳柄村贫困户李金清免费提供新品种枇杷穗给需要新品种嫁接的农户，并无偿分享嫁接技术和传授果树管理经验，带领村民们共同致富。

脱贫是拼出来的，致富是干出来的，美好生活是用点滴努力换来的。白沙镇目标明确、路径清晰、举措有力，在积极调动脱贫后的群众保护"胜利果实"的同时，将进一步强化产业招商，走品牌农业、优质农业发展道路，努力打造乡镇振兴样板。

（记者蔡玲，通讯员吴美琳、林亦霞，编辑吴智杰）

来源：湄洲日报

链　接：https://m.toutiaocdn.com/i6805828862082023949/?app=news_article&timestamp=1584647903&req_id=20200320035822010014048142077466 1E&group_id=6805828862082023949&wxshare_count=2&tt_from=weixin&utm_source=weixin&utm_medium=toutiao_android&utm_campaign=client_share&from=singlemessage&pbid=6823721830512723470

10.战"疫"一线，涵江科技特派员在行动

面对严峻的新冠肺炎疫情，习近平总书记对全国春季农业生产工作作出重要指示强调，越是面对风险挑战，越要稳住农业，越要确保粮食和重要副食品安全。涵江区广大科技特派员积极响应号召，充分发挥自身优势，积极参与到

春耕生产、脱贫攻坚、疫情防控的各项工作中，在战役中奉献自我，在战役中展现科技支撑的力量。

（1）**技术指导，助力春耕生产。**一年之计在于春，为做到疫情防控和农业生产两手抓、两不误，涵江区多名科技特派员利用自己专业技术知识助力春耕，主动对接受疫情影响的农业企业、合作社等新型经营主体10多家，通过电话、微信、QQ、慧农信、田间地头指导等方式，开展春耕生产技术指导与咨询服务，共解决技术问题13项。

郑少泉博士指导龙眼嫁接

为助力涵江区枇杷和龙眼两大特色水果提档升级、增加产量、提高农民收入，涵江区积极对接果树研究专家为果树进行品种改良。2020年1月，省级科技特派员、福建省农业科学院果树研究所郑少泉博士带领研究团队回到家乡涵江，在白沙镇田厝村为农民合作社打造了一片40亩优质白肉枇杷新品种示范基地，经过郑博士的精心培育，嫁接的果树现在已经长出了新的枝芽。

在萩芦镇洪南村刚筛选的一片30亩龙眼基地上，郑博士认真指导农户进行土改，提供其多年精心培育的晚熟龙眼品种，打造一片龙眼树高接换种示范基地。嫁接后的龙眼新品种挂果期增长，拉开成熟期，市场价格较好，届时将有力提高果农收入。郑博士表示，下一步将在涵江区委、区政府的支持下，以点带面，在部分镇村逐步推广嫁接新

信田农业无人机作业

技术，促进龙眼、枇杷产业结构调整，把两大产业进一步做大做强做优，辐射带动莆田市乃至福建省龙眼、枇杷产业转型升级，实现农民增收、农业增效和乡村全面振兴。

受新冠肺炎疫情影响，外出受限，农业种植存在用工难的突出问题。在新县镇张洋村、大洋乡车口村等地，为帮助农户做好春季病虫害防治工作，法

人科特派——信田农业科技有限公司利用无人机开展农药喷洒作业。2020年1—2月，在诸多乡村封锁的情况下，无人机服务面积达10 000多亩，相当于约2 500人一天的工时，有效地降低了农田务工人员聚集，助力疫情防控和春耕生产。

（2）**产业帮扶，助力脱贫攻坚**。李金清是白沙镇澳柄村建档立卡贫困户，种植枇杷几十年，因为缺劳力、缺技术支持、缺品种改良问题，家里30多亩地枇杷常常亏损，虽然在扶贫政策的支持下，情况有所好转，但脱贫成效依然得不到质的提高。2020年3月3日疫情形势刚有所好转，郑少泉博士团队便来到李金清的枇杷园中，赶在春耕备耕之际，帮助其将品质差的枇杷树全部进行矮化、嫁接、品种改良，短短半个月时间，郑博士协助完成果园地路网建设，共嫁接了800株三月白、香妃等优质白肉枇杷。郑博士还表示将无偿提供技术咨询，并为李金清对接深圳百果园水果销售平台，帮助打通市场销路渠道，提振了李金清对脱贫致富的信心。

在贫困村广山村，莆田市农业科学研究所柯庆明博士和其研究团队科技特派员、莆田市蔬菜站站长郑龙，莆田市农业科学研究所助理研究员顾智炜来到兴田生态农业基地，协助农业基地安排春耕生产计划，现场指导蔬菜种植。这片基地是科特派严生仁带队创建的，流转土地200多亩，主要种植娃娃菜、芥菜、菠菜等蔬

莆田市农业科学研究所技术人员指导农业生产

菜，带动农户458户，疫情期间为本村农户提供30个就业岗位。

柯庆明等人还来到澳东村，为农户开展种植技术指导，提出应对疫情和不利气候影响的生产技术指导意见，指导推进澳东村大豆良种繁育示范基地项目。目前，广山村也计划推广大豆良种繁育技术，希望引进更多品种，辐射带动更多群众增收致富。

（3）**服务企业，助力复工复产**。在协助春耕服务农业的同时，科技特派员还积极助力工业企业复工复产。在莆田高新区，福建省科技特派员、莆田学院林英华博士等专家收集新冠肺炎疫情防控的相关知识，先后深入走访了依呫多层电路有限公司、福建国邦新材料有限公司等多家企业，无偿为企业

送去部分口罩等防护物资，并为企业开展新冠肺炎疫情防控知识宣传活动，尽心竭力为企业复工复产提供帮助。

在江口镇西刘村，福建省科技特派员、莆田市科技局高新技术管理办公室林新华、林荣兴等专家深入福建弘烁创电子科技有限公司，为

林英华博士走访依吨公司赠送医疗物资

企业制定复工复产工作方案，指导企业认真落实《企事业单位复工复产疫情防控措施指南》等文件要求，建立最严格的岗位责任制，对返岗人员彻底排查，储备防控物资，严防复工后的集聚感染，并为企业送去一批医用口罩。

（涵江区科技局供稿，编辑曾雅燕，编审林亦霞）

链　接：http：//mp.weixin.qq.com/s?__biz=MzI2MDYwNDk5Nw==&mid=2247498908&idx=4&sn=6925a4657b9cdbfc21d1dff880a67247&chksm=ea65a9b6dd1220a03118912990570abc58e484bd6a75638653ae994f7ad97c0d982e6d314f82&mpshare=1&scene=1&srcid=&sharer_sharetime=1584953795645&sharer_shareid=7f7fd1e5459d33fef0846c340630efa0#rd

11.莆田市引进的三月白新品种枇杷通过现场鉴评

莆田广播电视台；福建省农业科学院院网，2020年3月25日

摘要：2020年3月19日，福建省农业科学院果树研究所组织专家对莆田市引进种植的新品种枇杷——三月白进行现场鉴评。

整理报道：福建省农业科学院果树研究所黄雄峰

链接：http://www.faas.cn/cms/html/fjsnykxy/2020-03-25/544286336.html

12. 特派制度助力乡村振兴

湄洲日报，2020年3月26日

近年来，涵江区委把实施科技特派员制度作为科技精准服务"三农"工作的长效机制，营造良好环境，激发创业活力，把科技特派员打造成农业农村现代化的排头兵和乡村振兴的先锋队。2020年入春时节，涵江区科技特派员充分发挥自身优势，积极参与到春耕生产、脱贫攻坚、疫情防控工作中，在战"疫"中展现科技支撑的力量。

（1）**技术指导，服务春耕生产**。一年之计在于春，为做到疫情防控和农业生产两手抓、两不误，涵江区多名科技特派员利用自己专业技术知识助力春耕，主动对接受疫情影响的农业企业、

合作社等新型经营主体10多家，通过电话、微信、QQ、慧农信、田间地头指导等方式，开展春耕生产技术指导与咨询服务，共解决技术问题13项。

受疫情影响，外出受限，农业种植存在用工难的突出问题。在新县镇张

洋村、大洋乡车口村等地，为帮助农户做好春季病虫害防治工作，法人科特派——信田农业科技有限公司利用无人机开展农药喷洒作业。2020年1—2月，无人机服务面积达10 000多亩次，相当于约2 500人一天的工时，助力疫情防控和春耕生产。

（2）**品种改良，促进农业增收。**2020年3月20日，在萩芦镇洪南村刚筛选的一片30亩龙眼基地上，省级科技特派员、福建省农业科学院果树研究所郑少泉博士正指导农户进行土壤改良，然后种上其多年精心培育的晚熟龙眼品种，打造一片龙眼树高接换种示范基地。嫁接后的龙眼新品种挂果期增长，拉开成熟期，市场价格较好，届时将有力提高果农收入。

为助力涵江区枇杷和龙眼两大特色水果提档升级、提高农民收入，涵江区积极对接果树研究专家为果树进行品种改良。2020年1月，郑少泉带领研究团队在白沙镇田厝村为农民合作社打造了一片40亩优质白肉枇杷新品示范基地。经过精心培育，嫁接的果树现在已经长出了新的枝芽。下一步，将以点带面，在部分镇村逐步推广嫁接新技术，促进龙眼、枇杷产业结构调整，把两大产业进一步做大做强做优，辐射带动莆田市乃至福建省龙眼、枇杷产业转型升级，实现农民增收、农业增效和乡村全面振兴。

（3）**产业帮扶，助力脱贫攻坚。**李金清是白沙镇澳柄村建档立卡贫困户，种植枇杷多年，因为缺劳力、缺技术支持、缺品种改良问题，家里30多亩枇杷效益不好。2020年3月3日疫情形势有所好转，郑少泉团队便来到李金清的枇杷园中，赶在春耕备耕之际，帮助其将品质差的枇杷树全部进行矮化、嫁接、品种改良，短短半个月时间协助完成果园地路网建设，共嫁接了800株三月白、香妃等优质白肉枇杷。该团队还将无偿提供技术咨询，并为李金清对接深圳百果园水果销售平台，提振了李金清脱贫致富的信心。

在贫困村广山村，市农科所柯庆明博士和其研究团队来到兴田生态农业基地，协助农业基地安排春耕生产计划，现场指导蔬菜种植。这片基地是科特派严生仁带队创建的，流转土地200多亩，主要种植娃娃菜、菠菜等蔬菜，带动农户458户，疫情期间为本村农户提供30个就业岗位。柯庆明等人还来到澳东村，为农户开展种植技术指导，提出应对疫情和不利气候影响的生产技术指导意见，指导推进澳东村大豆良种繁育示范基地项目。目前广山村也计划推广大豆良种繁育技术，辐射带动更多群众增收致富。

（林亦霞、郑仲谋）

链　接：http://szb.ptweb.com.cn/pc/content/202003/26/content_41056.html?from=singlemessage

13.莆田城厢东海：科技特派员助力龙眼升级

福建省农业科学院院网，2020年3月26日

特派员向农户讲授龙眼接穗选择方法

　　"2—3月气温稳定在15～25℃间嫁接为最佳时期，剪取树冠中上部生长健壮、腋芽饱满、无病虫害、2019年抽发的夏秋梢为接穗。剪下的枝梢及时去除叶片，并整理好穗条，按一定数量收集保湿管理，宜随采随接……"日前，在城厢区东海镇利角村禾硕农业龙眼示范基地，莆田市农业专家"千万服务"行动城厢区科技特派员，向农户讲授龙眼接穗选择、嫁接枝高度等关键环节嫁接方法，并推荐3个综合性状好的龙眼新品种，指导农户调优品种结构，示范带动产业提质升级。

　　2020年3月25日，福建省农业科学院果树研究所专家、周边农户到该基地实地观摩，并与特派员进行互动交流。在观摩人数严格控制、个人防护安全措施落实的前提下，基地免费向农户发放3 500根穗条，进一步扩大福晚8号、晚香、高宝等3个龙眼新品种栽培面积，满足市场档次升级需求。

　　据介绍，福晚8号、晚香、高宝等3个龙眼新品种，具有果形大、品质优、可食率高、成熟期晚等优点。通过高接换种技术，换掉果场中品质差、产量低、销售不好的品种，带动家庭农场、周边农户抢抓农时嫁接，引领龙眼产业提质升级，增加种植效益。

　　"经城厢区农业农村局牵线，福晚8号从福建省农业科学院果树研究所引

进。嫁接成活率较高、适应性较好。它的果皮很薄，剥开之后果肉很紧致，咬下去弹性强，吃起来有一些类似哈密瓜的果香味。"禾硕农业负责人蔡少震，一边介绍福晚8号综合品质，一边引导农户示范和推广应用。

据了解，2020年2—3月是龙眼嫁接的好时节。连日来，城厢区科技特派员立足龙眼产业发展市场升级需求，深入田间地头，抓住关键时节，"点对点"讲技术、破难题，让更多农户掌握龙眼嫁接管护技术；引导家庭农场、农户高接换种综合性状优良、经济价值高的新品种，传授矮化栽培技术，摆脱传统栽培的枷锁，提高龙眼市场竞争力。

截至2020年3月25日，城厢区农业农村部门11个科技特派员在做好新冠肺炎疫情个人防护安全的前提下，全部下沉一线，开展分类指导和结对服务，抢抓农时示范推广新品种、新技术，提升服务质量，为乡村振兴添动能。

（责任编辑金国旭、林乔立、金林舒、郑第腾飞）

来源：今日城厢；整理：福建省农业科学院果树研究所黄雄峰

链接：http://www.faas.cn/cms/html/fjsnykxy/2020-03-26/1879656038.html

14. 萩芦镇龙眼优良品种嫁接基地项目启动

2020年4月1日，涵江区萩芦镇龙眼优良品种嫁接基地项目启动仪式在萩芦镇洪南村举行。国家荔枝龙眼产业技术体系龙眼遗传改良岗位科学家、福建省农业科学院果树首席专家郑少泉，涵江区副区长周胜参加活动。

启动仪式上，大家认真听取了杂交龙眼新品种嫁接、优质龙眼品种等情况介绍。

据介绍，为了加快龙眼新优品种的示范推广，大力推进科技成果有效转化，在涵江区委、区政府高度重视和莆田市农业农村局的大力支持下，萩芦镇积极对接福建省农业科学院果树研究所，携手福建旺盛源农业发展有限公司，展开深入合作，在萩芦镇后坑农场建设杂交龙眼新品种示范基地。

该基地流转土地120亩，共经营龙眼1 500株，树龄均为25年左右，将通过科学改土、矮化树形等栽培技术进行龙眼更新换代，把创新动能扩散到田间地头，生产品质特优的新品种龙眼，形成早熟、中熟、晚熟的品种结构，同时以点带面，在全镇各村逐步推广种植，促进龙眼产业结构调整，努力实现农民增收、农业增效和乡村全面振兴。2020年该基地预计嫁接30多亩，力争一年内看到成效。

"锯桩的时候，关键在于嫁接部位要低，一定要注意高低错落有致，东西南北分布要均匀。""插穗时，形成层一定要对好。"……启动仪式后，郑少泉专家带着大家来到龙眼树前，现场示范讲解龙眼嫁接技术，并手把手指导果农，从锯桩到嫁接位置的摆放，再到如何包扎，每个步骤都详细讲授。据郑少泉介绍，福建省农业科学院果树研究所将无偿提供龙眼嫁接技术咨询服务，在品种搭配、栽培技术、科技特派员等方面给予大力支持，全力推动萩芦龙眼产业做大做强做优。

近年来，萩芦镇村民们利用山地资源，种植普通季节龙眼，共计1.2万亩，却常常由于价格低，龙眼丰产不丰收，打击了果农的积极性，龙眼产业

亟待提档升级。此次，基地引进的品种涵盖早熟、中熟、晚熟，分别有宝石1号、翠香、醇香、醉香等8个优良品种，嫁接改良后，不仅肉厚质脆、甜度高、香气浓，还将大大拉长龙眼成熟上市时间，实现8—11月四个月均有鲜果上市销售，让更多的人在更长的时间内品尝到新鲜的龙眼。此外，嫁接后的龙眼树

基地一角

只要2～3年便可恢复原树冠及产量，比重新改种新品种获得相同产量要快4～5年，切实提高了商品率。

下一步，萩芦镇将持续强化龙眼嫁接后管理，及时抹除不定芽、果园生草、科学精准施肥、病虫生态防控等，确保龙眼高接换种取得实效。同时积极对接科技特派员，大力扶持发展农村经合社、家庭农场、电商等，让萩芦镇的龙眼稳面积、改品种、增效益，辐射带动全市乃至全省龙眼产业结构调整，用科技力量支撑农业转型升级，实现乡村产业振兴。

（文／图曾雅燕，编辑曾雅燕，编审林亦霞）

链 接：http://mp.weixin.qq.com/s?__biz=MzI2MDYwNDk5Nw==&mid=2247499172&idx=1&sn=d51228a0020c2eb30a8f7d71265e8fd5&chksm=ea65a88edd1221985f5ca288790650057740ea87d86783d3702bb7ba0ed59de1898d480f505a&mpshare=1&scene=1&srcid=&sharer_sharetime=1585735205171&sharer_shareid=e30a3d3abc8dc94c3ced987014e29eb7#rd

15.福建省农业科学院果树研究所科技人员赴莆田开展科技服务

福建省农业科学院院网，2020年4月3日

清明前后是龙眼高接换种的最佳季节，为了协助企业尽快复工复产，完成龙眼新品种示范基地建设，福建省农业科学院果树首席专家郑少泉与龙眼枇杷岗位专家许奇志、福建省科技特派员邓朝军等多次前往莆田开展科技服务。

2020年3月25日，科技人员前往萩芦镇福建旺盛源农业发展农业有限公司的500亩龙眼生产基地，现场指导企业技术人员开展龙眼高接换种前密闭果园的改造以及土壤深耕改土施肥。

2020年4月1日，科技人员参加了涵江区萩芦镇龙眼优良品种嫁接基地项目启动仪式，在启动仪式上，郑少泉研究员详细介绍了福建省农业科学院果树研究所培育的宝石1号、翠香、醉香等8个杂交龙眼新品种的特性，使果农对

福建省农业科学院果树研究所培育的杂交龙眼新品种有了更深的了解。启动仪式后，郑少泉专家带着大家来到龙眼果园现场讲解龙眼高接换种技术要点，从锯桩到嫁接位置的选择，再到包扎等每个步骤都进行了详细的示范讲解。

在福建省农业科学院专家的技术指导和培训下，莆田龙眼生产通过科学改土、矮化树冠和高接换种等措施，促进了产业结构调整，为实现农民增收、农业增效和乡村全面振兴添砖加瓦。

（文／图福建省农业科学院果树研究所许奇志、邓朝军）

链接：http://www.faas.cn/cms/html/fjsnykxy/2020-04-03/458629381.html

16.省里下来了一位特派员，直接到涵江山区为农民解忧!

原创闻道看莆田，2020年4月3日

时值春耕农忙之际，也是疫情防控的关键时期。近日，省级科技特派员郑少泉走入涵江山区，现场指导果农，嫁接龙眼新品种。莆田素有"兴化桂圆甲天下"之美誉，然而，这几年备受外来市场冲击，有些果农打算放弃果园，另谋生路。如此这位科技特派员来了，看他是如何解决果农们的难题……

近日，在涵江区萩芦镇洪南村，省级科技特派员郑少泉博士不顾山路泥泞，来到果园面对面、手把手地指导果农嫁接龙眼新品种。

眼下，正是龙眼花穗调控管理期，也是新冠肺炎疫情防控的关键期，郑少泉博士终究放心不下果农的生计，奔走在莆田山区各地。

为了加快龙眼新优品种的示范推广，洪南村筛选一片30亩的龙眼果林，多是树龄达25年以上的老树，进行矮化、嫁接，改良成翠香、宝石1号等新品种。

这个默默无闻的山区村落，将成为龙眼树高接换种示范基地。种植的是郑少泉博士经过多年精心培育的龙眼品种，未来基地将形成早熟、中熟、晚熟的构造。

郑少泉博士

项目启动仪式

郑少泉博士向村民介绍龙眼新品种

果农缺的就是技术、科技，经过郑少泉博士的指导，嫁接成功的龙眼新品种，第二年就能结果、面向市场，挂果期将增长，拉开龙眼成熟期，市场价格较好。

过去莆田龙眼名声响当当，品

萩芦镇洪南村新貌

种、加工、技术等都具有优势。萩芦镇洪南村过去也是龙眼大村，不少村民靠龙眼发家致富。

这几年受到泰国、越南等进口龙眼以及广东、漳州外地龙眼的冲击，导致莆田龙眼经济效益下降。有些果农只能放弃种植龙眼，果园开始荒废，种植面积减少，龙眼行业也逐年衰败。

为此，萩芦镇积极对接福建省农业科学院果树研究所，寻求开发，合作。福建省农业科学院果树研究所郑少泉博士，与果树打了半辈子交道，是龙眼枇杷学科带头人。

赶在春耕备耕之际，郑少泉及研究团队将品质差的龙眼树，全部进行矮化、嫁接、品种改良，通过提供技术支持、改良品种问题，从而真正提高龙眼效益。

下一步，郑少泉及其团队也将以点带面，在部分镇村逐步推广嫁接新技术，促进莆田龙眼产业结构调整。

把莆田龙眼产业进一步做大做强做优，辐射带动莆田市乃至福建省龙眼产业转型升级，实现农民增收、农业增效，助力脱贫攻坚，振兴乡村。

据了解，郑少泉博士是莆田人，出生涵江庄边。2020年，新冠肺炎疫情改变着太多东西，却改变不了他实实在在为果农解忧的心，这一切缘于他俯身果园的初心。

做科研数十年，他积极地把科研的成果带到果园，持续追踪，更好地打通科技兴农最后一公里，成为农民的"智囊团"。在中国，有无数像郑少泉一样的科技特派员，他们通过技术，帮扶农民，提高农民的生产水平，提高农民的收入，为全面进入小康打下坚实的基础。

嫁接完的龙眼树

据了解，科技特派制度已推行20年。站在上一个20年与下一个20年的衔接点上，总有一些新动作，循着时代脉搏，起于田间，由点及面，逐渐燎原！

泥泞的山路

华亭的果农参与新品种嫁接

（文闻道，图木痴）

17.涵江：科技作笔，大山里写春天

福建日报莆田观察，2020年4月30日；涵江时讯2020年5月7日

枇杷欠丰，他们送去新技术，"嫁接"了新希望；劳动力走了，他们给留守村民带来自给自足的"就业田"。近年来，带着新技术、新思路的科技特派员们活跃在山林里、田地间，书写下一串串春天的故事。涵江区白沙镇，莆田北部的一个传统农业镇，这里曾经有看天吃饭的贫困户，也有偏远深山的"空心村"，如今这里正经历着这样的春天。

（1）"嫁接"新希望。人间四月芳菲尽，涵江区白沙镇澳柄村山上的枇杷正熟时。与其他忙着采摘的果农不同，种了几十年枇杷的李金清这时候却闲下来了，他笑着说："感谢镇村干部和专家们多次来家里，给我反复讲解好政策，2020年我的果园升级了。"

李金清口中的果园升级，指的是原来种植多年的解放钟、早钟枇杷通过技术改良，在果熟前两个月截掉前端，再进行多品种多枝组高位嫁接优质白肉枇杷新品种。这些不同成熟期的品种配置，能将枇杷鲜果供应期延长半年。成熟后，枇

李金清观察新嫁接后的果树生长情况

（林爱玲　摄）

杷肉厚、汁多、味甜，市场价比以前翻3倍。

其实，李金清是建档立卡贫困户。熟果前砍掉培育了一年的枇杷，是一个"长痛不如短痛"的选择。说起55岁的李金清，村干部林青感慨道："他是真难！他老婆患有精神病，女儿病故了，家里一贫如洗，靠着种枇杷过日子。"因为缺劳动力、缺技术支持、缺品种改良，李金清种植的30多亩枇杷园常常亏损。

虽然在扶贫政策的支持下，情况有所有好转，但脱贫成效依然得不到质的提高。李金清的情况受到当地政府的重视。"要有效摘穷帽，还是要从根源上帮助他。"林青介绍，2020年2月中旬，涵江进入复产复耕阶段，镇、村干部第一时间把省级科技特派员、福建省农业科学院果树研究所博士郑少泉请到李金清枇杷园里"把脉问诊"。

"虽然嫁接后，果园会有无果可采的3年'空窗期'，但是果子一熟就能吃3年。"经过村干部和郑博士多次上门耐心解释，李金清打消了疑虑，接纳了果园"大换血"建议。2020年2月23日，郑少泉带着2名干部、8名技术工人，专门来到李金清的果园里，免费为他嫁接800株三月白、香妃等优质白肉枇杷，并表示将无偿提供技术咨询，帮助打通销路。他们还协助李金清完成了果园路网建设，便于机械化管理。2020年4月下旬，春雨过后，新果树长出了新芽，李金清对脱贫致富也充满信心。

相隔不远的白沙镇田厝村里，一片40亩的新品种白肉枇杷果树，也在郑少泉博士的精心培育下冒出新芽。作为国家科技重点研发课题"枇杷种质创新与新品种选育"的项目主持人，郑少泉带领团队与白沙镇紧密合作，建立澳柄村、田厝村两大枇杷示范基地，甘作农业"智囊团"，帮助当地实现产业升级。

一园独秀不是春。当前，白沙镇《枇杷产业改造升级规划（2020—2023）》已出台，包括坪盘村、东泉村、龙东村在内的13个村居都将推行枇杷产业改造升级，预计技改3年后，白沙镇白肉枇杷新品种亩产可达3万元以上，枇杷产业项目可吸引1 800名农村劳动力回村创业，带动乡村振兴。

（2）耕耘"幸福田"。2020年4月3日，涵江区举行2020年现代农业开放招商项目签约活动，现场共签约项目11个，签约总投资额4 780万元。其中，由严生仁创办的莆田市兴田生态农业有限公司投资1 000万元生产优质大棚蔬菜，成为该场签约大户。

拥有20多年现代农业龙头企业管理经验的严生仁，几年前转型，承包农田，种植娃娃菜、芥菜、快菜等时令蔬菜，当一名农民。常年与蔬菜种植、销售打交道的他，2019年把建设新基地的目光投向了白沙镇广山村。他说："这里水土资源、气候条件都很好，十分适宜开展现代农业。"

尽管自然风光优美，气候条件良好，但是仅依靠农业生产，过去20多年来，广山村增收步伐缓慢。"由于地处偏远，交通不畅，发展受限，年轻人大都外出打工，大多数村民在

广山村民在蔬菜大棚里栽种快菜

（记者林爱玲　摄）

温饱线上徘徊。"广山村党支部书记、村民委员会主任欧雪琼介绍，曾经的广山村是个十足的贫困村。近年来，随着精准扶贫工作稳步推进，村里经济发展逐渐有了起色。

在广山村民眼里，把落后农业发展成现代农业的严生仁是个绝对的"土明星"，大家信任他、尊重他。这位从福州来的蔬菜种植大户是技术"大咖"，很会种菜，还通过流转撂荒的土地，让农民有了租金收入、就业岗位。

计算机智能温控系统、水肥一体化设备、节水喷灌设备，在严生仁的兴田农业蔬菜大棚内，一批现代农业设施呵护着地瓜叶、春菜、快菜等蔬菜成长。"每天的收菜量稳定在几千斤*。"严生仁说，目前流转了200多亩地，2021年有望翻倍。

"2020年3月，我在蔬菜基地领到2 200多元工资，日子比以前好过多了，不仅伙食改善了，还能给孙子多买点营养品。"正在大棚内忙着种快菜苗的柯金梅对记者细数生活上的点滴变化。

严生仁还有一个身份—直接服务农民、服务基层的科技特派员。他外出给农户传授种植方式、和农企交流新技术的时间，比在田里的还多。"当地农民种植观念还未改变，还在用靠天吃饭的土办法种植，导致生产效率低下，所种植的农作物质量不高，产业化程度低。"严生仁说。好品种，加上好设施、好的种植模式才能出好的产品，才能真正提高农民的收入水平。

做给农民看，带着农民干，帮着农民赚。借助兴田生态农业企业的资源平台优势，严生仁把自己的蔬菜大棚搭建成为"科技特派员＋公司＋农户"的共享平台。如今，这里既是福州优野生态农业共建基地，也是麦德龙、朴朴、沃

---

　　*　斤为非法定计量单位，1斤＝0.5kg。全书同。——编者注

尔玛等大型商超供货基地，还是莆田市农业科学研究所的生态农业种植基地，为农户提供种苗、种植技术等支持，带领农民致富。

（记者林爱玲、通讯员林亦霞，编辑陈汉儿，编审陈荣富）

链　接：http：//mp.weixin.qq.com/s?__biz=MzA5MjYyNDk2OQ==&mid=2650939845&idx=2&sn=ffed3a0d07aa97d378e3a6a086ca9e76&chksm=8b9cc0e3bceb49f5a4ad34cd45296a2ad5d93cb5da7a75efaf3f91e38b519182cc999524bdd5&mpshare=1&scene=1&srcid=&sharer_sharetime=1588223894325&sharer_shareid=68d959de875743dd7202ab8158f37ed1#rd

18. 莆田城厢："科特派"为产业升级添动能

学习强国·福建学习平台，2020年5月31日

2020年5月18日，城厢区常太镇渡里村枇杷矮化改良基地，树干分叉嫁接处新穗吐新芽，往上"长个子"。村委会主任吴铁青满脸喜悦："这是2020年刚嫁接的50亩三月白，成活率达90%以上，三年即可投产，价格比普票品种高两三倍呢。"

吴铁青所说的三月白嫁接穗，来自城厢区宏耕农业发展有限公司枇杷种植园。该园近年来在城厢区科技局的引导下，主动对接省市高校、科研院所的科技特派员，开展密切技术合作，专注于枇杷栽培、种苗繁育和产品销售等。因园里实行无公害智慧化管理，枇杷产量、质量日益提升，是福建省农业科学院果树研究所新品种的中试示范基地，也是全国农业科技示范基地。

"这几年，来自省市高校、科研院所的科技特派员专家，帮我引进了三月白等3个新品种项目。加上一系列水溶肥、有机肥的使用，这里枇杷果大、风味好、甜、外观完美，果园亩产值从原来的1万元增长到1.5万元左右。"宏耕枇杷种植园负责人蔡向伟表示。创业多年，该园借力科技特派员，近两年已稳定盈利，前段时间，该园生产的红肉枇杷售价30元/kg，白肉枇杷40～50元/kg，比普通枇杷高出一倍。

尽管已是5月中旬，在其果园还依然能采摘到枇杷。蔡向伟说，自己得到了福建省农业科学院果树首席专家郑少泉教授的大力支持。郑少泉带项目、带资金、带研究生下沉山头田间科研攻关，还带来优质新品种，嫁接引种到宏耕果园，而且手把手全程悉心指导宏耕果园做好产前、产中、产后，解决了品种性状和适应性等关键技术问题。

除此之外，莆田市农业科学研究所高级农艺师黄飞龙、刘小英和助理研究员张游南，城厢区农业农村局高级农艺师陈雄鹰、刘希蝶等科技特派员，在技术服务上给予该公司鼎力支持。其中，刘小英团队长期驻点，还带来一个新的省科技项目——山地枇杷避雨设施栽培技术研究，其成果可使果品可溶性固形物、风味、产量等技术经济性状进一步提升。

城厢区现有省市级科技特派员69人，他们分别挂钩联系和服务各镇（街道）相关企业、村庄、农业基地，引导家庭农场、农户高接换种综合形状优良、经济价值高的新品种，传授矮化栽培技术，摆脱传统栽培的枷锁，助力枇杷、龙眼等产业升级添动能。

龙眼的种植过程，嫁接是关键的一步。近日，在东海镇利角村禾硕农业龙眼示范基地，城厢区科技特派员许晨昕向农户讲授龙眼嫁接时期接穗选择、嫁接方法等关键环节，推荐3个综合性状佳的龙眼新品种，指导农户调优品种结构，示范带动产业提质升级。当天，该基地免费发放3 500根穗条，通过示范点辐射带动，进一步扩大福晚8号、高宝等3个龙眼新品种栽培面积，满足市场档次升级需求。

一花独放不是春。这几年，宏耕农业发展有限公司依托科技特派员优势，创办枇杷高标准精耕种植发展模式已取得初步成功，蔡向伟也被推选为第三届城厢区枇杷协会会长。在他的示范带动下，已辐射常太镇周边10多个村参与枇杷优质新品种更新换代，2020年可嫁接枇杷新品种1 000亩；帮助培训果农上百户，枇杷新品种收入累计新增500万元，给附近群众提供了200个就业岗位。

据了解，下一步，城厢区将依托全国基层农业技术推广项目，强化产业技术支持，发挥"科特派"的"蝴蝶效应"，持续推广枇杷、龙眼新品种、新技术，实现产业转型升级，提升农业产业化水平。

（易振环、苏美金、朱晖）

整理：福建省农业科学院果树研究所黄雄峰

链接：http://www.faas.cn/cms/html/fjsnykxy/2020-06-01/141893840.html

19.莆田涵江：打造杂交龙眼新品种示范基地 科技成果转化为"致富果"

学习强国 福建学习平台，2020年5月14日

春天是龙眼嫁接的有利时节。在福建省莆田市涵江区萩芦镇洪南村后垅农场上，果农们穿梭在田间地头，忙着嫁接优良品种龙眼。

（1）推动产业升级。 近年来，萩芦镇果农利用山地资源，种植普通龙眼共1.2万亩，但由于采摘季节比较集中，导致销售

基地内，果农正有序嫁接龙眼

价格不高。为推动龙眼产业提档升级，促进农民增收，萩芦镇积极对接福建省农业科学院果树研究所，携手福建旺盛源农业发展有限公司，展开深入合作，在洪南村建设杂交龙眼新品种示范基地。

该基地流转土地120亩，共经营龙眼1500株，树龄均为25年左右，将通过科学改土、矮化树形等栽培技术进行龙眼更新换代，形成早熟、中熟、晚熟的品种结构，生产品质特优的新品种龙眼，切实把科技成果有效转化为产业振兴"致富果"。2020年该基地预计嫁接30多亩，力争一年内见成效。

（2）算好"经济账"。目前，萩芦镇龙眼优良品种嫁接基地项目已启动。此次基地引进的品种涵盖早熟、中熟、晚熟，有宝石1号、翠香、醇香、醉香等8个优良品种。经嫁接改良后，不仅肉厚质脆、甜度高、香气浓，还将大大拉长龙眼成熟上市时间，实现8—11月均有鲜果上市销售。

萩芦镇镇长陈丽琼算了一笔"经济账"。她说："嫁接后的龙眼树只要两三年便可恢复原树冠及产量，比重新改种新品种获得相同产量要快四五年。下一步，萩芦镇将以点带面，在全镇各村逐步推广种植，促进龙眼产业结构调整，努力实现农民增收、农业增效和乡村全面振兴。"

（3）强化技术保障。"锯桩的时候，关键在于嫁接部位要低，一定要注意高低错落有致，东西南北分布均匀。""插穗时，形成层一定要对好。"连日来，国家荔枝龙眼产业技术体系龙眼遗传改良岗位科学家、福建省农业科学院果树首席专家郑少泉在龙眼树前，为果农们现场示范讲解龙眼嫁接技术。郑少泉表示，福建省农业科学院果树研究所将无偿提供龙眼嫁接技术咨询服务，在品种搭配、栽培技术、科技特派员等方面给予大力支持，全力推动萩芦龙眼产业做大做强做优。

萩芦镇持续强化龙眼嫁接后管理，及时抹除不定芽、果园生草，做好科学精准施肥、病虫害生态防控等，确保龙眼高接换种取得实效。同时，积极对接科技特派员，大力扶持发展农村经合社、家庭农场、电商等，让萩芦的龙眼稳面积、改品种、增效益，辐射带动莆田市乃至福建省龙眼产业结构调整，用科技力量支撑农业转型升级，实现乡村产业振兴。

（责任编辑陈夏子、林乔立、王海云、陈媛）

来源：湄洲日报

链　接https://article.xuexi.cn/articles/index.html?art_id=16391754110395959346&item_id=16391754110395959346&study_style_id=feeds_default&pid=&ptype=-1&source=share&share_to=wx_feed&from=timeline

20.莆田白沙镇东泉村建设优质大果白肉杂交枇杷苗木繁育基地

莆田财经报道，2020年6月8日

白沙镇：新增20亩枇杷育苗基地，可种植第三代白肉枇杷5 000多亩。

新增枇杷育苗基地

21.关注！山区乡镇如何深入探索绿色引领高质量发展新路径？请看白沙镇模式

涵江时讯，2020年6月10日

近年来，涵江区白沙镇深入贯彻落实习近平生态文明思想，坚持走生态优先、绿色发展之路，促进生态建设与经济提升、产业发展、社会民生互融共进，形成生态农业、生态旅游、生态服务百花齐放的独特发展优势，走出一条以绿色引领高质量发展的白沙镇新路径。

白沙镇新貌

（1）**高科技+好品牌，做精生态农业**。白沙镇是莆田枇杷种植大镇，枇杷种植面积高达1.85万亩，资源丰富，潜力巨大。但因第一代枇杷品质低下、价格低廉，严重影响农民种植的积极性，白沙镇党委政府携手省、市科技特派员，改良枇杷新优品种，全力培育壮大"科技+品牌"生态农业，为建设生态白沙夯实健康而富足的物质根基。

优质白肉枇杷高接换种启动会

2020年年初，白沙镇田厝村优质白肉枇杷新品种示范基地与澳柄村枇杷产业升级科技精准帮扶示范基地相继成立，项目总投资210万元，流转土地近60亩，主要通过科学改土、矮化树形等栽培技术科学对枇杷更

工人采摘装运蔬菜

新换代，进一步提高枇杷品种品质，拉开枇杷鲜果供应期，创立白沙镇特有的白肉枇杷品牌，预计亩产量可达800kg，每亩纯收入3万元，技改3年后将吸引1 800名农村年轻劳动力回乡创业。

基地一角

无独有偶，在白沙镇广山村兴田生态农业基地上，一个个蔬菜棚分立田间地头，一畦畦有机菜青翠欲滴，20多个工人正低头忙碌抓紧采摘，分包后的蔬菜将立即运往福州优野生态农业有限公司，在沃尔玛、朴朴、麦德龙等大型超市销售。"以前种菜靠天吃饭，产量质量都没有保障，现在在基地上班，不仅有工资，每年还能拿到固定的土地流转费，收入比以前高多了。"村民柯建政乐呵呵地说道。

2019年，在科技特派员严生仁的带动下，广山村建立兴田生态农业基地，共流转土地300亩，主要种植娃娃菜、芥菜、菠菜等有机蔬菜，通过基地直供、溯源管理等标准化建设，目前已有8个蔬菜产品通过绿色食品认证，同时新增就业岗位30多个，带动全村458户农户不离乡不离土实现务工增收30多万元。

（2）新理念+新思路，做强生态旅游。白沙镇生态环境优良、文化底蕴厚重，旅游资源得天独厚，近年来，白沙镇注重突出创新理念、差异发展，组团打造休闲生态游、红色经典游两个特色旅游区块，迅速打通"绿水青山"向"金山银山"转化的快车道。

坪盘村百亩油菜花海

依山傍水的坪盘村是借助生态淘金，实现绿色增收的典型代表。该村依托"百亩油菜花海""世界枇杷文化博览园"等项目，串联开发樱花主题公园、山川峡谷步游道、千亩茶园、特色民宿、滑索滑草等配套旅游产业，吸引四方游客驻足游玩，每年油菜花盛开季节，游人如织，家家户户办起农家乐，每户日收入可达千元，实现在家门口增收致富。不仅如此，该村还将借力坪盘白梨枇杷品牌优势，深度挖掘枇杷文化，致力打造枇杷产品展示馆及"线上+线下"销售平台，展示销售食用枇杷、枇杷膏、枇杷叶、枇杷花茶等全产业链产品及枇杷旅游纪念品等，推动旅游业、加工业、文化产业融合发展，有效带动乡村全面振兴。

红色教育研学体验——重走红军路

澳东村是红军207团旧址所在地，红色旅游资源特色显著，近年来，通过建设生态景点、整合红色亮点、发展旅游市场，让原本贫穷落后的革命老区村旧貌换新颜。该村在保持原有生态和乡土气息的基础上，修建1.6km沿溪木栈道及景观亭，配套建设古驿道亲水平台，漫步栈道，花树辉映，美不胜收。目前，该村正积极联系对接莆田华信旅行社和莆田青葱汇教育科技有限公司，进一步整合红军207团旧址、入党誓词展馆、澳柄宫等红色资源，以生成建设一批具有竞争力、与市场接轨的旅游项目，如红色商业街、红色教育研学基地等，通过红绿融合的形象特征，打通全村经济增收渠道，打造全新红色旅游网红村。

（3）重共建+强招商，做大生态服务。白沙镇通过强化共建、做大招商，将条块分割、自给自足的"小农经济"摇身一变成连片成面、奇货可居的"生态经济"，并反哺做大"生态服务"。

南门社区工作人员慰问东泉村精准扶贫户

东泉村拥有百亩耕地、千亩林地，但身处山区发展受限。2019年3月，东泉村积极对外推介生态资源优势，利用自身"富资源"联姻南门企业集团有限公司"富资产"，流转土地400亩，吸引其投资建设农业蔬果基地，一年以来，基地为当地农民增加土地租金和田间劳作工资150多万元，带动就业86人。在城乡共建模式的带动下，南门社区结对帮扶东泉村空巢老人、留守儿童、精准扶贫户等困难群体，定期开展慰问关爱、免费体检、奖优助学等活动，切实将生态优势转化为经济优势与村民可享受的普惠式共建服务。2020年东泉村作为全区唯一村庄获评福建省乡村振兴业绩突出村，获得上级奖补资金400万元，下一步东泉村将利用此笔资金投资入股南门企业集团有限公司，预计每年可增加村集体收入约40万元。

龙东村林地、果地多年撂荒、粗放经营，产量低下，为优化土地资源配置，推进农业产业结构调整，龙东村积极探索"村企合作+"模式，计划引导村民自愿将闲置土地经营权流转到村集体，再由村集体

白沙镇干部入户动员并核对土地赔偿表

统一对外招商，引进专业企业共同合作开发好产业，通过村企合作，农户不仅能获得土地租金带来的固定收益，还能享受优先在企务工的"特权"，项目落地后，预计可解决285户335人就近实现务工就业创收。目前，该村土地流转工作正有序有力推进，预计2020年6月底将全面完成土地签约。

（4）绿元素+新社区，做优生态集镇。近年来，白沙镇立足生态这个最大的优势和特色，坚决把改善生态环境筑牢生态屏障放在全镇工作首位，在统筹2020年重点项目时，白沙镇持续加大对生态环保类项目的投资，28个区级在建重点项目中仅生态环保类项目就有13个。

外度水库是涵江区城市集中式饮用水源地，保障着涵江城区及周边30多万人口的饮水安全，因此被称为"涵江人民的大水缸"。2016年11月，外度水库饮水源搬迁项目正式启动，这是白沙镇加快生态建设步伐、打造生态中心集镇的点睛之笔。涉及保护区红线内257户2 385人整体搬迁，除在涵江城区购买商品房外，其余将在梨坪、万州等4个安置区集中建房安置。根据规划，4个安置区将设置60～110m^{2}不等的3种户型供安置户根据家庭人口、原

白沙镇外度水库

白沙镇狮亭村垅头安置区鸟瞰图

房屋面积自主选择，并配套建设停车场、绿化景观等基础设施，通过整合和统一规划，原本杂乱无序的居民区将建成精美有序的新式住宅小区，成为未来白沙镇的一道靓丽风景线。

在以外度水库饮水源搬迁工程为核心项目的驱动下，白沙镇持续补绿、护绿、植绿，促使生态环境质量明显改善。累计投资5 357万元，先后实施东泉溪二期生态环保、外度水库湖滨缓冲带建设、标志警示与隔离带建设、萩芦溪白沙桥水质提升、坪盘污水管网等8个环保类项目。同时对东泉村、龙西村、澳东村等7个村2 645亩土地更新改造补植阔叶林，将绿色铺向每个角落。

如今在白沙镇，村民开门见山，满目翠绿，漫步东泉溪、田厝桥，浓荫遮蔽，花香四溢，鸟鸣悦耳，可垂钓可散步，好不惬意。

（白沙镇方晶晶，编辑曾雅燕，编审林亦霞）

链接：https://mp.weixin.qq.com/s/7HrdH9VLkH43NlnOjD20Rg

22.科技特派员服务莆田白沙，助力脱贫攻坚

港城先锋，2020年8月5日，第186期

链　接：http：//www.ptbtv.com/ptwx/service/wxvod/tv/pttv/folder154/2020-08-05/130748.html

23.抗疫情抢春耕两不误——福建省农业科学院果树研究所科技人员赴福清一都进行枇杷高接换种

福建省农业科学院院网，2020年2月21日

当前新型冠状病毒肺炎疫情形势严峻，但亦是枇杷嫁接的最佳时期。为了不错过嫁接最佳时期，积极响应农业农村部办公厅"在抓好新型冠状病毒肺炎疫情防控的基础上，不误农时抓好春耕备耕"的要求，在福建省农业科学院果树研究所疫情防控领导小组的严格审核批准下，2020年2月17日，福建省农业科学院果树研究所郑少泉研

究员、邓朝军副研究员带领郑文松、陈国领等技术工人到福清市一都镇开展枇杷高接换种工作。

　　福清一都镇俞强镇长到田头进行视察和指导，他强调"认真落实疫情防控各项措施，确保人员安全，同时要把枇杷品种改良项目做好。此时进行枇杷项目，是润肺又润心的好事情。"俞镇长特意安排陈远灿主任进行全程跟踪和后勤保障，确保枇杷高接换种的顺利进行和人员的安全。

（福建省农业科学院果树研究所邓朝军）

链接：http://www.faas.cn/cms/html/fjsnykxy/2020-02-21/861618284.html

24. 一都镇：滋心又润肺，枇杷当先锋。全国农业产业强镇战疫复产正当时！

慢城一都，2020年2月22日

　　（1）**一都枇杷**。战疫情、抓复产。一都镇是依托枇杷为主导产业的全国农业产业强镇示范点，2月底是枇杷新品种嫁接最后期限，3月又是一都枇杷上市的季节。一都镇上下一盘棋，在党委政府统一领导下，一手全力以赴落实好各项防疫工作，另一手抓复工复业，通过强产业、促生产。

一都镇通过农业产业强镇项目带头复工复产，经过2019年多次与福建省农业科学院协调合作，2020年2月中旬再次邀请福建省农业科学院果树项目首席专家郑少泉指导枇杷新品种改良。现场推进全国农业产业强镇示范项目——枇杷种植示范园！

福建省农业科学院果树研究所郑少泉研究团队，是国内顶尖从事枇杷研究专业团队，这次紧抓枇杷品种改良的黄金时间点，再次对一都枇杷进行品种优化改良，努力建设规模化、标准化、专业化的枇杷生产示范基地。福建省农业科学院郑少泉研究员表示："此次打造的枇杷示范园是国际领先项目，课题已纳入国家重点研发计划，科技部国家科技重点研发课题'枇杷种质创新与新品种选育'。"

本次嫁接选取东山村百亩枇杷种植示范园，嫁接品种是最新选育的品种，共涉及15个优质白肉品种（其中，浙江省农业科学院选育6个新品种），早中晚熟期配套、采收期可长达半年，主要嫁接：三月白、早白香、白雪早、42-103、白早钟8号、42-262、42-74、062-17、香妃等品种，共计1 400穗，面积达100余亩。

特别是优质晚熟品种香妃，成果时避开了霜寒天气，保证了产量，更有利于果农增收，将在未来的枇杷市场上赢得一席之地，形成一都名片。

2019年，一都镇取得全国农业产业强镇及全国一村一品示范镇两项殊荣，得益于福建省农业科学院、福州市、福清市农业农村局深入合作，致力实施推动一都镇枇杷品牌战略和产业振兴，通过改良项目计划，从福建省农业科学院果树研究所引进12种系列优质枇杷新品种。目前，已在全镇6个村共70多亩的枇杷园进行新品种的高位嫁接，成活率达95%以上。

（2）**一都万亩枇杷林。**一都素有"状元故里，枇杷之乡"的美誉。枇杷种植面积5万多亩，年产量3 000多kg，通过科技助力"三农"，枇杷已经成为一都人主导产业，全镇仅种枇杷人均年收入达30 000元，在未来改良升级的枇杷农业产值将大幅度的增加。目前，一都镇的全国农业产业强镇其他项目一都镇农产品产销服务中心、智慧物流、状元主题田园建设、枇杷主题展览馆等都在陆续建设中……

每年的3—5月是一都枇杷盛产的季节，古人云"摘尽枇杷一树金"，可谓它全身是宝。有别于其他果树，枇杷是秋日蓄养，寒冬吐蕊，春天结子，夏初成熟，被赞为"果木中独备四时之气者"。枇杷能润五脏，滋心肺，成熟的枇杷十分的甘甜，营养价值也很高，可预防流感、清热止咳、润肤美白、辅助减肥等功效，还具有防癌的营养物质，由此枇杷也有了"果之冠""开春第一果"的美称。枇杷叶亦是中

药的一种，以大块枇杷叶晒干入药，有清肺胃热，降气化痰的功用，常有与其他药材制成川贝枇杷膏，也大受广大群众喜爱。今后一都枇杷的产期将更长，品质更上一层楼，一都枇杷的更多宝藏等你来挖掘！

链　接：http: //mp.weixin.qq.com/s?__biz=MzIzMjk1NTE4NQ==&mid=2247487089&idx=1&sn=7dc07269ba5182d564f3a3f10a824a86&chksm=e88c422fdffbcb39b1c0039f0a875965ee97a5cef6272e104bcb7b2fb0fdfe892a069bc9fe24&mpshare=1&scene=1&srcid=&sharer_sharetime=1588771739431&sharer_shareid=0bd008c41780ac798ed855569c3c134f#rd

25.绘好"春耕图"，种下"新希望"，原来，福清的田间地头这么美！

原创福清侨乡报福清哥，2020年2月22日

2020年2月底，是一都枇杷新品种嫁接最后期限。这几日，趁着天晴，一都镇东山村的果农们，在百亩枇杷种植示范园里忙碌了起来，娴熟地为枇杷树进行嫁接。时下正是防疫的关键时期，果农们个个防疫意识都很强，记者在现场看到，大家均佩戴了口罩，确保防疫和嫁接"两不误"。

一都镇高起点规划，着力建设规模化、标准化、专业化的枇杷生产示范基地。福建省农业科学院果树项目首席专家郑少泉研究员表示："此次打造的枇杷示范园是国际领先项目，课题已纳入国家重点研发计划，科技部国家科技重点研发课题'枇杷种质创新与新品种选育'。"

目前，东山村在郑少泉的指导下，嫁接了最新选育的品种，共涉及15个优质白肉品种，早中晚熟期配套、采收期可长达半年，有望进一步提高果农的经济效益。

这次疫情严重，蔬菜出不了村、进不了城，近70亩的花菜，差点只能眼睁睁看它烂在地里。渔溪镇下里村委会副主任、种植大户李典风，在得知他的困难后，志愿者们来到菜田帮忙抢收花菜。

为了防止人员聚集，在李典风的组织下，采摘、分选、整理、装车等各个环节都进行了严格的防疫把关，运输车辆、仓库库房、周转菜筐一日防疫消毒消杀3次。

目前，利用春耕时节，渔溪镇依托现有的7家蔬菜种植基地、1家专业合作社、1家家庭农场，通过"企业＋农户"的发展模式，带动了近60家散户建设"微田园"，扩大各类蔬菜种植规模，保障了蔬菜供应，更确保了农户的收入。

农业是经济社会稳定的基础，更是打赢疫情防控阻击战的重要保障。

农时不等人，目前，福清全市上下在抓实疫情防控工作的同时，统筹抓好春耕备耕工作。

一年之计在于春。为确保春耕生产顺利进行，保障农资供应，福清供销社充分发挥农资供应主渠道作用，及早部署，周密计划，加强市场研判，积极适应疫情期间农业种植结构调整带来的需求变化，同时加强与农资生产厂家、供应企业联系合作，建立可靠的产销合作关系，进一步做好货源采购，充实农资库存，有效满足需求。

渔溪镇

在福清市供销社渔溪农资配送中心，记者看到，该中心开通绿色通道，发放农资配送"通行证"，帮助配送中心开展种子、化肥、农药等农资配送。

针对疫情防控期间道路运输受限的情况，福清市供销社组织农资公司带队深入农资配送中心、各农资经营网点，了解肥料、农药储备供应和经营价格执行情况，多方协调，多渠道保障春耕物资有效供应。并根据各地农业生产实际需求，灵活调整各网点农资产品，让农民能够就近采购到农用物资。

福清市供销社主任翁力告诉记者，"根据福清农业生产需求，我们扎实做好化肥、农药等农资的储备工作，确保春耕期间供应量足、价格稳，着力保障农业生产顺利进行。目前，各类化肥库存约3 100t，在途量约300t，货源充足，价格稳定，确保疫情期间春耕生产供应。"

（文／图 林文捷，福清侨乡报社新媒体部编辑）

链 接：http://mp.weixin.qq.com/s?__biz=MjM5NDgyODI0Nw==&mid=2651528823&idx=3&sn=696c87d7350ea11e22874d2111ade7f5&chksm=bd7e64cf8a09edd9299f5e9e2415e5c8f1d01290309338a0abf10c0cc220e5d2eb33acd2f680&mpshare=1&scene=1&srcid=&sharer_sharetime=1588771712541&sharer_shareid=0bd008c41780ac798ed855569c3c134f#rd

26.嫁接枇杷、抢收花菜、农资配送……田间地头忙起来喽

福建日报APP——新福建2月23日报道，2020年2月23日 20:27

农历正月底、二月初，是福清知名农产品"一都枇杷"新品种嫁接的关键时期。这几天，在福建省农业科学院专家的指导下，一都镇东山村的果农们戴上口罩、做好防护，在果园里忙个不停。

专家指导枇杷嫁接

一年之计在于春，春季农时不等人。在严格做好防护措施后，福清市的农田、果园、菜地等农业生产一线，开始了春耕的忙碌。为了帮农民抢回疫情耽搁的农时，科技人员、志愿者、供销社等一起下农田，合力忙生产。

"这片示范园是国际领先项目，研发课题'枇杷种子创新与新品种选育'已纳入国家重点研发计划，被科技部列为国家科技重点课题。"连日来，在东山村百亩枇杷种植示范园，福建省农业科学院果树项目首席专家郑少泉研究员等专家来到果园，实地指导嫁接。

在专家的指导下，东山村的枇杷树已嫁接了最新选育的品种，共涉及15个优质白肉品种，早中晚熟期配套、采收期可长达半年，可以进一步提高果农的经济效益。

疫情防控期间，各地交通受阻，让渔溪镇下里村的蔬菜种植大户李典风愁眉不展。"蔬菜出不了村、进不了城，近70亩的花菜只能眼睁睁看它烂在地里。"李典风说。

得知他的困难后，志愿者们行动起来，下农田、进菜地，帮忙抢收花菜。采摘、分选、整理、装车等各个环节，都有"红马甲"的身影，解决了蔬菜种植大户的滞销难题。

眼下，渔溪镇7家蔬菜种植基地、1家专业合作社、1家家庭农场都开始了春耕进行时，通过"企业＋农户"的发展模式，近60家散户建设"微田园"，扩大了各类蔬菜种植规模。同时，也产生较大的农资需求。

在福清市供销社渔溪农资配送中心，记者看到，中心针对各地道路交通受阻的情况，已开通绿色通道，发放农资配送"通行证"，全力为农户疏通种子、化肥、农药等农资配送通道，保障春耕需求。

"根据福清农业生产需求，我们扎实做好种子、化肥等农资的储备工作，货源充足、价格稳定，确保疫情期间春耕生产供应。"福清市供销社主任翁力介绍。

（福建日报记者卞军凯，通讯员林文捷）

链　接：http：//img.fjdaily.com/data/org/?from＝singlemessage#/detail/78/3616055419061248_gov_3616055419061248

27.福清：战"疫"不松　春耕不误

福清市广播电视台，2020年2月23日

眼下是疫情防控的重要时期，也是春耕生产的关键时节。福清市各乡村的田间地头一派忙碌景象，农户在做好疫情防控的同时，积极开展生产……

链　接：https://www.newscctv.net/219appshare/article.html?vid＝39E51D55—F07D—9C67—CB89—97A1FCA02E10&from＝timeline&isappinstalled＝0

28.引进15个枇杷新品种　建成枇杷种植示范园福清一都打造农业产业强镇"样板"

福建省农业科学院院网，2020年3月3日

"一都枇杷"入选国家农产品地理标志登记保护名单、建成国内一流的枇杷种植示范园……连日来，福清一都镇依托枇杷为主导产业的全国农业产业强镇示范点，唱响了"一粒枇杷"的乡村振兴进行曲，打造全国农业产业强镇"样板"。

（1）提高"一都枇杷"知名度，助推农业产业强镇建设。2020年2月26日天气晴好，一都镇美垄自然村的阿奇夫妇来到枇杷园里，为即将上市的枇杷忙碌着。阿奇说，举办枇杷节以来，"一都枇杷"声名远播，在全国都有很高的知名度，大家不再担心枇杷的销路问题。

近日，农业农村部公示了2020年第一批农产品地理标志登记产品，"一都枇杷"成功入选。这意味着，"一都枇杷"今后将受到国家农产品地理标志登记保护。

"一都枇杷"以其优异品质闻名遐迩，先后获得"国家地理标志证明商标""福建省名牌农产品""绿色食品"等荣誉称号，一都镇也被评为"全国一村一品示范镇"。

为提高"一都枇杷"的知名度，一都镇2018年开始实施品牌创建计划。当地自举办枇杷节以来，在全国范围内打响了"一都枇杷"品牌，拓宽了枇杷的销售渠道，促进了农民增收，给当地农业产业发展注入强大动力。一都镇也因此成功入选2019年全国农业产业强镇建设名单。

一都镇负责人说，未来一都镇将进一步服务果农，引入智慧物流，成立乡村枇杷销售服务站，推进农产品产销服务中心、智慧物流、状元主题田园、枇杷主题展览馆等项目建设，打造全国农业产业强镇建设"样板"。

（2）引进15个枇杷新品种，建成枇杷种植示范园。连日来，福清市一都镇东山村的果农趁着天晴，利用枇杷新品种嫁接的最后期限，在福建省农业科学院果树研究所派驻的郑少泉研究团队指导下嫁接枇杷新品种。

2020年2月，一都镇为优化枇杷产业结构，推动品牌农业建设，邀请郑少泉研究团队再次对枇杷进行品种优化改良，现场推进全国农业产业强镇示范项目——枇杷种植示范园。

在现场，专家利用枇杷品种改良的黄金时间点，在嫁接枝条的选择、嫁接的部位、嫁接的手法、接穗的放置等环节，一一对果农进行详细指导。

"本次建成的枇杷种植示范园面积达100多亩，共引进15个新的白肉品种，包括三月白、早白青、白雪早等，采收期长达半年。特别是优质晚熟品种香妃，成果时避开了寒冷天气，保证了产量，更有利于果农增收。"一都镇农业服务中心负责人说。

（福州晚报记者王光慧）
来源：福州新闻网

链接：http://www.faas.cn/cms/html/fjsnykxy/2020-03-03/18734713.html

29.一都枇杷为什么这样甜

福州日报，2020年6月7日

6月，初夏，本是枇杷下市、果农休整的时节，但福清市一都镇一都村的种植户方培凤，却在自家的枇杷果园忙得不亦乐乎。原来，园子里嫁接的枇杷新品种白蜜和香妃已经抽枝20多cm，正是管护的关键期。

"前几年在外面打工，一整年收入还没有在家种枇杷赚的一半多。现在啊，我就一门心思把枇杷种好、种精。"方培凤说。

枇杷是一都的主打产业，全镇像方培凤这样的枇杷种植户有3 640户，约占一都人口的九成。近年来，一都枇杷发展势头强劲，即便遭遇新冠肺炎疫情冲击，依然逆势上扬。一都镇政府的统计数据显示，一都枇杷今年销售总额达5.16亿元（含一产、二产），同比增长9.1%，全镇农民增收约4 300万元。

一都镇解放钟枇杷上市
（福州日报记者　杨莹　摄）

一都枇杷为什么这样"甜"？记者前往一都一探究竟。

（1）"甜"的历程：从不为人知的"扶贫果"到声名远播的"亿元品牌"。一都镇位于福清西部山区，邻近水源地。交通不便和生态红线，决定了这里与工业化无缘。多年来，一都镇心无旁骛发展农业，枇杷种植规模达5万亩。

48岁的方培凤，是一都枇杷产业从无到有的亲历者和见证者。

20世纪80年代末，一都镇利用上级拨付的扶贫资金购买枇杷果树苗，无偿分给村民，发动家家户户种枇杷。方培凤回忆道："那时，我们家一口气种了20亩枇杷，大人小孩都要上山帮忙。种下后，天天盼着结果子。"靠着种枇杷、卖枇杷，方培凤家的生活条件逐步改善，从破木屋搬进了小楼房。

一都人尝到种枇杷的甜头，枇杷树成了"脱贫树"。可没过多久，由于缺乏整体规划，一都枇杷陷入僵局。"一方面，国内其他枇杷产区迎头赶上，推出新品种，一都枇杷跌价了，最低时每千克收购价才4块多；另一方面，隔一两年就遇到霜冻，种植户损失惨重，包括我在内，很多人都种不下去了。"2013年，方培凤把20亩枇杷林"托付"给村里人，携家带口前往南非务工。

枇杷产业"不甜"了，一都镇党委、政府看在眼里、急在心里。"怎么打响品牌、打开销路？如何让种植户重拾信心？我们一路探索，一路寻找答案，终于在2018年出现转机。"一都镇党委书记林雪枫介绍，随着美丽乡村建设的推进，一都镇绿水青山的后发优势愈发凸显，"我们依托一都的自然优势、人文优势，开发了3个旅游景区，与《福州晚报》合作举办一都枇杷节，文旅农融合，把一都的名气打了出去"。

旅行社来了，游客来了，一都枇杷供不应求，鲜果价格翻了一番。一都镇党委、政府趁热打铁，提出"枇杷强镇"的发展战略。"我们办了3件大事，一是在福清市农业农村局的帮助和支持下，邀请省、市专家加入一都'智囊团'，为枇杷种植提供强大技术支撑；二是打造具有统一标志的一都品牌，获得国家农产品地理标志认证；三是在福建省率先推出枇杷'气象指数保险'，一棵枇杷树果农只要出一元保费，就能得到保障，就算遭遇气象灾害，也不会白忙活。"林雪枫说。

看到一都枇杷又"甜"起来，方培凤十分动心。2018年年底，他回到一都重新打理自家的枇杷园。"2019年，我家种枇杷收入近15万元，是在外打工收入的两倍多。2020年收入比2019年更多。"方培凤喜滋滋地说。

一些外地人也循着"甜味"来到一都承包枇杷林。来自贵州毕节的涂祥华2019年承包了近6亩大红袍枇杷。"2020年小品种热卖，扣去成本，净赚五六万元。"涂祥华说，"种枇杷有奔头，来一都，我选对了。"

（2）"甜"的秘诀：政府牵头"养蚂蚁"，以大带小"搬"枇杷。2020年初以来，受新冠肺炎疫情影响，多地农产品滞销。一都镇却成功突围，不仅在两个月里卖光了枇杷鲜果，还实现销售额、农民收入双增长。一都枇杷甜蜜"逆袭"的秘诀是什么？

"我们提早布局，用'养蚂蚁'的方式，向枇杷电商产业积极转型。"林雪枫用一个形象的比喻揭晓答案，"我们引进了几只'大蚂蚁'，有抖音、淘宝等自带流量的大平台，也有永辉、朴朴等本土知名电商，还有'果之道'这样的农产品供应链服务商；培育了一批'小蚂蚁'，也就是一都本地的小电商。通过'大蚂蚁'带动'小蚂蚁'，一起'搬空'一都的枇杷。"

"小象美食"平台是"小蚂蚁"中的优秀代表。平台负责人陈雄是一都的返乡创业青年，不仅打造销售平台卖枇杷，还发起成立了一都新零售家庭电商联盟。"我们的目标是，不仅要把枇杷卖出去，还要卖出好价格，提升一都枇杷的品牌价值。"陈雄介绍，电商联盟制定了枇杷的选果标准、甜度标准、表皮标准，分级分品销售。"不一样的品质卖不一样的价格，特大果、大果打品牌，小果拿来做活动、当赠品，从而拉开档次，把一都枇杷销售推向标准化、精品化。"据了解，2020年有电商联盟成员把枇杷卖出每千克30元的高价，是往常的3倍左右。

为了给"小蚂蚁"创造最优成长环境，一都镇全力打通各个环节：村民没有电商经验，镇里请来专业人士授课；村民年纪大了填单不便，镇里引进"果之道"智慧物流系统，只需刷身份证，就能自动导入后台订单信息，将枇杷发往全国各地；村民不懂直播带货，一都镇里举办为期一周的直播节，请专业团队驻扎一都，手把手教大家拍视频、开网店、做直播……

　　由此，一都诞生了一批不受地域限制、可以隔空合作的"家庭电商"——在外地工作的子女，通过发朋友圈或开网店，在线上宣传、推广、接单，父母则留在一都负责采摘、包装、寄货。

　　在山东工作的陈秀平，与在一都的父母配合默契，2020年通过"家庭电商"模式卖出7 500kg枇杷。"本以为2020年枇杷要砸在手里了，没想到走出一条新路。我家枇杷卖到黑龙江、内蒙古、吉林等地，一些客户已经和我预订2021年的枇杷了。"陈秀平说，"以前枇杷能卖什么价，收购商说了算。现在，主动权掌握在我们手里。像我们这样卖精品枇杷的，单价比较高，收入也超过2019年。"

　　"2020年是一都枇杷向电商转型的第一年，接下来我们将认真总结经验、寻找不足、补齐短板，为2021年的电商销售做准备。"林雪枫透露，一都镇将从"小蚂蚁"中择优扶持，培育自己的"大蚂蚁"，打造一都枇杷的新业态新品牌。

　　（3）"甜"的融合：一二三产融合全产业链发展。"枇杷鲜果已经下市，但大家还可以尝到好吃的枇杷食品哦！"一都镇东关寨景区，讲解员陈小丽将一拨又一拨游客迎进游客服务中心。只见农产品产销体验馆内，枇杷蜜、枇杷膏、枇杷罐头、枇杷酒等枇杷深加工产品琳琅满目，水杯、抱枕、公仔等围绕一都吉祥物"嘟嘟"设计的文创产品精致可爱，引得游客们争相购买。

　　"枇杷鲜果的采摘期一年只有两个多月，如果只卖鲜果，产业就过于单一，缺乏后劲，抗风险性也比较差。2018年以来，我们以全国农业产业强镇示范建设为契机，围绕一都枇杷，发展枇杷种植生产、枇杷深加工、枇杷文化游，推动一二三产深度融合，延伸了产业链，提升了价值链，促进农民稳步增收。"一都镇镇长俞强介绍。

　　枇杷深加工方面，一都引进了专门从事枇杷原浆生产的福建天海东方食品集团有限公司。"每年枇杷尾季，我们都会在一都镇兜底收购枇杷。2020年5月以来，有3 000多t一都镇枇杷在这里变成原浆，陆续加工成枇杷汁、枇杷露、枇杷膏等，销往全国各地。"公司负责人李辉吉说。

　　勤劳的一都人也没闲着，2020年不少一都种植户自购设备，开始"研发"枇杷深加工产品。

　　善山村种植户张秀忠2020年采摘了约6t枇杷，卖剩的小果被他做成枇杷膏。"小果的收购价不高，2020年我花了5万元买来专业熬浆机，做了2 000多瓶枇杷膏，客户反馈还不错。"张秀忠给记者算了一笔账，从枇杷果到枇杷膏，枇杷的身价能涨三四倍。

年轻人则把枇杷加工"玩"出新花样。"小象美食"平台负责人陈雄与加工厂合作，推出枇杷干产品。陈雄说："5kg枇杷果可以做1kg枇杷干，枇杷干出厂价约每千克100元，市场售价约每千克200元。""枇杷姐妹花"陈小清、陈小丽则做起了枇杷棒棒糖、枇杷果冻等，"周末一摆出来，就被小朋友们抢光了"。

枇杷加工"各显神通"，一都枇杷文化游也风生水起。到枇杷主题展览馆，了解一都枇杷的"前世今生"；到东关寨，饱览古堡建筑的气势磅礴；到后溪，体验漂流的清凉畅快；到罗汉里，追寻闽中游击根据地的"红色足迹"，成为许多福州人周边游的经典线路。

"随着新冠肺炎疫情阴霾散去，一都旅游业日渐回暖，最近每到周末都要接待一二千名自驾游游客。"俞强说，一二三产融合，是一都枇杷的"二次创业"，成效非常明显，已连续两年带动农民增产增收，枇杷产业附加值大大提升，"下一步，一都镇将继续深挖拓展，加快全产业链发展进程，为乡村振兴注入新动力。"

（4）"甜"的守护：各界聚力浇灌"甜蜜"。一都枇杷的"甜"，是一都人用勤劳的双手、智慧的大脑拼出来的，也是社会各界的关心关爱"浇灌"出来的。

"看！像这样，用手把多余的砧木嫩芽去掉，再用小刀刮平，以免抢夺养分。"日前，在一都枇杷种植示范园，福建省农业科学院果树首席专家郑少泉一边示范，一边向果园管理人员讲解白肉枇杷的嫁接养护要点。

郑少泉是"枇杷界"的领军人物，多次获得国家级科技奖项。他研发的白肉枇杷系列品种，不仅口感香甜细嫩，还能将采收期延长一个多月，价格也是普通品种的3～5倍。

"早年推广早钟6号枇杷时，我就常来一都，发现这里的农民勤劳淳朴、十分好学，当地政府对枇杷产业也是鼎力支持。"郑少泉说，两年前，当福州农业部门找到他，提出想在一都镇推广种植枇杷新品种时，他欣然同意加入这个充满激情和战斗力的"枇杷军团"。

2020年春节，郑少泉在一都住了整整一周，手把手指导白肉枇杷新品种的嫁接。在郑少泉团队的定期上门指导下，一都镇按下枇杷品种更新的"快进键"。全国最大的二代杂交白肉枇杷新品种示范点、国家科技重点研发课题项目实践地、全省首个大棚枇杷母本园……最新最优的品种在一都孕育成长，为一都枇杷的未来蓄积无限能量。

枇杷种得好，还要销得好。2020年4月2日，福州市副市长严可仕来到一都枇杷园，通过抖音直播平台，向全国网友推介一都枇杷。"果大、皮薄、肉多、汁甜""枇杷润肺，多吃有益""产自绿色基地，买它买它"……接地气的吆喝，引得网友纷纷下单。

随后的一个月，成了一都的"直播月"，多位政府领导、多名网络红人、多支直播团队轮番登场。他们中，有的现场直播带货，创下8h直播销售2.5万kg枇杷的佳绩；有的化身"直播导师"，向农户传授视频拍摄、剪辑技巧，带出一批会文案、懂直播、精营销的一都新农民。

《福州晚报》是一都镇三届枇杷节的重要合作伙伴。2020年，枇杷节从线下转战线上，《福州晚报》的项目团队也开启了另一种忙碌。"我们的'这里是故乡'助农平台第一时间加入一都枇杷的助销队伍。"项目负责人黄君薇说，为了选果，团队几乎跑遍一都镇所有的村子，行程超过1 200km，累计销售枇杷约3 000kg。

"社会各界的关心和帮助，提升了一都枇杷应对风险和挑战的能力，让一都枇杷在转型升级中不断累加'甜度'。"林雪枫说。

放眼一都镇，漫山遍野的枇杷树依旧绿意浓浓，阳光下恣意舒展着，仿佛在为2020年的丰产积蓄养分。30多年来，一都人始终坚守枇杷产业，走出一条乡村振兴之路，这片绿水青山，已然化作金山银山。

（福州日报记者陈滨峰、杨莹、钱架宜、张笑雪）

链　接：http://mag.fznews.com.cn/h5/fzrb/mobile/2020/20200607/20200607_001/content_20200607_001_5.htm?from=timeline&isappinstalled=0#page0?operate=true

30.抗疫不误工程，龙眼枇杷资源圃改造工程正式启动

福建省农业科学院院网，2020年3月17日

福建省农业科学院重点改造项目——龙眼枇杷资源圃改造工程原计划2020年春节后动工，以崭新的面貌迎接福建省农业科学院60周年庆。但受新冠肺炎疫情的影响，原计划被迫延迟近一个月。为了避免即将来临的雨季对工程建设进度的影响，确保工程按计划工期实施，在院所领导的高度重视下，经与工程施工方多次沟通协调，在严格落实新冠肺炎疫情防控措施的前提下，改造工程于2020年3月5日

正式动工。经过一周的紧张施工，枇杷圃围墙的混凝土地基已开始浇铸，龙眼圃的旧木栈道也开始拆解，各项工程稳步有序开展，按此工程进度，枇杷资源圃的围墙工程有望在枇杷果实成熟前完成主体工程建设任务，做到工程、防疫、科研三不误。

（福建省农业科学院果树研究所所许奇志）

链接：http://www.faas.cn/cms/html/fjsnykxy/2020-03-17/1182038165.html

31.福建省农业农村厅厅长黄华康、福建省农业科学院党委书记陈永共赴福清福建省农业科学院科企合作基地调研指导

福建省农业科学院网站，2020年4月2日

2020年4月1日，福建省农业农村厅厅长黄华康与福建省农业科学院党委书记陈永共、副院长汤浩一行赴福清福建省农业科学院科企合作基地，调研农业专家"千万服务"行动开展情况。

调研组一行先后深入福清一都镇的水上人家家庭农场枇杷生产基地、融台创业园特色水果基地、一都农产品产销服务中心和镜洋镇的绿丰设施蔬菜生产基地，现场察看福建省农业科学院果树研究所枇杷研究团队针对一都镇东山、王坑等枇杷产业村品种老化、产期集中等问题，服务当地果农，推广运用高接换种技术开展枇杷品种改良等情况；了解福建省农业科学院作物研究所以公司为基地，依托福建省种业创新与产业化工程项目，开展设施蔬菜科研与技术示范推广工作等情况；与当地镇村干部、农业技术推广人员、营销大户座谈，研究提升枇杷产业发展水平，实现产业强镇、产业兴镇的对策措施。

调研组一行对农业专家"千万服务"行动给予充分肯定，要求进一步加强统筹协调，推动福建省农业科技人员主动对接农情农事，以点对点、面对面的技术指导服务，促进科技与生产无缝衔接，形成农科教、产学研一体化的强大合力。

福建省农业农村厅办公室、种植业处负责同志，福建省农业科学院科研处、科技服务处负责同志，福建省农业科学院作物研究所蔬菜研究团队、福建省农业科学院果树研究所枇杷研究团队等有关专家，福清市政府、农业农村局负责同志陪同调研指导。

（文／图福建省农业科学院办公室刘碧云、福建省农业农村厅翁定河）

链接：http：//www.faas.cn/cms/siteresource/article.shtml?id=810491701970410000&siteld=530418521222970001

32.福州"枇杷王国"，原来是这样打造的！

福州晚报，2020年4月18日，原创马丽清

眼下正是枇杷成熟的季节。位于福清一都镇的百亩枇杷种植示范园里，引进的15个白肉枇杷新品种接连挂果。从特早熟的三月白、白雪早，到特晚熟的香妃，新品种大规模推广后，当地的枇杷采收期将延长一个多月。

福建省农业科学院果树首席专家郑少泉是这些新品种的培育者。

30余年来，他和团队一起丰富枇杷基因库，壮大枇杷家族，打造"枇杷王国"。

（1）600多个品种丰富枇杷基因库。2020年4月18日，记者来到位于晋安区的国家果树种质福州枇杷圃，这里是全国最大的枇杷基因库。枇杷树上满是果

子，有的成熟期早，闪动着点点金光。

"你看，像这款小个枇杷，果子只有黄豆大小；这款枇杷表面摸起来光亮无毛；这株枇杷树才刚开花……"郑少泉带着记者穿梭在枇杷圃里，如数家珍。

我国枇杷种质资源丰富，共有15个种。这片枇杷圃就保存了12个种，800多个品种。这是福建省农业科学院五代人花了近50年时间才搜集到的，郑少泉是第三代。

"这些都是野生植物，每一个品种都来之不易。"郑少泉说，野生枇杷树多长在深山丛林间，踪迹难寻。他们只能在文献和当地农户的描述中，寻找蛛丝马迹，而后进山搜寻。

深山丛林间藏着许多未知的危险，搜寻过程很是艰辛。一次，郑少泉和同事到海南五指山寻找"台湾枇杷"。郑少泉专注挖苗，不小心掉队了。当他正要起身追赶同伴时，发现头顶上聚集了大量马蜂，脚下还有大片的蚂蟥。为了不惊动马蜂，他只能蹲着任由蚂蟥叮咬，双脚至今还留着伤疤。

他的足迹遍布云南、海南、贵州、四川等地的偏远乡村、深山丛林，搜集到了600多个枇杷品种。"剩余3个种也已找到，正在进行入库鉴定。"郑少泉说，他们利用基因库资源培育出枇杷新品种（系）20多个，其中，10多个已示范种植和推广应用。

（2）**精选好基因壮大枇杷家族**。枇杷在福州地区广为种植，采收期、销售期集中在每年的4—5月。"要让果农的枇杷卖出好价钱，就要避开高峰期，拉长销售期。"郑少泉说，从20世纪90年代开始，培育不同成熟期的枇杷成为团队的目标。

枇杷有红肉、白肉、黄肉之分。白肉枇杷肉质细嫩、清甜、风味浓郁独特，是枇杷中的极品。它也有缺点，果小、可食率低、不耐储存，市场上缺乏不同成熟期的品种。

白雪早

20多年来，郑少泉带领团队选育熟期配套、优质、大果的白肉枇杷新品种，如特早熟优质大果白肉枇杷"三剑客"的三月白、早白香、白雪早，特晚熟的香妃等，一步步壮大枇杷家族。

"双亲"基因好，后代才会优秀。在"三剑客"的选育上，郑少泉选择了具有早熟基因的"母亲"——早钟6号和具有优质白肉基因的"父亲"——

三月白

新白2号进行杂交育种。说起来容易，可他光是寻找其"父亲"，就花了11年。2018年，三月白、早白香、白雪早通过省级科技成果评审。

香 妃

早白香

郑少泉说，以福州为例，特早熟的三月白等在每年3月下旬至4月上旬成熟，特晚熟的香妃采收期可持续至6月上旬，相当于枇杷采收期延长一个多月。而在四川等地，采收期最长可以延长半年。

郑少泉的团队是果农的"智囊团"。近两个月里，他们辗转福清、莆田、四川泸州、云南屏边苗族自治县等地，为果农提供技术指导。

（文／摄福州晚报记者马丽清，新媒体编辑兰超，监制管慧、王臻）

链　接：http：//mp.weixin.qq.com/s?__biz=MTc0NDMzOTkyMQ==&mid=2650188209&idx=2&sn=8798db7891f18bc9b5f22770d57fd3f0&chksm=57c57d0f60b2f419dc79cdd869945fd46cf05baa15463975850562cdb7e0a99a93cd752e9251&mpshare=1&scene=1&srcid=&sharer_sharetime=1587267312745&sharer_shareid=0bd008c41780ac798ed855569c3c134f#rd

33.研究枇杷有时很危险

福建晚报，2020年4月18日

链　接：http://mag.fznews.com.cn/h5/fzwb/mobile/2020/20200418/20200418_A04/content_20200418_A04_1.htm

34.采摘旺季，枇杷果期管理要点

福建省农业科学院院网，2020年4月23日

链接：http://www.faas.cn/cms/html/fjsnykxy/2020-04-23/1474516757.html

35.小果树有大学问　科技开放日来探秘

福建综合频道，2020年4月25日 20:34:46

眼下是枇杷上市的季节，福建省是枇杷种植大省，可是您知道枇杷有多少品种，又该如何鉴别优质枇杷吗？福建省农业科学院于2020年3月25日启动"科技开放日"首场科普活动，农业专家展示了一批枇杷科研成果，吸引不少市民前来探秘。

链接：http://www.fjtv.net/?_hgOutLink=vod/newsDetail&id=2233676

36.福建省农业科学院果树研究所举办首个科技开放日"不简单的新生代枇杷"体验活动

福建省农业科学院院网，2020年4月27日

2020年4月25日，由福建省农业科学院果树研究所承办的庆祝建院六十周年首个科技开放日——"不简单的新生代枇杷"体验活动在国家果树种质福州枇杷圃顺利举办，福建省农业科学院副院长余文权、科技服务处处长陈裕德、福建省青年科学家协会理事长陈文哲以及协会会员、社会人士、学生等30多名嘉宾参加了本次活动。开放日活动由福建省农业科学院果树研究所所

长叶新福主持，副院长余文权、福建省青年科学家协会秘书长黄金水等在启动仪式上致辞。

余文权副院长肯定了福建省农业科学院枇杷研究团队在枇杷种质资源收集保存及品种选育研究等方面取得的显著成效，认为科技开放日活动有助于让广大群众了解现代农业科研，初步认识种质资源、推广良种和配套技术，推进现代农业的发展。

国家果树种质福州枇杷圃是我国首批建立的果树种质资源圃，建圃以来，在种质资源收集、保存及创新利用研究及推广应用等方面均取得显著成效，是福建省农业科学院枇杷学科研究保持领先地位的根本保障。本次活动以"不简单的新生代枇杷"为主题，通过科普讲座、枇杷品尝、试验演示等方式，向社会公众展示了福建省农业科学院枇杷种质资源研究利用及新生代枇杷培育等研究成果，科普宣传了种质资源果实品质鉴定评价流程及果实采摘技术等。活动现场气氛活跃，参加活

动的人员与在场科研人员积极互动，增长了见识，并通过现场采摘、品尝等活动，体验了枇杷圃中保存的不同枇杷品种的丰富风味品质，对国家枇杷圃的平台功能、科研成效等有了更直观的了解，营造了保护种质资源、热爱农业科技、支持农业科研的社会氛围。本次活动在简单而热闹的氛围中结束，参加人员均表示首次见识如此丰富的枇杷种质资源及品尝了多样的果实风味品质，既科普学习了种质资源研究过程，又体验了采摘的乐趣，收获满满。

（福建省农业科学院果树研究所蒋际谋）

链接：http://www.faas.cn/cms/html/fjsnykxy/2020-04-27/2085345932.html

37.福建省农业科学院果树研究所与莆田分院科技人员赴涵江区白塘镇对口帮扶村调研

福建省农业科学院院网，2020年5月9日

2020年4月29日，福建省农业科学院果树研究所科技人员胡文舜、姜帆与莆田市农业科学研究所果树研究室主任、福建省农业科学院莆田分院园艺中心副主任刘国强研究员等一行5人，专程前往涵江区白塘镇双福村携手开展"千万行动"对口帮扶服务。

双福村是少数民族回族村，近年来被福建省民宗厅评为少数民族团结进步先进集体，被莆田市评为"幸福家园"建设试点村。目前，正在重点推进村庄基础设施建设、古荔枝文化宣传和四季采摘园打造等项目。

　　在双福村，科技人员对前期指导实施的荔枝古树保护成效进行调查，发现树体恢复良好；同时对四季采摘园建设过程的优质果苗购买、龙眼投产树管理、火龙果栽培、农场认养模式等问题进行详细指导。此外，科技人员与村委干部座谈交流，就打造富有民族特色的乡村休闲观光旅游品牌提出建议。

　　（文福建省农业科学院果树研究所胡文舜，图莆田分院张游南）

链接：http://www.faas.cn/cms/html/fjsnykxy/2020-05-09/1217856910.html

38.走起！到这个国家级枇杷圃见识新品种

福建日报APP-新福建，2020年4月26日；福建省农业科学院院网，2020年5月15日

　　春末夏初，吃枇杷正当时。那么，枇杷有哪些品种？育种历史如何演进？挑选枇杷有什么诀窍？……2020年4月25日，福建省农业科学院果树研究所举办"科技开放日"主题专场活动，以"不简单的新生代枇杷"为主题，为大众进行一场别样的枇杷科普。

体验采摘枇杷

　　在福州晋安区新店埔垱科研区，参与的市民们看到了市面上罕见的野生枇杷、荔枝枇杷、软枣枇杷等，也品尝了自主研发的枇杷新品种。在专家指导下，通过观察外观、利用糖度仪等仪器，市民们还学会如何辨别筛选枇杷。

福建省农业科学院果树研究所承担建立的"国家果树种质福州枇杷圃"，是目前全球保存枇杷种质资源数量最多、多样性最丰富、规模最大的资源圃。他们收集保存了枇杷种质资源12个种（变种）759份，培育出枇杷新品种（系）35个，其中，16个已在生产上示范推广，占福建省枇杷新品种的90%。

福建省农业科学院副院长余文权表示，为了科普惠民，2020年福建省农业科学院将开展"科技开放日"系列活动，依托各大研究所，计划每月开展一场主题科普活动，集中展示科研成果，让民众对农业新品种、好技术、新模式有初步的认识，普及现代农业知识，展示科技创新的成果。

（福建省日报记者张颖，责任编辑汪炜娜）
整理：福建省农业科学院果树研究所黄雄峰

链接：http://www.faas.cn/cms/html/fjsnykxy/2020-05-15/285184946.html

二、四　川

（一）泸州市农业农村局和泸州市农业科学研究院供稿

1.抗疫情，抓生产　泸州龙眼良种高接换种纪实

"2020年的龙眼高接换种工作不能因疫情的发生而受到影响，你们得抓紧筹备，及时对接国家荔枝龙眼产业技术体系龙眼品种改良岗位科学家、福建省农业科学院郑少泉首席，在技术支撑、疫情防控、农户组织等各方面要提前做好准备，确保2020年龙眼良种高接换种任务圆满完成"。

2020年2月24日，泸州市副市长薛学深在泸州市农业农村局会议室专题研究当前农业生产，特别强调2020年龙眼良种高接换种工作。之前，薛学深副市长已多次召集相关人员研究2020年龙眼高接换种工作，没想到突如其来的新冠肺炎疫情打乱了整个计划。从2019年实施的情况来看，新品种、新技术取得重大突破，引进的福晚8号在2019年的全省市州长推荐会上受到广大消费者喜爱，也得到广大果农好评，对泸州龙眼产业发展，增加农民收入具有重要意义，薛学深副市长非常重视这项工作。

谈起这个事情，还得感谢郑少泉研究员，先后多次奔波于福州和泸州之间，在他辛勤工作与大力帮助下，2019年泸州市与福建省农业科学院签订共建晚熟龙眼优势区域中心协议，相继引进冬香、福晚8号等12个龙眼优新品种，开展技术培训5期200余人次，培养嫁接能手47名，集中高接换种品种5个面积达1 500余亩，成活率高，长势喜人，2020年有望试花挂果。

为加快推进泸州龙眼品种结构调整，泸州市委、市政府加大龙眼良种高换力度，计划2020年高接换种龙眼3 000亩。同时，完成2019年补接任务。得知这一消息，郑少泉研究员团队从2019年年底就着手谋划，计划2020年2月4日也就是正月初十赴泸开展嫁接手培训，但由于新冠肺炎疫情的发生，让郑少泉研究员焦急万分。

气温、穗条、嫁接手、疫情，多重困难堵在眼前。2020年3月5日，泸州气温已升到25℃，再过几天就可能达到30℃了，龙眼嫁接的最佳时机就要到来，出也出不去，季节不等人，这可急坏了还在福建省农业科学院的郑少泉研究员。

"你们先行开展嫁接手培训，具体的要求我发给你们，一定先把嫁接手培训好。一定要有足够的树冠才能取接穗，不能因取了穗条减弱了树势。"郑少泉研究员认真地交待高接换种注意事项，详细询问2019年高接换种生长情况和疫情防控情况，与泸州市经济作物站相关人员不断进行电话沟通。

这几天，泸州市农业农村局经济作物站相关技术人员连续跑往基地，看着龙眼开始萌动，嫁接时间就要到来。"不行，我们嫁接手不足，如何取穗把握不了，穗条来源必须尽快落实。"泸州市经济作物站技术人员分头行动，一边与福建省农业科学院联系，一边与新冠肺炎疫情指挥部联系。泸州市农业农村局总畜牧师谭德卫向福建省农业科学院院长翁启勇求援，得到翁院长的大力支持，疫情指挥部协调提供防疫用品，全力支持龙眼良种高接换种工作。

2020年3月10日19时30分，全副防疫装备的郑少泉团队抵达在泸州云龙机场。他们没有因疫情而退缩，没有因疫情而恐惧。

泸县太伏镇玉溪村、潮河镇后湾村、海潮镇红合村、云龙镇英雄村、江阳区黄舣镇罗湾村、马道子村，龙马潭区特兴镇桐兴村。连续几天一个村一个点地跑，饿了，郑少泉团队成员吃随身带的干粮，累了在车上打个盹，白天跑基地，晚上召开务虚会，讨论问题和研究解决办法。不辞辛劳，忘我工作，这是郑少泉研究员及其团队的工作常态。

经过前期实地调研，解决嫁接手问题、接穗问题是当前最重要的任务。2020年3月12—13日，200余人的嫁接手参加了在泸县玉溪村、江阳区罗湾村举办的嫁接培训。选接芽、削接穗、切砧木、对砧木、包扎，每项工序都由郑少泉研究员考察嫁接手技术是否过关。"嫁接手是关键，宁缺毋滥。"这是郑少泉研究员的要求，他一站就是一天，培训了能上岗的嫁接手50余人。

"2019年高接换种品种的穗条不能满足2020年高接换种需求，必须马上协调调运接穗，福建、广东能有的接穗都调过来。"晚上10点，郑少泉研究员立即拨通了广州市荔鼎生态农业开发有限公司欧阳建忠的电话。嫁接手不够，邓朝军副研究员立即联系福建嫁接手，从莆田调过来，先满足泸州高接换种人手。

3月14日，泸州龙眼良种高接换种启动仪式在泸县红合村顺利举行，正式开启泸州2020年龙眼良种高接换种工作。泸州嫁接队、福建嫁接队、广西嫁接队共50余名嫁接手参与其中。

"要把郑首席的技术学到手，要把福建省农业科学院的新品种、新技术引到泸州，落户泸州。"在启动会现场，泸州市副市长薛学深讲道，并向郑少泉研究员虚心学习嫁接技术。

郑少泉研究员及其团队一待就是8天，在这里，他们废寝忘食，扎实工作，为泸州龙眼良种高接换种出谋划策，为泸州实施龙眼高接换种培养人才，付出辛劳。

泸州龙眼种植历史悠久，气候独特，冬无冻害，是发展晚熟龙眼最理想之地，全国只有泸州才有这一优势。已种晚熟龙眼30余万亩，是全国最大的晚熟龙眼生产基地。要让泸州晚熟龙眼做大做强，要让全世界都知道泸州桂圆。郑少泉研究员一直在思考这个问题。

怎么办呢？必须先把示范搞上去，再谋划一次宣传活动，扩大泸州晚熟龙眼的影响力。于是，郑少泉研究员拨通了广西大学潘介春教授的电话。

2020年5月9日，时隔22天，郑少泉研究员相约潘介春教授再次来到泸州，专程研究新品种与新技术的结合，培训种植大户。选择龙马潭金龙镇何先海果园作为示范园打造，培训疏花疏果、轮行结果、肥水管理等技术。为把示范园建设更好，郑少泉研究员、潘介春教授和华南农业大学加工技术岗位科学家胡卓炎教授、泸州市农业农村局经济作物站站长黎秋刚、陈伟研究员、龙马潭农业农村局经济作物站站长辜润智等一起共商今后如何进行示范园管理，郑少泉研究员拨通了国家荔枝龙眼产业技术体系质量安全与营养评价岗位科学家孙海滨研究员和泸州试验站站长李于兴的电话，并联系龙眼种质资源收集评价岗位科学家石胜友研究员、生物防治与综合防控岗位科学家李敦松研究员和福建泉智生物科技有限公司总经理崔明等相关专家，相约来泸，共同研究、共同出资汇聚力量建立示范，这一待又是5天。

"福建省农业科学院龙眼新品种品质好，个头大，市场售价高，原来我们的龙眼只卖2～4元/kg，他们的品种要卖到40元/kg；现在的龙眼种植新技术，矮化树冠，便于管理，轮换结果年年有收成，我肯定愿意换，并一定做好管理工作。"龙马潭金龙镇何先海高兴地说。

自2019年实施龙眼良种高接换种项目以来，在郑少泉研究员的带领下，泸州采用挖砧嫁接法在全国龙眼高接换种中首次应用，得到国家荔枝龙眼产业技术体系同行专家认可；按照一镇一品布局，做到单一品种的规模化生产，树立龙眼良种高接换种示范典范；引进品种高宝、翠香、宝石1号、福晚8号等，将泸州龙眼熟期延长1个多月；专业培训嫁接队伍水平高。这些都得到广泛认可，农户积极性高。截至2020年5月1日，2020年龙眼良种高接换种全面结束，共高接换种龙眼树57 300株，示范面积3 581亩，新建、扩建龙眼高接换种示范园14个，完成2019年龙眼补接7 318株，示范面积457亩。

为推进院地合作，共建泸州晚熟龙眼优势区域中心，郑少泉研究员积极向福建省农业科学院院长翁启勇汇报，得到翁院长的大力支持。2020年5月25—27日，翁启勇院长带领相关处室人员莅泸考察，泸州市委、市政府高度重视，泸州市委副书记、市长杨林兴，泸州市委常委、泸州副市长吴燕晖，泸州副市长薛学深，泸州市政府秘书长曾平、副秘书长佘克明，泸州市农业农村局党组书记、局长李仁军等专程陪同调研。在座谈会上，福建省农业科学院翁院长及相关专家围绕院地合作以及泸州打造世界晚熟龙眼产业集群深入研讨，对打造100亿泸州晚熟龙眼产业集群达成合作共识，并全力支持举办晚熟龙眼优势区域中心发布会，扩大泸州晚熟龙眼的影响力。

在福建省农业科学院的大力支持下，在郑少泉研究员团队的带领下，泸州桂圆必将成为全国、甚至全世界的知名品牌，泸州晚熟龙眼产业必将迈向100亿产业，成为助农增收推进乡村振兴的支柱产业。

（泸州市农业农村局供稿）

2020年6月

2. 解密振兴泸州龙眼产业的"泸州模式"

四川位于中国西南腹地，地处长江上游，是西南、西北和中部地区的重要结合部，是承接华南华中、连接西南西北、沟通中亚南亚东南亚的重要交汇点和交通走廊。四川不同区域气候差异显著，垂直变化大，气候类型多，形成了许多颇具特色的水果产业，如攀枝花芒果、会理石榴、盐源苹果、泸州龙眼、合江荔枝等。其中，泸州龙眼主要分布在长江上游的泸州市。

泸州市位于四川省东南川滇黔渝结合部，具有南亚热带气候特点，冬无严寒，夏无酷热，热量丰富，雨量充沛，温光水热资源分布时空同荔枝龙眼生长发育同步，得天独厚的气候环境条件，造就了泸州龙眼的晚熟优势。泸州龙眼栽培历史悠久，且占据着川滇黔热区金三角的重要位置，面积和产量均占四川省90%以上，是热区特色产业之一。尽管泸州龙眼的优势十分明显，但由于品种结构不合理、优良品种比例小、技术问题较突出、销售模式单一化等问题，让泸州龙眼应有的资源优势没有充分转化为市场优势。在进入国家现代农业产业技术体系以前，泸州龙眼产业一直不温不火，栽培面积11.88万亩，常年产量1.0万t，产值0.6亿元。

"十二五"之初，龙眼加入国家现代农业产业技术体系，龙眼加入体系以后泸州综合试验站面临的第一个重要任务就是如何振兴泸州龙眼产业。泸州综合试验站在品种改良、关键技术提升、病虫害绿色防控等方面开展了一系列工作，但效果并不显著。"十三五"期间，我们改变工作思路，利用国家荔枝龙眼产业技术体系这个重要的科研平台，积极加强与育种功能研究室的对接，在龙眼品种改良岗位专家郑少泉研究员的帮助下，共同探索出泸州龙眼产业振兴的"泸州模式"。"泸州模式"在找准产业存在的主要问题、合理制定产业振兴的方案、科学开展品种区域性试验、打造高标准龙眼示范园、全面推动泸州龙眼品种改良等方面做了大量工作。现将"泸州模式"介绍如下。

（1）找准产业存在的主要问题。一个产业的发展，或多或少都会遇到一些问题。在进入国家体系之前泸州龙眼产业的问题很多，如品种不能满足市场需要、规模化程度不高、组织化程度低、产品商品化处理数量少、产业化经营水平低、果品集中上市销售困难等。总之，品质差、效益差、管理差让泸州龙眼产业发展进入一个恶性循环。龙眼品种改良团队和泸州综合试验站通过调查、推理、研究得出解决泸州龙眼产业问题的关键是解决品种问题，这对提高品质、增加效益、提升品牌等都至关重要。

（2）合理制定产业振兴的方案。找准产业存在的主要问题后，龙眼品种改良团队、泸州综合试验站与泸州市、县（区）农业技术推广部门一起因地制宜，共同制定了泸州龙眼产业振兴的方案。根据方案，龙眼品种改良团队将向

郑少泉研究员参加泸州桂圆评优会

泸州提供多个不同熟期的龙眼新品种用于区域化试验，并全程提供技术指导和专业人才培养等工作。泸州综合试验站将提供区试基地，用于规范化开展龙眼区试试验，从中筛选出适宜泸州发展的龙眼新品种，召开新品种现场展示和推介会等工作。泸州市、县（区）农业技术推广部门负责全市龙眼新品种规划、技术培训会的组织和龙眼高接换种的推进。郑少泉研究员在方案的必要性、科学性、可行性等方面倾注了大量心血，使泸州龙眼产业振兴得以顺利推进。

（3）**科学开展品种区域性试验**。龙眼新品种区域试验在泸州综合试验站示范园中进行，砧木大小基本一致，定植规范，树势健壮。11个参试品种采用随机分组方式进行分组，每组中每个品种嫁接5株树，以泸州当地的良种蜀冠和泸丰1号作为对照，试验重复3次。参试品种在嫁接后第二年均已全部开花结果，通过从嫁接亲和性、适应性、丰产性和果实品质等方面进行综合评价，筛选出宝石1号、高宝、福晚8号、榕育8号等综合性状优良、发展前景较大的新品种。此外，在龙眼区试基地召开新品种展示现场会3场，新品种以果大、可食率高、可溶性固形物含量高而得到消费者的青睐和领导的认可。新品种的引育和筛选燃起了泸州龙眼产业振兴的希望之火，为政府相关领导决策提供了科学依据。

郑少泉研究员冒雨到泸县培训

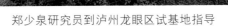

郑少泉研究员到泸州龙眼区试基地指导

（4）**打造高标准龙眼示范园。**泸县是中国晚熟龙眼之乡，先后获得1996年和2004年农业部南亚热带作物名优龙眼基地、2006年中国优质果品基地和2010年全国供销合作社桂圆标准化示范基；泸县龙眼荣获2002年四川·中国西部农业博览会名优农产品、2009年全国名优果品（西安）展评会中国名优果品金质奖、2010中国特色农产品博览会金奖和2012年第十届中国国际农产品交易会金奖等多项荣誉。在郑少泉研究员的建议和指导下，泸州市将在泸县建设"泸州市现代农业园区晚熟龙眼示范园"，按照高标准、高科技、经济实用、高效益的基本原则，以市场为导向，充分利用和发挥地理位置和环境优势，采用智能化、绿色生产建立品种、科研、培训、观光为一体的核心示范园，打造成为国家产业技术体系晚熟龙眼示范基地、国家水果改良龙眼分中心（泸州示范基地）、晚熟龙眼优势区域中心（核心示范园）以及专家工作站。为促进泸县龙眼产业发展创建"国家龙眼产业示范区和产业园"，提供可靠保证。

图例：
1. 园区大门
2. 新建多功能建筑
3. 展示广场
4. 生产小道
5. 规划道路
6. 景观廊架
7. 植物围挡
8. 沿主要道路雨水花园

晚熟龙眼示范园规划与建设示意图

（5）**全面推动泸州龙眼品种改良。**从选定发展的品种到品种改良全面展开，还有许多的工作要开展，比如资金落实、基地选择、接穗供应、嫁接手培养等。这时候郑少泉研究员团队又站出来了，他们提供完了品种，又提供技术；协调完了接穗，又协调嫁接手；指导完了农技人员，又指导农户……是他们团队和泸州综合试验站与政府职能部门一起有效推动了泸州龙眼品种改良的进程。其中，仅在嫁接手培训上就精心组织了5场专题技术培训会，从技术指导到操练再到考核，均经过郑少泉研究员的严格把关，最后从200多位学员中筛选出了47位合格的嫁接手。事实证明，这种宁缺毋滥的选拔方式在泸州龙眼品种改良上发挥了重要作用，通过郑少泉研究员培训和考核的嫁接手嫁接的品种成活率高、长势喜人。2019年泸州市龙眼品种改良1 500余亩，2020年龙眼品种改良达到3 000亩，可见泸州龙眼品种改良工作已在泸州市全面展开，并将带动整个产业的提档升级。

郑少泉研究员在江阳区培训嫁接手

泸州龙眼产业振兴已经迈出坚实的步伐，相信这个产业是一个具有特色而又充满希望的产业。而在产业振兴的过程中，我们感谢郑少泉研究员及其团队做出的努力，他们不仅把泸州龙眼产业带上了正轨，还为龙眼产业安装了"助推器"。郑少泉研究员等人打造的"泸州模式"不仅有利于泸州龙眼产业振兴，还将为全国龙眼产业发展提供参考。习近平总书记在十九大报告中表示，乡村振兴就是要产业振兴。习近平总书记指出，农业、农村、农民问题是关系国计民生的根本性问题，必须始终把解决"三农"问题作为全党工作的重中之重。而郑少泉研究员就在产业振兴这条道路上，做了许多有益的工作。

有人说他是我见过的最负责的培训老师，在技术上来不得半点虚假；有人说他是我见过的最较真的老师，连枝剪接穗的剪口都有要求；有人说从来没见过他这种嫁接培训还分科目进行考核，但他这种培训方式真的很管用；有人说初次见他，觉得他是一个只会理论而不会嫁接的老师，再次见他觉得他不仅仅是一个会嫁接的老师，还是一个有担当、各项技术水平都很高的老师。

这些都是参加培训的学员对郑老师最真实的评价。

（泸州市农业科学研究院供稿）

2020年6月

（二）媒体报道

1. 泸州市2020年龙眼良种高接换种3 000亩

福建省农业科学院院网，2020年3月17日，人民网—四川频道，2020年3月15日

2020年3月14日，泸州市2020年龙眼良种高接换种示范项目在泸县海潮镇红合村龙眼基地正式启动。参会人员现场观摩龙眼多枝组嫁接技术。

"计划在2020年4月中旬完成嫁接工作，10月进行嫁接验收，圆满完成2020年龙眼良种高接换种3 000亩目标任务。"泸州市农业农村局负责人介绍。

2020年，按照集中连片推进，一镇一品的布局，全市龙眼良种高换3 000亩。其中，泸县2 000亩、江阳区600亩、龙马潭区400亩。高接换种主要品种为2019年嫁接成活率较高、适应性较好的品种，重点发展宝石1号、高宝、福晚8号、福晚9号等品种，高接换种工作涉及江阳区黄舣镇、龙马潭区胡市镇和泸县海潮镇、潮河镇、牛滩镇、太伏镇、云龙镇等7个镇。

"我们与泸州共同签订了共创晚熟龙眼优势区域合作协议，我们将把品种、技术等更多的成果带到泸州进行转化，为泸州晚熟龙眼产业发展作出贡献。"国家荔枝龙眼产业技术体系龙眼育种岗位科学家、福建省农业科学院郑少泉研究员实地考察后表示。

在福建省农业科学院的大力支持下，从2019年3月23日开始启动龙眼良种高接换种，历时25天，共高接换种龙眼树2.4万余株，示范面积1 512亩，超计划512亩，建成泸县海潮红合村、江阳区黄舣镇罗湾村、龙马潭区特兴镇桐兴村等高接换种示范园8个，引进宝石1号、高宝、翠香、福晚8号等新品种10个，按照一镇一品重点布局品种6个。

通过龙眼良种高换项目的实施，泸州创造了很多成果，在全国龙眼高接换种中挖砧嫁接法在泸州首次应用，并得到国家荔枝龙眼产业技术体系同行专家认可；按照一镇一品布局，做到单一品种的规模化生产，树立龙眼良种高接换种示范典范；引进品种高宝、翠香、宝石1号、福晚8号等全国领先，将泸州

龙眼熟期延长1个多月；通过系统专业培训与考核，建立了一支泸州自己的嫁接团队。

（曾佐然）

整理：福建省农业科学院果树研究所黄雄峰

链接：http://www.faas.cn/cms/html/fjsnykxy/2020-03-17/1399516173.html

2. 2020年泸州市龙眼良种高接换种示范项目启动仪式在泸县举行

泸州市人民政府，2020年3月17日

2020年3月14日，2020年泸州市龙眼良种高接换种示范项目启动仪式在泸县海潮镇红合村举行。泸州市副市长薛学深出席会议，泸州市农业农村局局长李仁军主持会议，泸副县长先泽平为启动仪式致辞。泸州市农业农村局、泸州市农业科学院、泸县农业农村局、泸县财政局、太伏镇等相关单位（部门）人员参加启动仪式。

会议安排部署了泸州市2020年龙眼良种高接换种工作；现场颁发嫁接手上岗证，发放嫁接分队队旗；国家荔枝龙眼产业技术体系龙眼育种岗位科学家、福建省农业科学院郑少泉研究员现场讲授了嫁接要点。

薛学深强调，龙眼产业是助农增收的特色产业，为泸州市的经济社会发展作出了很大贡献，各区（县）要加强技术指导，尤其是病虫防治、抹除砧芽、包裹树干等技术管理工作必须由专业队伍进行统防统治统管，确保龙眼良种高接换种项目顺利实施；要在安全生产前提下，抓好良种高接换种示范项目建设工作，提升龙眼产业发展水平，推动龙眼产业提档升级，为促进农民增产增收奠定坚实基础。

链接：http://www.luzhou.gov.cn/xw/qxdt/content_683183

3.四川泸州：龙眼良种高接换种探索"泸州模式"

学习强国APP 四川学习平台，2020年3月20日

"嫁接手要对整片果园全部划线，一是部位尽量矮，二是高低错落有致，三是东西南北分布均匀；按划线要求专业锯桩；锯砧后，树枝、枝干固定摆放，及时清理出园……"2020年3月14日，在四川省泸州市泸县海潮镇举办的2020年泸州市龙眼良种高接换种示范项目启动仪式上，国家荔枝龙眼产业技术体系岗位科学家、福建省农业科学院果树首席专家郑少泉手把手地指导果农嫁接手。

嫁接手锯掉一部分较高的枝干，以便高接换种嫁接良种
（简放鹏 摄）

（1）**解决龙眼丰产不丰收的问题**。泸州市是晚熟龙眼种植的传统优势区。经过多年发展，全市龙眼面积近30万亩，常年产量8万余t，面积、产量均占四川省90%以上，已成为我国西部最大的龙眼供应区和晚熟优质龙眼种植基地，龙眼产业成为泸州市助农增收的重要特色产业之一。但是，泸州市龙眼品种杂乱、结构不合理、产期过度集中等问题制约了龙眼产业的健康发展。近年来，泸州市龙眼丰产不丰收，有的龙眼如小手指头大的，每千克售价不到4元，严重挫伤果农积极性，龙眼产业亟待提档升级。

对此，泸州市委、市政府专题研究龙眼产业品种结构调整事宜，认为在品种引进、高接换种技术和农民意愿上都已具备充分条件，要求泸州市农业农村局尽快开展龙眼良种高接换种示范。

2020年，泸州市在总结2019年龙眼良种高接换种经验与做法基础上，计划全市共高接换种龙眼3 000亩，包括泸县2 000亩，江阳区600亩，龙马潭区400亩，以此示范带动全市龙眼产业发展。

（2）**商品果率提高15%，亩产值提高6 200元**。本次龙眼良种高换示范项目的实施，依托了福建省农业科学院品种和技术资源。福建省农业科学院是全国龙眼研究最具权威和实力的科研单位，建有国家龙眼资源圃，龙眼育种成效突出，龙眼生产技术领域研究居于全国前列。

本次高接换种品种均为福建省农业科学院自主知识产权的新品种，主要包括中晚熟种的宝石1号、翠香，晚熟种的高宝、福晚8号，特晚熟种的冬香、福晚9号等，成熟期从9月中旬至11月中旬。

　　泸州市农业农村局农业技术推广研究员陈伟长期关注龙眼新品种的引进种植。陈伟告诉记者，以高宝为例，在泸州市已引种观察近5年时间，其成熟时间为9月下旬至10月上旬，单果重18g，果味甜，肉质嫩脆，不流汁，可食率达71%。与泸州市现有龙眼品种相比，高宝品质更优、单果更大，丰产性好。2019年，高宝的市场价格每千克40元左右，供不应求；还有福晚8号，2019年在全省市（州）长特色农产品推介会上亮相，受到消费者喜爱。这些引种的新品种小果少、畸形果少，加之品质好，所以商品果率高。

　　对于商品果率提高的好处，泸州市农业农村局经济作物站站长黎秋刚算了一笔账：泸州市2020年龙眼良种高接换种共实施3 000亩，高接换种前的龙眼每千克售价4元，亩产值可达2 200元。龙眼高接换种投产后，由于品质提高，商品果率可提高15%，每千克按照12元计算，亩产值可达到8 400元。龙眼高接换种后，亩产值增加6 200元。3 000亩龙眼投产后，年产值可增加1 860万元。同时，带动泸州全市龙眼高接换种种良种率达到70%，新增产值将达12.4亿元，市场前景广阔。

　　（3）**专业培训100多名嫁接手保障高接换种开展。**为了推进泸州市龙眼良种高接换种示范项目，泸州市农业农村局制定了龙眼良种高接换种示范项目实施方案，成立了龙眼高接换种工作组。各区县和项目乡镇出成立了工作组，落实专人负责项目实施。

　　从2018年开始到目前，泸州市邀请了专家郑少泉组织的团队开展了10期嫁接手培训，参训人员718人，培训嫁接手316人。2019年，已有47名嫁接手成为泸州市龙眼高接换种骨干。2020年的培训在此基础上，又筛选出嫁接培训基本通过的人员60余人，继续进行项目实施前实地操作培训。考核过关的嫁接手，发给项目实施嫁接手上岗证，为龙眼良种高接换种示范项目提供兵强马壮的队伍。

　　同时，为了保证2020年龙眼高换示范效果，在2019年的基础上，泸州市扩大示范面积，按照"一镇一品"布局，重点在泸县海潮、潮河、太伏、云龙、牛滩，江阳区黄舣，龙马潭胡市等乡镇建设示范园，并以村资产公司或专合社作为实施主体，有组织地开展龙眼良种高接换种，以确保高接换种的顺利实施。

　　（4）**"泸州模式"受到专家肯定专家。**郑少泉先后到过泸州10次，对泸州的龙眼产业发展情况比较了解。郑少泉观察到，泸州龙眼种植历史悠久，上百年生古树随处可见，更有张坝桂圆林这样原生古树品种资源。泸州市龙眼面积30余万亩，是全国最大的晚熟龙眼生产基地。特别是泸州气候独特，冬无冻害，具有发展晚熟龙眼产业得天独厚的优势。

郑少泉告诉《泸州日报》记者，泸州市委、市政府重视龙眼良种高接换种，把其作为一项助农增收的重点工作来抓，从市、县、乡镇到村上下联动，从嫁接人员的培训，品种的安排、穗条的组织等方面，均建立了完整的机制，推进龙眼良种高接换种。如此，泸州龙眼产业将成为助农增收推进乡村振兴的支柱产业。

在采访中，郑少泉多次提到龙眼良种高接换种的"泸州模式"。在郑少泉的眼里，该模式就是通过龙眼良种高接换种项目的实施，创造了很多成果：在全国龙眼高接换种中挖砧嫁接法在泸州首次应用，并得到国家荔枝龙眼产业技术体系同行专家认可；按照"一镇一品"布局，做到单一品种的规模化生产，树立龙眼良种高接换种示范典范；引进品种高宝、翠香、宝石1号、福晚8号等优良品种，将泸州龙眼熟期延长1个多月；通过系统专业培训与考核，泸州建立了一支技术水平较高的嫁接团队。

据了解，2019年的3月23日，泸州市开始启动龙眼良种高接换种，当时历时25天，共高接换种龙眼树2.4万余株，示范面积1 512亩，超计划512亩，建成泸县海潮红合村、江阳区黄舣镇罗湾村、龙马潭区特兴镇桐兴村等高接换种示范园8个，引进宝石1号、高宝、翠香、福晚8号等新品种10个，按照"一镇一品"重点布局品种6个。从近期调查情况来看，这些龙眼嫁接成活率高，长势喜人，平均嫁接高接换种成活率54.15%，成株率75.43%，最长抽梢超过1.5m，部分新梢分枝已达10余个，2020年可挂果或采摘接穗。

（作者简放鹏）

链　接：https://article.xuexi.cn/articles/index.html?art_id=15698703525718500342&t=1584681852610&study_style_id=feeds_default&showmenu=false&pid=&ptype=-1&source=share&share_to=wx_single&from=groupmessage

4. 泸州市2020年龙眼良种高接换种3 000亩

四川农村日报，2020年3月16日；福建省农业科学院院网，2020年3月17日

2020年3月14日，泸州市2020年龙眼良种高接换种示范项目在泸县海潮镇红合村龙眼基地正式启动。参会人员现场观摩龙眼多枝组嫁接技术。

"计划在2020年4月中旬完成嫁接工作，10月进行嫁接验收，圆满完成2020年龙眼

良种高接换种3 000亩目标任务。"泸州市农业农村局负责人介绍。

2020年，按照集中连片推进，一镇一品的布局，全市龙眼良种高接换种3 000亩。其中，泸县2 000亩、江阳区600亩、龙马潭区400亩。高接换种主要品种为2019年嫁接成活率较高、适应性较好的品种，重点发展宝石1号、高宝、福晚8号、福晚9号等品种，高接换种工作涉及江阳区黄舣镇、龙马潭区胡市镇和泸县海潮镇、潮河镇、牛滩镇、太伏镇、云龙镇等7个乡镇。

"我们与泸州共同签订了共创晚熟龙眼优势区域合作协议，我们将把品种、技术等更多的成果带到泸州进行转化，为泸州晚熟龙眼产业发展作出贡献。"国家荔枝龙眼产业技术体系龙眼育种岗位科学家、福建省农业科学院郑少泉研究员实地考察后表示。

在福建省农业科学院的大力支持下，从2019年3月23日开始启动龙眼良种高接换种，历时25天，共高接换种龙眼树2.4万余株，示范面积1 512亩，超计划512亩，建成泸县海潮红合村、江阳区黄舣镇罗湾村、龙马潭区特兴镇桐兴村等高接换种示范园8个，引进宝石1号、高宝、翠香、福晚8号等新品种10个，按照"一镇一品"重点布局品种6个。

通过龙眼良种高接换种项目的实施，泸州创造了很多成果：挖砧嫁接法在全国龙眼高接换种中在泸州首次应用，并得到国家荔枝龙眼产业技术体系同行专家认可；按照"一镇一品"布局，做到单一品种的规模化生产，树立龙眼良种高接换种示范典范；引进品种高宝、翠香、宝石1号、福晚8号等，将泸州龙眼熟期延长1个多月；通过系统专业培训与考核，建立了一支泸州自己的嫁接团队。

整理：福建省农业科学院果树研究所黄雄峰

链接：http://www.faas.cn/cms/html/fjsnykxy/2020-03-17/1758338990.html

5. 泸州市2020年龙眼良种高换3 000亩 涉及7个乡镇

福建省农业科学院院网，2020年3月25日；川南在线，2020年3月15日

2020年3月14日，泸州市2020年龙眼良种高换示范项目在泸县海潮镇红合村龙眼基地正式启动。参会人员现场观摩龙眼多枝组嫁接技术。

"计划在2020年4月中旬完成嫁接工作，10月进行嫁接验收，圆满完成2020年龙眼良种高接换种3 000亩目标任务。"泸州市农业农村局负责人介绍。

2020年，按照集中连片推进，一镇一品的布局，全市龙眼良种高接换种3 000亩。其中，泸县2 000亩、江阳区600亩、龙马潭区400亩。高接换种主要品种为2019年嫁接成活率较高、适应性较好的品种，重点发展宝石1号、高宝、福晚8号、福晚9号等品种，高接换种工作涉及江阳区黄舣镇、龙马潭区胡市镇和泸县海潮镇、潮河镇、牛滩镇、太伏镇、云龙镇等7个乡镇。

"我们与泸州共同签订了共创晚熟龙眼优势区域合作协议，我们将把品种、技术等更多的成果带到泸州进行转化，为泸州晚熟龙眼产业发展作出贡献。"国家荔枝龙眼产业技术体系龙眼育种岗位科学家、福建省农业科学院郑少泉研究员实地考察后表示。

在福建省农业科学院的大力支持下，从2019年3月23日开始启动龙眼良种高接换种，历时25天，共高接换种龙眼树2.4万余株，示范面积1 512亩，超计划512亩，建成泸县海潮红合村、江阳区黄舣镇罗湾村、龙马潭区特兴镇

桐兴村等高换示范园8个，引进宝石1号、高宝、翠香、福晚8号等新品种10个，按照一镇一品重点布局品种6个。

通过龙眼良种高换项目的实施，泸州创造了很多成果，在全国龙眼高接换种中泸州首次应用挖砧嫁接法，并得到国家荔枝龙眼产业技术体系同行专家认可；按照一镇一品布局，做到单一品种的规模化生产，树立龙眼良种高接换种示范典范；引进品种高宝、翠香、宝石1号、福晚8号等新品种，将泸州龙眼熟期延长1个多月；通过系统专业培训与考核，建立了一支泸州自己的嫁接团队。

（曾佐然摄影报道）

整理：福建省农业科学院果树研究所黄雄峰

链接：http://www.faas.cn/cms/html/fjsnykxy/2020-03-25/267543353.html

6.四川泸州：2020年龙眼良种高接换种3 000亩

封面新闻，2020年3月16日 11:18

泸州市2020年龙眼良种高接换种示范项目，在泸县海潮镇红合村龙眼基地启动，全市龙眼良种高接换种3 000亩拉开序幕。

"计划在2020年4月中旬完成嫁接工作，10月进行嫁接验收，圆满完成2020年龙眼良种高接换种3 000亩目标任务。"泸州市农业农村局负责人介绍，2020年，泸州按照"一镇一品"的布局，集中连片推进，全市龙眼良种高接换种3 000亩。其中，泸县2 000亩、江阳区600亩、龙马潭区400亩。高接换种主要品种为2019年嫁接成活率较高、适应性较好的品种，重点发展宝石1号、高宝、福晚8号、福晚9号等品种，高换工作涉及江阳区黄舣镇、龙马潭区胡市镇和泸县海潮镇、潮河镇、牛滩镇、太伏镇、云龙镇等7个乡镇。

"我们与泸州共同签订了共创晚熟龙眼优势区域合作协议，我们将把品种、技术等更多的成果带到泸州进行转化，为泸州晚熟龙眼产业发展作出贡献。"

国家荔枝龙眼产业技术体系育种岗位科学家、福建省农业科学院郑少泉实地考察后表示。

据悉，2019年在福建省农业科学院的大力支持下，泸州共高接换种龙眼树2.4万余株，示范面积1 512亩，超计划512亩，建成泸县海潮红合村、江阳区黄舣镇罗湾村、龙马潭区特兴镇桐兴村等高换示范园8个，引进宝石1号、高宝、翠香、福晚8号等新品种10个，按照"一镇一品"重点布局品种6个。

（曾佐然、王元正，编辑曹菲）

链接：https://m.thecover.cn/news_details.html?id=3817439&channelId=0

7.2020年泸州市龙眼良种高换示范项目启动仪式在泸县举行

中国农业信息网，2020年3月16日；福建省农业科学院院网，2020年4月2日

2020年3月14日，2020年泸州市龙眼良种高接换种示范项目启动仪式在泸县海潮镇红合村举行。泸县副县长先泽平到会致辞，泸州市副市长薛学深出席会议，泸州市农业农村局局长李仁军主持会议。

此次会议安排布置了泸州市2020年龙眼良种高接换种工作；现场颁发嫁接手上岗证，发放嫁接分队队旗；国家荔枝龙眼产业技术体系龙眼育种岗位科学家福建省农业科学院郑少泉研究员现场讲授嫁接要点；参会人员观摩龙眼分枝组嫁接会场。

薛学深强调，龙眼产业是助农增收的特色产业，为泸州市的经济社会发展作出了很大贡献，各区（县）要加强技术指导，尤其是病虫防治、抹除砧芽、包裹树干等技术管理工作必须由专业队伍进行统防统治统管，以确保龙眼良种高接换种项目的完全顺利实施；要在安全生产前提下，抓好良种高接换种示范项目建设工作，提升龙眼产业发展水平，推动龙眼产业提档升级，为促进农民增产增收奠定坚实的基础。

先泽平在致辞时谈到了泸县龙眼产业的优势及现状，同时汇报了泸县2020年的龙眼良种高接换种规划目标。

参加此次会议的还有泸州市农业农村局、泸州市农业科学院、泸县农业农村局、泸县财政局、泸县太伏镇等相关人员。

整理：福建省农业科学院果树研究所黄雄峰

链接：http://www.faas.cn/cms/html/fjsnykxy/2020-04-02/1161543758.html

8.岗位科学家指导泸州市龙眼良种高接换种工作

泸州农业，2020年5月11日

2020年5月9—10日，国家荔枝龙眼产业技术体系岗位科学家、福建省农业科学院果树首席郑少泉研究员、国家荔枝龙眼产业技术体系岗位科学家、广西农业大学潘介春教授等一行莅泸指导泸州市龙眼良种高接换种。

郑少泉研究员等一行先后深入江阳区黄舣镇，龙马潭区胡市镇、特兴镇，泸县云龙镇、海潮镇、潮河镇等龙眼良种高接换种示范基地，认真查看了2020年龙眼高接换种成活情况和2019年高接换种生长情况。专家一行认为泸州市龙眼2020年生产形势好，成花率高，将获得很好的收成。同时，2019年高接换种的新品种长势好，2020年将试花挂果，而今年开展的龙眼高接换种管理到位，成活率高。为进一步提升接后管理水平，专家一行还将为泸州市开展系统的管理技术培训。

国家荔枝龙眼产业技术体系泸州综合试验站站长李于兴，相关区县农业农村局技术人员陪同调研。

链 接：http://mp.weixin.qq.com/s?__biz=MzI4ODAzMDcyOQ==&mid=2650921252&id
x=1&sn=0d878c6e9a0b2263459904945e2432ff&chksm=f031d042c746595443c5157355245
65183516adafc6352fa1490df258a369f5de44e5dc2bb28&mpshare=1&scene=24&srcid=&sharer_
sharetime=1589237180900&sharer_shareid=699073739a71cf82f1fd35497460e9b3#rd

9.泸州：龙眼管护技术服务精准到位，为产业发展保驾护航

泸州农业，2020年5月12日

2020年5月11日，泸州市2020年龙眼春季栽培管理技术培训会在泸县海潮镇举行。国家荔枝龙眼产业技术体系岗位科学家、福建省农业科学院果树首席专家郑少泉研究员，国家荔枝龙眼产业技术体系岗位科学家、广西大学园艺学院潘介春教授，福建省农业科学院邓朝军副研究员，国家荔枝龙眼产业技术体系泸州综合试验站站长李于兴及团队成员，泸州市经济作物站及相关区县经作站负责人、技术骨干，龙眼良种高接换种示范项目实施乡镇分管领导、农业技术推广站站长、种植大户共80余人参加培训会。

根据调查结果，专家团队认真分析泸州市龙眼当前生产情况，梳理存在问题，有针对性地进行讲解。郑少泉研究员分析了2020年全国龙眼生产形势，采用图片形式系统讲解了良种高接换种中存在的问题和接后管理技术以及龙眼生产中的注意事项。潘介春教根据泸州市龙眼成花情况，提出2020年重点是即要保证龙眼品质，又要确保明年收成，系统讲解了龙眼疏花疏果技术、轮换结果技术和当前管理重点工作。邓朝军副研究员就龙眼高光效树形培养进行专题培训。国家产业技术体系泸州综合试验站站长李于兴对当前生产管理工作进行强调。

为更直观地学习和掌握龙眼高接换种及春季管理核心技术，专家们采用理论与生产实际相结合的方式，将培训会搬进基地，手把手现场传授疏花疏果、树形培养、土壤管理、引水枝修剪等技术，确保技术员和种植大户能正确判断穗条嫁接成活，花穗处理及引水枝、萌蘖枝的去留，再通过技术人员和种植大户指导和带动周边农户进行高接换种树和结果树的管理。

据悉，2020年沿海龙眼受前期低温阴雨的影响，龙眼将出现减产，而泸

州市龙眼成花率高，花质好，龙眼花期气候条件好，有望取得历史上的大丰收。为避免出现丰产不丰收，龙眼销售难等现象，泸州市农业农村局提早谋划，通过推广疏花（序）技术解决穗小、果小、品质差问题，提升龙眼品质，通过推广轮换结果技术，解决大小年结果现象的问题，力争丰产增收。

（泸州市经济作物站供稿）

链　接：http：//mp.weixin.qq.com/s?__biz=MzI4ODAzMDcyOQ==&mid=2650921275&idx=1&sn=7e09115f930ea26eb651dca6e8e25ae5&chksm=f031d05dc746594b69a03ae98311192cb66c8b9073bd211924eb6c09c54954205ddab7b4a892&mpshare=1&scene=24&srcid=&sharer_sharetime=1589465785718&sharer_shareid=699073739a71cf82f1fd35497460e9b3#rd

10.首席专家助力泸州经作站试验园建设 保障柑橘产业健康发展

泸州农业，2020年5月14日

2020年5月13日，国家荔枝龙眼产业技术体系岗位科学家、福建省农业科学院果树首席专家郑少泉研究员、邓朝军副研究员一行到泸州市经济作物站试验园交流指导。

郑少泉研究员结合丰富的荔枝龙眼试验园管理经验，就柑橘试验园建设进行探讨交流，分别对密闭果园管理、弱树更新复壮、结果树轮枝修剪进行了指导，通过两大果树产业体系试验园管理经验的交流互动，为泸州市经济作物站试验园新的试验方向提供有力支撑，助推泸州市柑橘产业健康发展。

（泸州市经济作物站李小孟）

链　接：http：//mp.weixin.qq.com/s?__biz=MzI4ODAzMDcyOQ==&mid=2650921332&idx=3&sn=f6fc9d68cfc2bd4864fee0ff32a75c50&chksm=f031d012c746590407d503be3ace3d6adde656698e218c8d7873d2700268b1120061564673fa&mpshare=1&scene=1&srcid=&sharer_sharetime=1589502331953&sharer_shareid=b8e6580b7d710e5bb16d41d3c11ab7b4#rd

11.抓亮点，做示范，把先进技术写在大地上

泸州农业，2020年5月14日

2020年5月12日，为推进龙眼生产管理和接后管理技术的落地落实，国家荔枝龙眼产业技术体系岗位科学家、福建省农业科学院果树首席专家郑少泉研究员，国家荔枝龙眼产业技术体系岗位科学家、广西大学园艺学院潘介春教授，福建省农业科学院邓朝军副研究员以及泸州市经济作物站，龙马潭区经济作物站技术人员一行深入龙马潭区特兴镇桐兴村、金龙镇雪骡村龙眼示范基地，现场示范龙眼生产管理技术，并重点培育种植大户，打造管理示范亮点，让果农可看、可学、可做。

2019年特兴镇桐兴村高接换种龙眼新品种翠香200亩，因管理到位，成活后生长较好，2020年普遍开花。但由于2019年嫁接成活，树体长势还不够完全承担开花结果，如果过多结果，将会严重影响树体生长和2021年结果。为此，泸州市区经济作物站组织桐兴村果农30余人，观摩专家们现场演示接后管理技术，学习花穗处理、引水枝的去留、水肥管理等，既保证2020年可品尝到新品种，又保证接后的正常生长，确保2021年正常挂果。

金龙镇雪骡村何先海龙眼园，是泸州市主要品种蜀冠较为集中成片和规范的果园，2020年全园成花。专家们根据果园情况，开展疏花疏果、轮行结果、轮枝结果和肥水管理等先进技术的示范，把这个果园打造成为新技术集成，成为大家看得见、学得会的示范果园，为龙眼管理提供示范样板。

（泸州市经济作物站）

链　接：http://mp.weixin.qq.com/s?__biz=MzI4ODAzMDcyOQ==&mid=2650921332&id

x=1&sn=d39c3ce9ea4d21e742d9c9262e32c212&chksm=f031d012c7465904da4a3159b76327
82511512133923b214f92c1e101780125da1bead8c884c&mpshare=1&scene=1&srcid=&sharer_
sharetime=1589502356577&sharer_shareid=b8e6580b7d710e5bb16d41d3c11ab7b4#rd

12.为泸州龙眼产业发展保驾护航——春季栽培管理技术培训

福建省农业科学院院网，2020年5月18日

2020年5月9—10日，国家荔枝龙眼产业技术体系岗位科学家、福建省农业科学院果树首席专家郑少泉研究员，国家荔枝龙眼产业技术体系岗位科学家、广西农业大学潘介春教授，福建省农业科学院果树研究所邓朝军副研究员、许奇志农艺师等组成专家团队先后深入江阳区黄舣镇，龙马潭区胡市镇、特兴镇，泸县云龙镇、海潮镇、潮河镇等龙眼良种高接换种示范基地，认真查看了2020年龙眼高接成活情况和2019年高接生长情况。泸州龙眼2020年生产形势好，成花率高，将获得很好的收成，同时，2019年高接的新品种长势好，2020年将试花挂果，2020年开展的龙眼高接管理到位，成活率高。

2020年5月11日根据调查结果，专家团队认真分析泸州龙眼当前生产情况，梳理存在问题，有针对性地进行讲解。郑少泉研究员分析了2020年全国龙眼生产形势，采用图片形式系统讲解了良种高接换种中存在的问题和接后管理技术以及龙眼生产中的注意事项。潘介春教授根据泸州市龙眼成花情况，提出2020年重点是既要保证龙眼品质，又要确保2021年收成，系统讲解了龙眼疏花疏果技术、轮换结果技术和当前管理重点工作。邓朝军副研究员就龙眼高光效树形培养进行专题培训。国家产业技术体系泸州综合试验站站长李于兴对当前生产管理工作进行强调。下午，专家团队将培训会搬进基地，手把手现场传授疏花疏果、树形培养、土壤管理、引水枝修剪等技术。

2020年5月12日，为推进龙眼生产管理和接后管理技术的落地落实，专家组

深入龙马潭区特兴镇桐兴村、金龙镇雪骡村龙眼示范基地，现场示范龙眼生产管理技术，并重点培育种植大户，打造管理示范亮点，让果农可看、可学、可做。

（福建省农业科学院果树研究所 邓朝军）

链接：http://www.faas.cn/cms/html/fjsnykxy/2020-05-18/672393944.html

13. 泸州：克服传统种植"大小年"，解决"甜蜜的负担"

四川观察 乡村直播间，2020年5月25日（电视）

链　接：https://kscgc.sctv.com/sctv/lookback/3673/2020/05/22/20200522_shared.html?programmeUrl=https://fscgc.sctv.com/NewsTV/2020/05/22/xczbj2020052204.mp4&programmeTitle=%E6%B3%B8%E5%B7%9E%EF%BC%9A%E5%85%8B%E6%9C%8D%E4%BC%A0%E7%BB%9F%E7%A7%8D%E6%A4%8D%E2%80%9C%E5%A4%A7%E5%B0%8F%E5%B9%B4%E2%80%9D%EF%BC%8C%E8%A7%A3%E5%86%B3%E2%80%9C%E7%94%9C%E8%9C%9C%E7%9A%84%E8%B4%9F%E6%8B%85%E2%80%9D&programmeImage=https://kscgc.sctv.com/sctv/1/image/public/202005/20200522205449_coqqx0pm90.jpg&from=timeline&isappinstalled=0

14. 福建省农业科学院院长翁启勇到泸县调研龙眼产业工作

泸县农业农村局，2020年5月26日

2020年5月26日，福建省农业科学院院长翁启勇率队到泸县调研龙眼产业工作。泸州市长杨林兴、泸县县委书记肖刚、泸县县长曹阳等相关领导陪同。

调研组首先到海潮镇红合村龙眼产业基地与高接换种示范园实地查看，听取了泸县农业农村局局长王毅关于龙眼产业园区良种高接换种的建设内容及推进情况的汇报；了解了泸县龙眼产业发展的规模及优势；询问了泸县龙眼品种改良后的销售情况。随后调研组来到潮河镇宴美冷链物流公司，听取了泸县构建智慧冷链物流，助推产业发展的工作汇报，同时现场观看了公司冻库的运营情况。

调研组表示，泸县龙眼产业发展历史悠久，文化底蕴深厚，经济效益显著，希望双方加强合作交流，共同推进龙眼良种高接换种项目，通过调整产业品种结构，创建标准化示范园，以点带面，以面带片，有效推动泸县龙眼产业提档升级、提质增效。

链接：https://mp.weixin.qq.com/s/hNWMRyBxBF229E1QlkoKfQ

15.翁启勇院长一行赴四川泸州洽谈项目合作

福建省农业科学院院网，2020年5月28日

2020年5月25—27日，福建省农业科学院翁启勇院长一行赴四川泸州开展晚熟龙眼优势区域中心建设与全国熟龙眼优势区域新品种展示考察交流，洽谈项目合作事宜。

翁启勇院长一行在泸州市市长杨林兴、副市长薛学深等领导陪同下，实地考察了泸州龙马潭区龙眼高接换种示范园、泸县龙眼产业基地与高接换种示范园、江阳区龙眼产业基地、高接换种示范园等福建省农业科学院选育的龙眼新品种种植示范基地。2020年5月27日下午，在泸州市人民政府进行座谈交流，双方就如何创建晚熟龙眼优势区域中心，打造世界晚熟龙眼产业集群、筹备召开世界晚熟龙眼产业集群发布会等开展交流。

座谈会上，泸州市农业农村局局长李仁军介绍了泸州市农业农村情况，特别是晚熟龙眼生长在全球最北缘，全市种植面积达30多万亩，建有4 500多亩百年龙眼树的张坝林桂圆林，拥有百年龙眼树10 000多株，龙眼古树资源丰富。2019年，为促进我国晚熟龙眼品种更新换代，产业提档升级，将泸州建

成晚熟龙眼优势区域中心，推动全国晚熟龙眼优势特色产业高质量发展，福建省农业科学院与泸州市人民政府签订了共同创建"晚熟龙眼优势区域中心"框架协议。一年多来，福建省农业科学院果树研究所在泸县的潮河镇、海潮镇、云龙镇、太伏镇，龙马潭区的胡市镇、特兴镇，江阳区的黄舣镇等地高接换种5 012亩，示范推广龙眼新品种宝石1号、翠香、秋香（福晚8号）、冬香、醇香（福晚9号）、高宝、榕育8号（96-1）、榕育1号（96-68）、醉香（福晚10号）等9个新品种，为晚熟龙眼良种繁育与示范推广奠定了基础。同时开展龙眼大枝低位嫁接技术、高光效树形培养技术、轮枝（行）栽培技术、生草栽培技术、水肥灌溉技术等早结、优质、丰产、稳产、高光效生态栽培技术示范推

广。组织专家对种植户开展龙眼高接换种及新品种、新技术培训15场800多人次，培养出一批嫁接能手和管理骨干，对"泸州市现代农业园区晚熟龙眼示范园建设"提供咨询和建议，目前泸州晚熟龙眼优势区域中心建设已初具规模。

座谈会上，翁启勇院长就双方如何推进共建晚熟龙眼优势区域中心下阶段目标提出三点建议。一是院地双方凝聚目标，建设晚熟龙眼产业集群、打造百亿元龙眼产业，促进龙眼产业结构调整与产业升级；二是确定目标任务，在双方框架协议下，探讨共同建立"泸州晚熟龙眼产业研究院"，每年针对龙眼产业发展不同阶段制订工作方案，如建立标准化龙眼示范园，建立一镇一品，树立泸州龙眼品牌等；三是共同创造效益，通过院市合作，探索合作机制，共建龙眼产业研究院等，从品种、技术、人才等方面加强合作，共同推进泸州晚熟龙眼产业提升，为泸州农业带来社会、经济、生态效益。薛学深副市长

表示："一要进一步深化院市双方合作，探讨建立产业研究院合作模式；二要在延长龙眼全产业链上下功夫，通过新品种、新技术、品牌等推广，让晚熟龙眼价值实现最大化；三要共同打造和提升泸州桂圆的影响力，让世界了解泸州种植晚熟龙眼的悠久历史，促进泸州桂圆产业跨越发展。"泸州市副市长薛学深、泸州市农业农村局、龙马潭区、江阳区、泸县政府分管农业领导及泸州市农业科学研究院等专家参加座谈交流。

翁启勇院长一行还参观考察了泸州市农业科学研究院龙眼品种园、张坝林桂圆林、泸州合江现代荔枝产业园等。福建省农业科学院对外合作处、成果转化处、果树研究所主要负责人、果树首席专家等陪同参观调研。

（文／图福建省农业科学院成果转化处苏汉芳）

链接：http://www.faas.cn/cms/html/fjsnykxy/2020-05-28/318867733.html

16.深化院地合作，泸州晚熟龙眼产业向100亿的目标迈进

泸州农业，2020年5月29日

2020年5月26—27日，福建省农业科学院院长翁启勇及相关专家莅泸调研龙眼荔枝产业，并就2019年以来院地合作情况进行实地考察。泸州市委副书记、市长杨林兴，泸州市委常委、副市长吴燕晖，泸州副市长薛学深，泸州市政府秘书长曾平、副秘书长佘克明，泸州市农业农村局党组书记、局长李仁军等陪同。

翁启勇院长一行实地考察了江阳区、龙马潭区、泸县龙眼产业基地和合江县三江荔枝现代农业产业园区。专家们一致认为，泸州晚熟龙眼优势独特，产业基地规模大，泸州市委、市政府高度重视龙眼产业发展，龙眼品种结构调整力度大，新品种、新技术得到了很好应用和推广。

自2019年泸州市与福建省农业科学院开展院地合作以来，大力推进龙眼良种高接换种，先后引进了高宝、翠香、宝石1号、福晚8号等优新品种，龙眼品质更优、单果更大、丰产性更好、熟期更长，高接换种面积近5 000亩，龙眼高接换种成活率高，部分已开花挂果，示范效果较好，有力提振了专业合作社、果农的信心。

泸州市委副书记、市长杨林兴指出，泸州龙眼产业要积极发挥晚熟优势，进一步深化与福建省农业科学院合作，培育具有泸州独特的高品质龙眼品种体系，强化标准体系建设，增强行业自律，提升产品品质，延伸产业链条，培育龙头企业，不断提升泸州龙眼产业的知名度、美誉度和经济效益，全力打造100亿泸州晚熟龙眼产业集群。

　　座谈会上，专家组围绕院地合作以及泸州打造世界晚熟龙眼产业集群深入研讨，并达成合作共识。一是共同制定目标，加快推进龙眼良种高接换种，打造100亿泸州晚熟龙眼产业集群。二是共同制定任务，从示范园建设、龙眼加工、品牌宣传以及市场销售等方面拟定具体目标任务，制订实施方案，分工负责完成。三是共同创造效益，建立世界晚熟龙眼研究院，围绕社会效益、生态效益和经济效益开展工作，带动农户发展龙眼产业，实现致富奔康的目标。四是拟于8月底共同举办世界晚熟龙眼集群发布会，提升泸州晚熟龙眼市场影响力和知名度。会上，薛学深副市长对打造100亿泸州晚熟龙眼产业集群、进一步深化院地合作等作出具体安排部署。

（泸州市经济作物站供稿）

　　链接：https://mp.weixin.qq.com/s/oGMSRJ2fsT1usQLMaShwfg

三、云　南

（一）屏边苗族自治县党委政府、林草局和云南省农业科学院供稿

1.科技助农强信心，高枝嫁接致富苗——福建省农业科学院郑少泉团队助力屏边枇杷新品种嫁接纪实

"疫情期间大老远赶来，花了一天半时间，郑博士他们加班加点为我家5亩枇杷做了新品种嫁接。"回想起2020年4月初福建省农业科学院郑少泉博士为自家枇杷进行免费高枝嫁接的事，屏边苗族自治县新现镇新现村委会舍古冲村村民李子新感激不尽，指着嫁接砧木上翠绿的枇杷嫩芽说："6月1日郑博士又来指导了一次，枇杷成活率较高，现在已长出了新芽。"

自2013年来，枇杷产业作为屏边种植业"十百千"工程三大支柱产业之一，在全县范围内得到推广普及，种植面积近8万亩，高原特色农业产业稳定脱贫成果作用逐年显现。但是，由于品种杂乱、管理不善、品质下降，枇杷产业后劲不足。受新冠肺炎疫情的影响，加之2020年屏边遭遇两次罕见冰雹灾害，给枇杷种植农户带来了三重打击。

"依靠技术革命，以技术引领推动枇杷产业更新换代。"屏边苗族自治县委书记苏畅深度调研枇杷产业发展现状后，与福建省农业科学院果树首席专家、研究员郑少泉博士进行了交流对话。"屏边在全国枇杷种植产区中极具优势，其发展规模奠定了产业升级、农民增收的巨大潜力。"郑少泉博士说，"利用新培育的早中晚熟系列配套白肉大果品种，对现有枇杷进行改良，在助力今后屏边枇杷产业发展方面将大有裨益。"

在听完苏书记对全县屏边产业现状进行详细介绍后，郑博士提出了帮助屏边枇杷品种改良的技术建议，并克服新冠肺炎疫情的影响，带领国家荔枝龙眼产业技术体系专家组毅然而然奔赴屏边，为广大农户提供了国家级的产业技术支持，极大提振了广大群众种植枇杷产业的信心和决心。

抵达屏边后，专家组一行顾不上长途奔波劳累，马不停蹄地深入田间地头，开展以枇杷产业为重点的理论技术讲解、高接换种和技术实操培训等活动。此行，共为屏边改良枇杷品种73亩，嫁接龙眼13亩，并为广大种植群众进行了详细的枇杷幼苗定值和整形修剪示范指导。

"老品种口感较酸，价格波动大，嫁接后的新品种果形和口感都将得到大幅改观，并且是免费嫁接，农户们一听说都积极响应。"玉屏镇平田村委会平田小组的张绍明介绍，平田村作为嫁接示范点，51亩土地上改良嫁接了香妃、白雪早、三月白等10个新枇杷品种，涉及14户农户67人，其中建档户8户34人。

技术革新，离不开人才支撑。"嫁接后距离枇杷盛果期还有三四年时间，强化管护工作是关键。"2020年6月，郑博士一行不辞辛劳再次抵达屏边，一方面查看枇杷嫁接成活情况，一方面对农户再次进行技术强化，从培训学员中通过自愿报名的方式，选定了部分技术骨干，通过对技术骨干进行重点跟踪培训，技术骨干进行二次培训的形式，更好实现新技术纵向到底、横向到边的推广和普及。

"我家种植的25亩枇杷，除去种植成本，按每千克16元均价计算，正常年份有6万元左右的纯收入。"李子新站在自家枇杷地头算起了致富账，"改良后的枇杷肉厚、汁多、味道甜，每千克单价能卖到40元以上，加上延长了鲜果供应期，啧啧，收入不得不翻番了啊！"

看着玉屏镇平田村积极参与示范改良的14户农户，把枇杷账算得喜不自禁的李子新等，不得不感慨在郑博士团队的技术支持下，种植枇杷产业的甜头已经充分调动起当地群众种植的积极性，枇杷产业不仅成为屏边产业发展的靓丽"名片"，还成了带动群众脱贫致富的强力"引擎"。据统计，2019年，全县枇杷产量达2 999t，为建档立卡贫困户创收5 998万余元。

在6月的骄阳下，枇杷母本园示范基地内挖掘机轰隆作响，屏边整合涉农扶贫资金45万元建成面积24亩的枇杷母本园示范基地，蓄水池、沙砖路、工人管护房井然有序。"对已培植的12个品种、432株枇杷母树间距进行扩宽，避免果树叶冠生长开后交叉生长的现象。"屏边苗族自治县林业和草原局副局长钱良超说："枇杷树喜肥，幼苗期间每年施肥两三次，2020年4月至今已追施了20余吨农家肥。"在郑博士的技术支持下，通过新品种的引进培育、嫁接，以期实现对屏边枇杷品种的改良升级，优化产业结构，助力农户增收致富。

产业扶贫，是稳定脱贫的根本之策，是巩固脱贫成果防止返贫的关键措施和稳固群众就地就业的长远之计。作为云南省9个未脱贫摘帽县之一，确保剩余580户1 763人贫困人口全部达到脱贫退出标准，在攻克贫困最后堡垒的征程中，我们相信在郑博士等专家团队的倾力帮助下，屏边苗族自治县农业产业技术革命一定会加速转型升级，在不断巩固提高脱贫质量和成色的康庄大道上更加行稳致远。

（中共云南红河州屏边苗族自治县委宣传部供稿）

2020年6月

2.积极协调，主动配合共同探索适合枇杷产业发展的"屏边模式"

产业扶贫，是稳定脱贫的根本之策，是巩固脱贫成果防止返贫的关键措施和稳固群众就地就业的长远之计。自2013年起，枇杷产业作为屏边种植业"十百千"工程三大支柱产业之一，在全县范围内得到推广普及，种植面积大幅提升，高原特色农业产业带动脱贫作用显著。近年来，由于品种杂乱、品质下降，枇杷产业后劲不足。加之2020年在疫情冲击下，屏边苗族自治县又遭遇两次罕见冰雹灾害，给枇杷种植农户带来了双重打击。

（1）做"指挥员"，找出"金点子"。"依靠技术革命，以技术引领推动枇杷产业更新迭代。"屏边苗族自治县委书记苏畅深度调研枇杷产业发展现状后，与福建省农业科学院果树首席专家、研究员郑少泉博士进行了交流对话。"屏边在全国枇杷种植产区中极具优势，其发展规模奠定了产业升级、农民增收的巨大潜力。"郑少泉博士说，"利用新培育的早中晚熟系列配套白肉大果品种，对现有枇杷进行改良，在助力今后屏边枇杷产业发展方面大有裨益。"在调研过程中，与郑博士一行进行了座谈交流，就种植技术和销售过程中存在的不足，以及今后枇杷产业发展的思路和经营模式进行了深入交流与探讨。

（2）做"医疗兵"，开出"药方子"。2020年4月初，在苏书记对屏边全县产业现状进行详细介绍后，郑博士提出了枇杷品种改良的技术建议，并克服疫情影响，带领国家荔枝龙眼产业技术体系专家组毅然奔赴屏边，为农户提供了国家级的产业技术支持，提振了农户种植信心，嫁接了枇杷致富苗。2020年4月9—12日，专家组一行在副县长、玉屏镇党委书记吴红昌的陪同下，在屏边内开展以枇杷产业为重点的调研、理论技术讲解、高接换种和技术实操培训等活动，共开展枇杷品种改良73亩，嫁接龙眼13亩，对枇杷幼苗定值和整形修剪示范进行了详细地指导。

（3）做"冲锋队"，走出"好路子"。一是积极协调，将屏边苗族自治县玉屏镇平田村作为新枇杷品种嫁接示范点，51亩土地上改良嫁接了香妃、白雪早、三月白等10个新枇杷品种，涉及14户农户67人，其中建档户8户34人。二是主动请示汇报，安排项目建设。再向县委政府主要领导请示汇报后，及时将枇杷母树园示范基地建设提上日程。整合涉农扶贫资金45万元建成面积为24亩的枇杷母树园示范基地。对已培植的12个品种、432株枇杷母树间距进行扩宽，避免果树叶冠生长开后交叉生长的现象。三是宣传到位，积极培养技术人才。技术革新，离不开人才支撑。通过自愿报名的方式，从初步培训学员中选定了部分技术骨干，请求郑博士对农户再次进行技术强化。2020年6月，郑博士一行不辞辛劳再次抵达屏边对技术骨干进行重点跟踪培训，技术骨干进行二次培训，更好实现新技术纵向到底、横向到边的推广和普及。真正做到把技术、人员、基地留在屏边，走出适合枇杷产业发展的"屏边模式"。

在郑博士的技术支持下，通过新品种的引进培育、嫁接，以期实现对屏边枇杷品种的改良升级，优化产业结构，助力农户增收致富。目前，屏边县枇杷产业已充分调动起农户种植积极性，我们坚信，在攻克贫困最后堡垒的征程中，枇杷产业不仅能成为屏边产业发展的靓丽"名片"，还能带动群众脱贫致富的强力"引擎"。

（屏边苗族自治县人民政府供稿）

2020年6月

3.把抓产业作为稳定脱贫的关键之举

云南省红河州屏边苗族自治县湾塘乡营盘村委会是一个集边疆、民族、山区、贫困为一体的行政村，也是云南省委组织部挂钩扶贫联系点。自精准脱贫战役打响以来，云南省委组织部共向营盘选派扶贫工作队员6名，其中，选派县级驻村扶贫工作总队副总队长1名，选派驻村第一书记、工作队长2名，驻村工作队员4名。自2018年确定挂点帮扶以来，在云南省委组织部领导的高度重视及大力支持下，云南省委组织部驻村工作队紧紧围绕贫困户、贫困村如期脱贫目标，立足本职、发挥优势、大胆工作，实现了营盘村基础设施大改善、人居环境大提升、基层建设大巩固。一些工作做法及工作经验多次得到中央、省、州、县有关部门、有关领导的认可。截至2019年年底，全村累计脱贫281户1 079人，贫困发生率为0.41%。

群众脱贫是前提，稳住脱贫成果才是关键，而稳定脱贫关键在于产业脱贫。习近平总书记在打好精准脱贫攻坚战座谈会上指出："产业扶贫是稳定脱贫的根本之策。"营盘村委会面积21.3 km^2，最低海拔200多m，最高海拔1 300多m，立体气候较明显，谷底栽水稻、半坡种香蕉、山头发展猕猴桃较为普遍。表面上看，每个自然村都有主导产业、都有自身特点，但由于缺乏龙头企业带动，小、弱、散问题还是较为突出，群众靠产业脱贫、靠产业致富远远无法实现。如何发展产业、如何形成规模、如何实现群众真正增收成为摆在驻村工作队员面前的一大难题。

按照立足当地资源，因地制宜发展特色产业的要求，云南省委组织部驻村工作队经过多方协调，邀请福建农业科学院果树研究所郑少泉研究员、邓朝军副研究员、云南省农业科学院热带亚热带经济作物研究所罗心平研究员、张惠云副研究员专家组一行4人，先后于2020年4月11日、6月3日两次深入营盘村实地考察指导。专家组在实地察看营盘村地形、海拔、土壤状况、水资源分布等自然条件，详细询问当地的气候条件和经济作物种植及收益情况，充分听取驻村工作队员、村"两委"及党员群众意见基础上，提出从广东省引进三月白枇杷、燕窝火龙果进行集中示范种植的思路，同时，郑少泉研究员还主动帮助营盘村联系苗源，同苗木基地负责人多次协调低价购买枇杷苗1 000株、红龙果苗1 000株，并给村内2名党员协调免费赠送苗木300株。

购买果苗后，驻村工作队在深入调研、广泛征求意见的基础上确定了"支部引领抓产业、党员带头搞产业"的思路，确定了4个热情高、条件成熟的党支部作为发展特色产业种植项目的示范点，选取的示范点覆盖了高海拔冷凉地区、中海拔温热地区及低海拔潮热地区，其中：在高海拔、中海拔地区建立优良枇杷支部示范基地3块，种植三月白枇杷1 100株和香妃枇杷200株，面积55亩；在低海拔地区建立特色火龙果示范基地1个，种植燕窝火龙果1 000株，面积5亩。一年后，支部示范地发展壮大预计实现4个自然村集体经济收入翻番，20余名农村党员增收致富。

通过"党员示范带头、知名专家进门、新品引进培育"的模式探索，营盘村成为湾塘乡抓党建促脱贫攻坚、促产业发展的样板，也成为云南引进白肉枇杷种植的示范基地，它将为进一步增强贫困群众发展信心、壮大村级集体经济、巩固脱贫成效提供了坚实的产业支撑。

（中共云南省委组织部县级驻村扶贫工作总队供稿）

2020年6月

4.疫情无情人有情　复工复产　科技助力脱贫攻坚

屏边苗族自治县地处祖国西南边陲，是国家级贫困县。2020年1月25日国务院扶贫开发领导小组印发《关于开展挂牌督战工作的指导意见的通知》，全国52个挂牌督战县屏边苗族自治县在列。屏边苗族自治县自发展枇杷以来，累计种植枇杷8万余亩，由于群众种植管理技术差，枇杷挂果率低，品质差。屏边县苗族自治县委、县政府高度重视，主要领导带头抓，林业和草原部门具体抓，誓将枇杷产业打造为屏边的支柱产业，将枇杷树变为群众的摇钱树、致富树。

2020年突如其来的疫情，打乱了我们的工作计划，同时也考验着我们，疫情就是命令，全县上下积极响应党的号召投入抗疫工作。随着工作的深入，2020年4月全国多地下调应急级别，屏边也着手开展复工复产工作。经过几个月的封村封路，屏边农事活动严重滞后，枇杷枝条疯长，树势旺盛，树下杂草丛生。本来技术底子就薄的种植户面对疯长的枇杷树更是不知所措、无从下手。

2020年4月4日，屏边苗族自治县人民政府副县长吴红昌从县委苏畅书记处得到消息，国内顶尖的枇杷育种专家——福建省农业科学院郑少泉博士帮扶团队一行将到屏边苗族自治县开展枇杷、龙眼、荔枝等果树技术帮扶工作。为此，吴红昌副县长主动承担工作任务，怀着无比激动的心情与郑少泉博士帮扶团队进行对接，在了解到屏边栽种的枇杷多数都是长红3号、大五星、大红袍等老品种，商榷在屏边拟建一个枇杷新品种母树园示范基地和枇杷新品种高枝嫁接示范园。吴副县长立即落实母树园示范基地和高接换种枇杷园选址等相关工作。

2020年4月8日，郑少泉博士一行，在充分做好疫情防控的同时，不远万里，风尘仆仆，带着423株枇杷新品种营养袋苗、2 500条接穗以及8个嫁接工人抵达屏边，为屏边枇杷产业发展送来了及时雨。郑博士、邓朝军副研究员和罗心平副所长、张惠云副研究员一行4人抵达屏边后不辞辛劳及时开展工作，与吴红昌副县长商定工作计划。2020年4月9—12日，先后到屏边和平镇、新华乡、新现镇、玉屏镇等地开展实地调研，了解屏边枇杷发展的现状和存在的问题，加班加点提炼培训材料。在玉屏镇平田村委会、新现镇镇政府开展两期培训，分别由屏边苗族自治县林业和草原局副局长钱良超和新现镇镇长杨勇主持。"郑博士给屏边带来的枇杷新品种是光刻机，是难得的机会，你们要用心，这就好比我们一下从BB机时代一下子进入了5G时代，这是屏边枇杷跨越发展的开始。"屏边苗族自治县农业农村和科学技术局研究员杨国安情绪激动地对大家说道。随后，郑博士一行深入田间地头教果农如何科学种植、整形修剪、拉枝、嫁接改良、施肥、用药等工作。"来来，小弟！刚刚我教你，现在你过来当我们的老师，教我们如何修剪这棵树。""不对，修剪要从立体空间、枝梢培养和发展空间来考虑，这一枝不能修剪，要修剪那枝，这一枝要培育，明年就可以结果了。"郑博士细心地指导着果农。

2020年4月9日，郑博士团队帮扶的423株枇杷新品种营养袋苗从福建运达屏边，次日，团队及时开展种植。在种植过程中，果农热情高涨，在专家团队未到达，也没有传授种植技术的情况下，纷纷上车搬苗，并利用传统的种植方法开始种植。"不对！不对！这个方法不对！"刚刚赶到的郑博士及时进行了纠正，"你们这种方法容易遭水害，将严重影响今后枇杷的生长。"郑教授耐心细致的教大家种植技术要领，他说："我们不应该挖深穴种植，要浅种，把苗放在平整好的土地上，用周围的泥土堆出一个1.5m的树盘即可，并确保泥土不能超过嫁接口，与原营养袋苗土壤等高就好了。"

郑博士耐心细致地告诉大家："这样种植利于排水，你们说是不是这样！"大家恍然大悟，"原来是这样！我们怎么就没有想到。"但在接下的种植过程中，仍然畏手畏脚。"小伙子过来，过来，我们一起抬这棵过去种植。把锄头给我，我们按照郑博士的要求，种给大家看看。"钱良超副局长看到后立马走过去说。他抢起锄头一口气参与种植了10多棵后，大家看明白了技术要领，纷纷都放心大胆地干了起来。

保宇鹏副镇长也不闲着，张罗玉屏镇林草服务中心主任黄正华在地里用无人机拍摄，并对每株苗木进行定位；他说："这个就是为每棵枇杷落户办理户口册、身份证，今后她繁育到哪里我们都能进行追溯。"

邓朝军副研究员说道："本次枇杷母树园，这12个品种大多是最新选育的早中晚熟期配套的二代杂交白肉枇杷新品种，采收期可长达半年，主要有白早钟1号、白早钟2号、白早钟3号、白早钟7号、白早钟16、白雪早、早白香、42-262、三月白、香妃等品种。特别是优质晚熟品种香妃，幼果期避开了霜寒天气，保证了产量，更有利于果农增收，将在未来的枇杷市场上赢得一席之地，将形成屏边新名片"。

对郑博士团队支持屏边枇杷母树园建设，钱良超副局长十分感动。他对大家说："这些珍贵的枇杷苗是他们千里迢迢拉来的，我们一定要保证每一株苗木都要成活，它们都是屏边的希望，能提升我县今后枇杷发展空间，为我县改造现有枇杷树提供枝条，并引领我县枇杷品种发展新趋势，把我们跟着别人走变为别人跟着我们走。"通过大家齐心协力，423棵枇杷苗圆满落户屏边。

在高接换种中，屏边苗族自治县委书记苏畅看到果农积极性高，同郑博士团队商量，希望扩大枇杷示范面积，也希望嫁接少部分龙眼新品种作示范。郑博士立即安排从福建运送龙眼枇杷接穗，考虑到屏边没有熟悉的嫁接技术人员，及时抽调正在四川泸州嫁接的熟练嫁接手支援屏边。"我们团队成员许奇志和黄敬峰携带接穗明天早上到达昆明火车站，要抓紧时间嫁接，你们安排车辆去接一下！"2020年4月12日晚全部准备工作完毕。屏边紧急协调车辆前往昆明接相关人员。

"大家要抓紧时间，抓住最后的时间嫁接，这段时间过了，2020年就不能嫁接，我们马上开工，确保嫁接成活率。"郑博士安排完工作后，一头扎入嫁接示范点开展工作。"不对，不对！不能把拔水枝锯掉，这是奶妈，要用来给嫁接的枝条提供营养。"郑博士率团队在枇杷嫁接示范点废寝忘食地开展工作。2020年4月枇杷嫁接示范点烈日炎炎，平均气温28℃以上，郑博士团队不辞辛劳，抓住每一分钟开展工作，生怕过了嫁接的节令。郑博士给吴副县长说："现在时间还不算晚，再过一段时间就不能嫁接了，不能因为疫情，耽误了农民一年的辛苦成果。"这段时间郑博士团队早出晚归，辛苦工作。

"全国县委书记亲自抓枇杷的我知道的只有屏边，我们会毫不保留地将技术教给大家，你们要精选20～30人，我们来培训，全部使用我们的技术，我们的品种。""这个枇杷母本园不错，我们大家都努力一下，打造全国的枇杷母树园基地。"郑博士信心满满的规划这屏边枇杷母树园的未来。

郑博士一行离开屏边后，按照郑博士的要求，屏边苗族自治县林草局及时聘请了2名管护工人，修缮管护用房、拉水、拉电并安排工人入住母本园进行管理。同时修建了水池、化肥池、管护步道、园地用水管网，购买有机肥、水肥、叶面肥等，开展有效管理。

屏边枇杷母树园、嫁接示范点时常牵动着郑博士的心，他每隔一段时间就向当地负责人询问项目进展。"嫁接枝条发芽没有？母树园的水肥浇灌没有？叶面肥有没有按时喷施？"每次通电话他都要询问进展情况。

2020年6月1日，郑博士联系了专业的土肥专家到屏边指导工作。2020年6月2日，在屏边苗族自治县林草局副局长钱良超及母本园具体负责人林业科学研究所所长陈友祥的带领下，顶着炎炎烈日查看嫁接示范园，郑博士、罗副所长等指导大家抹芽和树干保护。在指导母树园开沟施肥过程中，发现人力开沟施肥费时费力，提出采用挖机开沟施肥省时省力，且效果会更好。屏边苗族自治县林草局及时联系挖机，2020年6月3日傍晚挖机进场，但是挖机师傅听说挖机是用来施肥，一头雾水，不知如何下手。郑博士耐心指导挖机师傅，但由于语言不通，挖机师傅根本听不懂，郑博士着急得恨不得亲自上阵开挖机。这时陈友祥所长赶紧翻译，共同指导挖机师傅开展工作，直至晚上8点。屏边苗族自治县委主要领导对郑博士一行再次来屏边指导工作十分感动，晚上利用休息时间，召集大家在酒店就屏边枇杷产业发展进行座谈交流至深夜。

在郑博士团队的大力支持下，屏边屏边苗族自治县必将成为全国乃至世界闻名的枇杷产地，枇杷产业成为屏边苗族自治县的又一支柱产业，将枇杷树变为群众的摇钱树、致富树。

（屏边苗族自治县林业和草原局供稿）

2020年6月

5.国家荔枝龙眼产业技术体系专家助力脱贫攻坚挂牌督战县枇杷龙眼产业发展

为落实中央脱贫攻坚挂牌督战精神，根据《农业农村部关于进一步推动科技助力产业扶贫的通知（农办科〔2020〕号)》要求，国家荔枝龙眼产业技术体系将全国52个未摘帽贫困县之一的屏边苗族自治县列为体系服务县域经济支撑"一县一业"示范县。按照农业农村部提出的坚持市场导向、问题导向，聚焦"六好"目标，开展全产业链技术服务，助力贫困县把特色产业打造成支柱产业、富民产业的有关要求，由龙眼品种改良岗位专家、福建省农业科学院郑少泉研究员和国家荔枝龙眼产业技术体系保山综合试验站站长、云南省农业科学院热带亚热带经济作物研究所副所长罗心平研究员共同牵头，跨省联动、院院合作、政府协调、各方通力合作，谱写了在新冠肺炎疫情防控期间体系专家助力脱贫攻坚挂牌督战县枇杷龙眼产业发展的屏边故事。

(1) 快速响应对接协调落实工作。2020年4月2日，农业农村部科技教育司通知国家荔枝龙眼产业技术体系，国家级脱贫攻坚挂牌督战县提出了枇杷产业技术需求，要求体系兼做枇杷研究的专家对接落实抓好技术支持，郑少泉研究员和罗心平研究员主动接下了任务。2020年4月4日，清明假期第一天，罗心平研究员一早接到郑博士的电话，郑博士说近年来他的课题组选育出了系列优质枇杷新品种，计划将12株挂果的枇杷盆栽树苗、400余株营养袋新品种种苗和枇杷新品种接穗等运到屏边枇杷产区，以促进屏边枇杷品种升级换代，并商定于2020年4月上旬组织专家去屏边开展技术服务工作。枇杷营养容器大苗等从福州运输到屏边预计需要1万元左右的运输费，但是郑少泉课题组无该项经费预算，请求罗站长帮助。罗站长欣然答应解决。为加快推进工作落实，郑博士提议由罗站长向屏边苗族自治县委政府汇报相关情况。随后，罗站长立即和屏边苗族自治县委书记苏畅通电话，苏书记了解情况后说："郑博士团队服务屏边枇杷产业是屏边枇杷产业发展的大事，不能既要专家团队出技术出品种，又叫专家团队出运输费，运输费由我协调解决，相关工作我亲自抓，我和郑博士电话联系。"2020年4月5日早上6点多，郑博士在电话中带着喜悦的心情告诉罗站长："已和苏书记商量好了，县委书记协调好了品种示范用地和高接换种基地，我这两天安排好接穗采集和种苗准备工作，我们抓住当前枇杷高接换种和春季定植的有利节令，争取在近日内到屏边落实工作，重点推进新品种的示范和新品种采穗圃建设。"2020年4月8日，郑博士带着团队成员、嫁接工、新品种接穗和种苗从福建出发，罗站长和团队成员张惠云副研究员从保山出发，在昆明会合后连夜赶到屏边。

（2）**深入调研把脉屏边枇杷产业。**2020年4月8日，郑教授一行到达屏边已是将近晚上10点了，稍作休息，郑教授就开始同吴红昌副县长商量明天的工作安排。4月9日，在屏边苗族自治县副县长吴红昌、屏边苗族自治县林草局副局长钱良超、玉屏镇副镇长保宇鹏的陪同下，郑教授一行4人深入到屏边苗族自治县枇杷主产区的玉屏镇、新现镇和新华乡进行调研。专家一行在屏边的崎岖山路上，一边走一边看，观察田间的枇杷生产情况，不停地与枇杷种植户交流。通过一天的现场走访调研，郑教授一行初步掌握了屏边枇杷生产情况。2019年屏边枇杷栽培面积达8.7万亩，产量约0.8万t，产值约8 000万元，全县枇杷主要种植在海拔800～1 740m区域的玉屏镇、新现镇和新华乡等3个乡镇，成熟期11月下旬至翌年4月中旬，主栽品种为大五星、长红3号和大红袍等3个品种，生产上主要存在品种老化、种植技术水平低和产量低等问题。

（3）**带着农民干，做给农民看，抓好示范基地建设工作。**郑博士根据调研情况，决定在屏边期间，一边抓好新品种示范基地暨采穗圃建设，一边通过室内培训和现场培训相结合，推进品种高接换种升级换代工作。2020年4月9—12日，郑教授带着团队成员起早贪黑投入到新品种示范基地暨采穗圃建设中，郑教授亲力亲为，指导基地的规划、苗木搬运和种植等工作，手把手地教农户种植枇杷的方法，反复地示范，直到农户完全掌握才放心。屏边县苗族自治县林草局副局长钱良超和玉屏镇副镇长保宇鹏深深地被郑教授亲力亲为种植枇杷所感动，也加入种植枇杷工作中。在基地建设现场，吴红昌副县长看到郑教授在田间地头的工作干劲，又看着从福建运来的枇杷袋装苗和已挂果的枇杷树，感慨道："这个教授不简单，不远千里送来新品种种苗，是个干实事的教授，我们要做好协调工作，按教授的要求抓好基地基础设施建设。"4天，一个占地面积24亩的枇杷新品种示范基地暨采穗圃已建成，云南省农业科学院罗心平研究员感叹说："我完全没想到郑教授竟然把选育的12个系列优质枇杷新品种全部带给屏边，更没想到郑教授会从福州运来423株袋装苗和已结果的枇杷树，4天之内就在屏边建成了一个占地24亩的新品种示范基地暨采穗圃，简直就是创造了屏边速度。"

在新品种示范基地建设的同时，玉屏镇平田村的枇杷品种升级换代工作也在同步推进，郑教授从福州带来的4位嫁接工也在忙碌着。郑教授在新品种示范基地和品种改良基地连轴转，两边的工作都要兼顾，生怕哪一点没注意把事情弄砸了。农户实实在在地看到郑教授团队不仅从福州长途运来枇杷新品种接穗，而且把嫁接工人也从福州带过来，发出感慨："郑教授团队做事踏实，讲成效，花大力气，真心实意来屏边帮助我们枇杷换最好的品种，是个好专家团队啊。"2020年4月10日和12日，郑教授团队又分别抽出时间在玉屏镇和新现镇各举办了一场室内和现场相结合的培训会，会上郑教授、邓朝军副研究员分别为果农做了"枇杷差异化育种及新品种介绍"和"枇杷树形培养及高接换种技术"等技术培训。屏边苗族自治县农业农村和科学技术局杨国安研究员在玉屏镇平田村枇杷产业技术培训会上主动要求发言，并激动说道："郑教授团队带来的国际领先的成熟期配套的白肉枇杷新品种，就像屏边引进先进的光刻机，屏边枇杷产业一跃进入5G时代。"

在屏边工作期间，郑教授把时间利用到了极致，白天下地，天黑才回住处，晚上还要召集团队成员做小结、讨论和安排第二天的工作，而且在吃饭期间也抓紧商量工作，郑教授忘我的工作精神，深深地感染了在屏边参与工作的每一位同志。云南省农业科学院的张惠云副研究员不由自主地说："郑老师是一位真正上得了课堂，下得了田地的，既高大上，又接地气的大专家。"

2020年4月13日，郑教授返回福建后始终牵挂着在屏边嫁接和种植的枇杷生长情况。2020年6月2日，郑教授团队又一次"亲近"屏边，郑教授说他这次到屏边主要是要解决新品种示范基地的土壤改良和夏季管理。2020年6月3日，郑教授亲自现场指挥挖掘机进行改土作业，从早忙到晚忙，直到8点多天黑才休息

（4）助力云南省委组织部挂钩帮扶屏边湾塘乡产业发展。云南省委组织部派驻屏边苗族自治县挂职副县长、驻村工作队副总队长杨洪涛获知屏边来了福建省农业科学院和云南省农科院的枇杷、荔枝和龙眼专家。2020年4月8日晚上郑教授一行刚到酒店住下，杨洪涛副县长就主动找到郑教授，提出邀请专家一行到湾塘乡调研，请求专家为湾塘乡的产业发展出谋划策。2020年4月11日，郑教授一行4人深入湾塘乡营盘村的移民搬迁后的荒山调研，在湾塘乡营盘村与云南省委组织部驻村工作队员和村干部进行了座谈，随后又在湾塘乡和刘红勇乡长进行了交流。当天晚上，郑教授、罗站长、杨副县长和刘乡长在一起商量移民搬迁后的荒山发展何种产业，杨副县长提出可否种植郑教授的枇杷新品种，郑教授认为可行，并立即表态可以协调从深圳引进种苗，并现场落实

了由深圳市农业科技促进中心无偿提供300株嫁接苗。当晚杨副县长即落实安排了第二天由营盘村副主任杨兴荣和种植带头人洪龙华到深圳去拉苗，先行在营盘村种植示范。在这过程中，杨副县长谈及湾塘乡原先发展了龙眼生产，后来由于品种原因造成效益不好，全乡有不少效益低下的龙眼园，听到此情况后，郑教授介绍了他近年选育的优质系列龙眼新品种情况，杨副县长当场决定引进龙眼新品种，郑教授立马打电话安排在福州的团队成员许奇志科技特派员和黄敬峰技工第二天将6个二代龙眼杂交新品种接穗送到云南，同时为确保一次性品种改良成功，郑教授又协调从四川泸州安排了4个嫁接工到屏边协助推进高接换种工作。在不到2个小时的时间内，郑教授雷厉风行落实了从深圳提供枇杷种苗、从福州送龙眼新品种接穗、从泸州协调嫁接工人到屏边，这一切都让现场的人员感慨万千，觉得郑教授办事"靠谱"。2020年6月3日，郑教授团队再次到营盘村看到从深圳拉来的枇杷苗长势良好，并且已经抽出一次新梢，郑教授脸上露出了满意的笑容。

在不足2个月时间内，郑少泉研究员及其团队成员累计22人次到屏边开展龙眼枇杷产业调研、技术指导和技术培训等工作。一是引进优良龙眼枇杷新品种，改良当地品种，提高良种覆盖率，增强抗风险能力。郑少泉研究员为屏边提供了杂交选育的翠香、醉香、冬香、秋香、醇香等6个香型优质大果龙眼杂交新品种以及白雪早、三月白、香妃等12个熟期配套的优质大果白肉二代杂交枇杷新品种。二是建设一批科技示范基地，做给农民看，带着农民干。郑少泉研究员带领团队成员，协助当地林业和农业技术推广部门，在玉屏镇小平田建设了白肉枇杷系列优质新品种展示基地。2020年4月9—12日，屏边完成了基地建设的选址、规划和定植工作，共种植从福州运来的枇杷系列优质新品种12个432株，面积24亩。在玉屏镇和新现镇建立2个高接换种示范基地，面积73亩，其中，在玉屏镇嫁接10个枇杷品种，面积51亩，新现镇嫁接5个枇杷品种，面积22亩。在湾塘乡新植建立1个白肉枇杷新品种示范基地，面积12亩，示范新品种2个，种植枇杷新品种200株，龙眼新品种示范基地1个，面积7亩，高接换种196株，示范新品种6个。三是开展技术培训，推广一批实用技术，提高种植技术水平。在2020年4月8—9日和6月2—4日，举办了5场龙眼枇杷技术培训，培训农技人员、产业发展带头人和种植户119人。

在新冠肺炎疫情防控期间，郑少泉团队和罗心平团队积极落实抓好复工复产的有关要求，把品种和技术送到脱贫攻坚挂牌督战县，助力贫困县把龙眼枇杷特色产业打造成支柱产业、富民产业，受到了当地政府、农林部门和种植户的高度赞赏。苏书记在2020年6月3日晚上的座谈会深情地说："非常感谢郑教授为屏边带来品种和技术，若早点有郑教授团队的技术支撑，屏边枇杷产业成效会更显著，至少加快5年的发展。"郑教授在屏边期间的辛苦付出令人肃然起敬，充分展现了一名科技工作者的情怀和担当精神。同时，让我们也看到了一位艰苦朴素，不怕苦、不怕累，说干就干，亲力亲为的大家形象。目前，换种和新植枇杷龙眼长势喜人，体系专家团队助力屏边枇杷龙眼产业的序幕已开启，郑教授团队和罗心平团队在屏边的故事仍将继续，屏边未来可期。

（云南省农业科学院热带亚热带经济作物研究所 供稿）

（二）媒体报道

1. 要坚决攻克贫困最后堡垒，打赢脱贫攻坚战

屏边苗族自治县人民政府，2020年4月10日

2020年4月9日，屏边苗族自治县委书记苏畅到新现镇调研督导脱贫攻坚工作。他强调，当前，脱贫攻坚已到了决战决胜、全面收官的关键阶段，时间紧、任务重，我们必须咬定目标、一鼓作气，坚决攻克贫困最后堡垒，确保高质量打赢脱贫攻坚战。

在新现镇座斗村委会，苏畅看望慰问了村干部和驻村工作队员，并与镇村两级干部一起，对座斗村委会当前脱贫攻坚工作存在的困难进行了交流，逐户分析问题，共同探讨决战决胜脱贫攻坚的措施和路径。苏畅要求：镇村各级干部要对脱贫攻坚遍访排查中发现的问题及时进行整改，确保问题全部清零；要完善相关资料，补齐举证材料，确保举证理由充分；要积极开展环境综合整治行动，改善农村环境面貌，进一步提升人居环境；要做好脱贫攻坚各项惠民政策的宣传工作，进一步教育引导群众听党话、感党恩、跟党走，确保屏边顺利通过省级第三方评估检查和国家普查，并圆满完成国务院扶贫开发领导小组办公室挂牌督战任务。

苏畅表示，近期，新冠肺炎疫情在境外呈扩散态势，疫情跨境流动传播的风险增大。屏边虽然没有边境线，但还存在部分跨国婚姻，要按照"外防输入、内防扩散"疫情防控要求，充分发挥村组干部的联防联控机制，加强对入境人员筛查、信息情况上报，切实做好境外疫情输入防控工作，全面筑牢疫情防控严密防线。

随后，苏畅到克马田村走访了部分贫困户，认真查看住房保障、饮水安全、人居环境和收家治家等情况。苏畅要求，镇村干部要详细了解贫困户住房存在的安全隐患问题，根据实际情况，及时做好改造、加固、修复、拆除工作。

此行，苏畅还与福建省农业科学院果树种植专家郑少泉博士一行进行了座谈交流，就种植技术和销售过程中存在的不足，以及今后枇杷产业发展的思路和经营模式进行了深入交流与探讨。

郑少泉博士认为，屏边生态、区位和资源优势得天独厚，非常适宜发展枇杷种植，并表示愿意积极发挥自身影响，与屏边苗族自治县委政府一起共同探索出适合枇杷产业发展的"屏边模式"。

苏畅表示，希望通过改良栽培技术、新品种的种植、提高规模种植的面积、建立合作社等措施，共同推动枇杷产业持续健康发展，助力脱贫攻坚和促进乡村振兴。

屏边苗族自治县委常委、屏边苗族自治县委统战部部长、新现镇党委书记杨富丞，副县长、玉屏镇党委书记吴红昌及屏边苗族自治县委办公室、县扶贫开发办公室有关负责人参与调研。

链接：http://www.pb.hh.gov.cn/zwzx/zwyw/202004/t20200410_419698.html

2.科技助力脱贫攻坚挂牌督战县水果产业发展

云南省农业科学院网站，2020年4月14日

屏边是国家脱贫攻坚挂牌督战县，是中共云南省委组织部定点帮扶县。由于屏边气候多样，适宜屏边荔枝、枇杷优质高效绿色生产技术研发工作紧迫，屏边苗族自治县委、县政府已向国家提出了荔枝、枇杷产业相关技术需求。根据农业农村部的指示，国家荔枝龙眼产业技术体系首席科学家陈厚彬研究员、龙眼品种改良岗位科学家、国家龙眼枇杷种质资源平台负责人郑少泉研究员、国家荔枝龙眼产业技术体系保山综合试验站站长罗心平研究员协商后立即到云南屏边开展技术助力脱贫工作。

2020年4月8—13日，福建农业科学院果树研究所郑少泉研究员、邓朝军副研究员，云南省农业科学院热带亚热带经济作物研究所副所长罗心平研究员、张惠云副研究员等4人组成专家组到云南省红河州屏边苗族自治县玉屏镇、湾塘乡、新现镇、新华乡、和平乡等开展荔枝、枇杷产业调研与技术培训。

屏边苗族自治县是云南省荔枝种植最多的县，2019年荔枝栽培面积6.7万亩，产量0.3万t，产值6 000万元；妃子笑占95％，桂味0.2万亩，无核荔0.05万亩；海拔分布在300～900m；成熟期5月下旬至7月上旬。荔枝产业存在问题：①品种单一，优质品种少，产期短；②平均单产量低，果品质量参差不齐；③种植技术水平不高。2019年枇杷栽培面积6.8万亩，产量0.8万t，产值8 000万元；大五星占70％，其他为长红、大红袍品种；海拔分布在800～1 740m；成熟期11月下旬至翌年4月中旬。枇杷产业存在问题：①品种老化；②种植技术水平低。

专家组在屏边县苗族自治玉屏镇建立枇杷新品种引种观察圃1个，面积25亩，定植枇杷品种12个；在玉屏镇、新现镇分别建立枇杷高接换种示范基地，合计70亩；在玉屏镇、湾塘乡分别建立龙眼新品种引种观察圃各1个，合计7亩；在湾塘乡建立优良枇杷示范基地1个，面积10亩。培训荔枝、枇杷、龙眼种植户103人。枇杷种苗620株，枇杷接穗200kg，龙眼接穗20kg；来自福建福州、四川泸州的8位嫁接技术工人等均由国家荔枝龙眼产业技术体系项目资助。工作期间，专家组与屏边苗族自治县委书记苏畅，屏边苗族自治县驻村工作队副总队长杨洪涛，副县长吴红昌等就荔枝、枇杷等产业存在问题进行深入交流。聚集全国荔枝、枇杷科技力量，加快产业差异化特色区培育，助力"一县一业"发展。

（审核人罗心平）

链接：http：//www.yaas.org.cn/view/front.article.articleView/49326/6/214.html

3.云南屏边：农技专家讲技术，枇杷迎来"及时雨"

云南网，2020年04月17日 18:10:09

"要围着外面弄一圈，像我这样。"这是福建省农业科学院果树首席专家、研究员郑少泉博士，正在就小苗的定植技术向种植户进行示范的场景。

为了扩大云南红河哈尼族彝族自治州屏边苗族自治县枇杷产业发展状况及优势，近日，国家荔枝龙眼产业体系专家组一行，走进屏边苗族自治县，在屏边苗族自治县开展了枇杷新品种示范基地建设、高接换种和技术培训活动，以帮助群众解决产业发展缺技术的问题，助力屏边枇杷产业发展。

农技专家讲技术

农技专家讲技术

在短短几天的时间里，专家组一行跑遍了屏边枇杷产业覆盖的各个村委会，对枇杷种植户们进行了理论和实操培训。在玉屏镇平田村良种高接换种示范现场，技术人员熟练地将枇杷新品种接穗嫁接到了修剪好的枇杷砧木上去，种植和嫁接的枇杷共12种新品种。专家组希望通过新品种的引进培育、嫁接，实现对屏边枇杷品种的改良升级，优化产业结构，助力农户增收致富。

农技专家讲技术

郑少泉说："屏边是中国枇杷种植最具优势的产区之一，整个枇杷产业规模很大，在今后农民增收产业升级方面，有非常大的潜力，此次我们利用培育的新品种对当地的枇杷进行改良，这对屏边枇杷产业未来的发展有很大的好处。"

据了解，近年来，屏边苗族自治县紧紧围绕"十百千"工程战略，结合新一轮退耕还林、造林补贴等项目，整合资金资源，加大扶持力度，大力发展枇杷种植，截至2019年年底，屏边苗族自治县累计发展枇杷种植7.89万亩。

农技专家讲技术

新现镇林业站工作人员赵学清说道："专家团队的现场教学让大家受益匪浅，通过专家们的指导，大家学会了修枝、拉枝等环节的技术，对我们枇杷产业的发展有很大的帮助。"

此外，通过自愿报名的方式，专家组成员们还对自愿报名的果农们进行了重点跟踪培训，使之成为当地的技术骨干，以便更好地推广种植技术。虽然知识传授到实践出成果还需要时间，但接受培训后的果农们信心满满，他们坚信，优惠的政策、实在的培训以及勤劳的汗水，终将把枇杷树"浇灌"成实惠的"摇钱树"。

（云南网通讯员李梦宇、李伟建、罗文奇）

链接：https://m.yunnan.cn/system/2020/04/17/030649598.shtml

4.科技助力云南屏边枇杷产业发展

福建省农业科学院院网，2020年4月17日

2020年4月8—13日，福建农业科学院果树研究所郑少泉研究员、邓朝军副研究员与云南省农业科学院热带亚热带经济作物研究所副所长罗心平研究员、张惠云副研究员等4人组成专家组到云南省红河州屏边县玉屏镇、湾塘乡、新现镇、新华乡、和平乡等开展枇杷、荔枝产业调研与技术培训。

云南省红河州屏边苗族自治县是国家脱贫攻坚挂牌督战县，是中共云南省委组织部定点帮扶县。同时屏边也是全国的枇杷栽培优势区，枇杷种植面积达6.8万亩，但由于枇杷品种老旧，种植管理水平低，效益非常低下，屏边苗族自治县委县政府向农业农村部提出了枇杷、荔枝产业相关技术需求。根据农业农村部的指示，国家荔枝龙眼产业技术体系首席科学家陈厚彬研究员，龙眼品种改良岗位科学家、国家龙眼枇杷种质资源平台负责人郑少泉研究员，国家荔枝龙眼产业技术体系保山综合试验站站长罗心平研究员协商后立即赴云南屏边开展技术助力脱贫工作。

在屏边苗族自治县委高度重视下，在玉屏镇建立枇杷新品种引种园1个，面积25亩，定植枇杷品种12个；在玉屏镇、新现镇分别建立枇杷高接换种示范基地70亩；在玉屏镇、湾塘乡分别建立龙眼新品种引种园各1个，合计7

亩；在湾塘乡建立优良枇杷示范基地1个，面积10亩。共培训枇杷、荔枝、龙眼种植户103人。国家荔枝龙眼产业技术体系聚集了全国枇杷、荔枝科技力量，加快产业差异化特色区培育，助力"一县一业"发展。

（福建省农业科学院果树研究所邓朝军）

链接：http：//www.faas.cn/cms/html/fjsnykxy/2020-04-17/532112684.html

5.科技助农强信心

云南日报、2020年07月23日

"疫情期间大老远赶来，花了一天半时间，郑博士一行加班加点为我家5亩枇杷做了新品种嫁接。"回想起2020年4月初，福建省农业科学院枇杷首席专家、研究员郑少泉博士为自家枇杷进行免费高枝嫁接的情景，屏边苗族自治县新现镇新现村委会舍古冲村村民李子新充满了感激。他指着嫁接砧木上翠绿的枇杷嫩芽说："6月，郑博士又来指导了一次，枇杷成活率高，现在已长出了新芽。"

自2013年来，枇杷产业作为屏边种植业"十百千"工程三大支柱产业之一，在全县范围内得到推广普及，种植面积近8万亩，高原特色农业产业稳定脱贫成果作用逐年显现。但由于品种杂乱、管理不善、品质下降，枇杷产业后劲不足，受新冠肺炎疫情影响，加之2020年遭遇两次罕见冰雹灾害，给枇杷种植农户带来了多重打击。

郑少泉博士针对这些情况，提出帮助屏边枇杷品种改良的技术建议，并带领国家枇杷龙眼产业技术体系专家组奔赴屏边，深入田间地头，开展以枇杷产业为重点的理论技术讲解、高接换种和技术实操培训等活动，为屏边改良枇杷品种73亩，嫁接龙眼13亩，并为广大种植群众进行了详细地枇杷幼苗定植和整形修剪示范指导。

"老品种口感较酸，价格波动大，嫁接后的新品种果形和口感都将得到大幅提升，并且是免费嫁接，农户听说后都积极响应。"玉屏镇平田村委会平田小组的张绍明介绍。平田村作为嫁接示范点，51亩土地上改良嫁接了香妃、白雪早、三月白等10个新枇杷品种，涉及14户农户67人，其中建档立卡贫困户8户。

"我家种植的25亩枇杷，除去种植成本，按每千克16元均价计算，正常年份有6万元左右的纯收入。"李子新站在自家枇杷地头算起了致富账。

（云南日报记者王丹，通讯员张继）

链　接：http：//yndaily.yunnan.cn/html/2020-07-23/content_1359054.htm?div=-1&from=singlemessage

四、广　东

（一）广东农垦热带作物科学研究所供稿

抗击疫情、推促科研——郑少泉育种团队指导服务广东农垦特色水果新品种

2020年新年伊始，国家荔枝龙眼产业技术体系育种岗位科学家郑少泉研究员应广东农垦热带作物科学研究所（以下简称广垦热作所）请求合作，将龙眼新品种引入广垦热作所开展试验，并亲自带领团队成员到广垦热带所指导，带领嫁接团队对带来的龙眼新品种进行嫁接，第一批嫁接了41个品种，种质优良，效果良好。

春节前后，面对突如其来的新冠肺炎疫情，广东农垦热带作物科学研究所科研人员响应中央号召，一开始就奋战在抗疫一线，确保在"零"疫情下不断推动科研工作见实效，对高枝换接的龙眼新品种精心照料，抽新芽见希望。广垦热作所书记郭振粤在一次现场会上向分管领导、责任部门和龙眼研究团队人员反复强调说："郑少泉研究员送来的龙眼新品种是他一辈子辛苦付出的成果，我们一定要把它们当宝贝看待，不得有半点马虎，一定要积极争取专家指导，管理好这些新品种……"

谈到合作这事，要从几年前的一件事和2019年的事说起，2009年，由农业部组织，福建省农业科学院承办的龙眼新品种评鉴观摩会，时任广东省农垦总局科技处处长陈叶海研究员（现任广东农垦热带农业研究院院长）应邀参加那次会议，就有想法要把郑少泉团队的特色新优龙眼品种引入到广东农垦试种试验，2019年6月23日，在荔枝新品种与高接换种技术现场展示观摩会上广垦研究院院长助理陈明文博士（原工作单位在农业农村部南亚热作中心负责热作业务管理，熟悉郑少泉研究员团队科研工作）主动与郑少泉研究员交流，谈到广东农垦有5万多亩龙眼老果园，品种较老，经营效益较低，请求郑少泉研究员把他们团队的龙眼、枇杷新优品种引入广垦热作所，广垦热作所地处广东茂名龙眼主产区，有现成龙眼果园供试验，条件很好，希望得到郑少泉研究员的大力支持。2019年8月，郑少泉邀请广东农垦热带农业研究院院长助理陈明文和广垦热作所副所长陈海坚参加广西大学引种的秋香龙眼品鉴现场会。会后，福建农业科学院郑少泉研究员、邓朝军副研究员、姜帆副研究员受邀到广垦热作所指导交流，考察了广垦热作所龙眼园，与广垦热作所书记郭振粤进行了深入交流，了解了广垦热作所龙眼研究团队，并指导广垦热作所如何做好龙眼高换新品种技术工作，郭振粤书记对负责龙眼嫁接的技术员阮宾说："小伙子，你刚毕业没多久就遇到郑少泉研究员这样的世界顶级专家，你一定要好好根郑少泉研究员学习，好好珍惜郑教授的指导，踏踏实实做好引种和嫁接，你大有可为。"随后，福建农业科学院一行3人又受邀到广东农垦热带农业研究院考察交流，进行了一整天的考察与交流后，双方达成了龙眼枇杷引种、新优品种高接换种等共识。2019年10月，郑少泉研究员邀请广东农垦热带农业研究院院长陈叶海参加福建省农业科学院浓香型特晚熟优质大果龙眼新品种醉香现场品鉴会，陈叶海院长看到郑少泉研究员团队那么好的龙眼、枇杷新品种资源和技术，更坚定了信心。回来后部署陈明文博士和陈海坚负责推进做好龙眼枇杷引种嫁接等前期准备工作。2020年元旦一过，广垦热作所陈海坚副所长就请求郑少泉团队，引进龙眼枇杷新品种，在广垦热作所进行高接换种；2020年1月8—11日，连续3天进行了第一批龙眼枇杷新品种嫁接；2020年1月底，郑少泉团队还安排团队成员送来一批龙眼杂交育种新材料、枇杷新品种和杂交育种新材料营养袋苗。

2020年春节后，广垦热作所领导和郑少泉研究员经常联系和交流龙眼枇杷新品种嫁接后管理事宜。为了增加引进龙眼新优品种，扩大示范效果，广垦热作所加快科研部署，但受到新冠肺炎疫情影响和广东疫情防控要求，专家团队和嫁接团队都无法外出到广东茂名，龙眼大枝嫁接的关键期窗口在2020年4月底即将结束。陈海坚副所长作为广垦热作所龙眼大枝换接新品种的负责人，一边关注着广东和福建的新冠疫情防控进展，一边组织做好龙眼嫁接的准备，心里十分担心错过嫁接时机。2020年4月中旬，广东疫情防控级别降低，陈海坚再次打电话请求郑少泉研究员："能否近期安排到我所里来嫁接龙眼新品种，这段时间天气还很适宜嫁接，错过这段时间我们得再等一年。"郑少泉深思着在电话中说："对！错过这个关键时期就要再等一年，我们做科研的也等不起，我一定要想办法尽快安排落实。"

2020年4月17日，郑少泉研究员来电话说："可以安排团队到茂名嫁接龙眼新品种了。"听到这个好消息，陈海坚和他的团队成员喜出望外，特别激动，抓紧与郑少泉团队成员邓朝军对接，同时做好迎接郑少泉团队来茂名指导工作的准备。

郑少泉研究员通过周密有序安排，专门把正在云南屏边服务的嫁接团队7人调往茂名，安排福建省农业科学院龙眼枇杷团队成员邓朝军副研究员、陈国领等人天刚蒙蒙亮就开始在田头剪采龙眼新品种芽条。他们精挑细选，剪下最好最壮芽条，精心保鲜包装，格外认真。郑少泉研究员也从百忙中专门抽出时间，精心安排这次科技服务，赶往茂名。

郑少泉团队到达茂名广垦热作所后，他们顾不上舟车劳顿，第一时间与广垦热作所领导和龙眼团队一起商量龙眼嫁接品种规划、地块划分、嫁接方法、现场人员安排等工作。广垦热作所也做了精心准备配合郑少泉团队开展工作。

嫁接的第一天，郑少泉一大早就来到龙眼园山头，亲自部署完近20人的工作，就带领着一队人员一头钻进了茂密的龙眼园中。"高枝嫁接如何划线锯树是成功的第一步，我要认真教会你们。"亲自动手指导阮宾和余涛等几位热作所技术员，教授他们学会如何看、如何选、留多高、留多少等"眼锐手快"的本领。嫁接团队正在紧凑有序地嫁接操作。"你这个接穗插得不对，会影响嫁接成活，应该接穗底部的形成层与砧木的形成层对接才对，不可以得过且过！"郑少泉研究员严厉批评了稍微放松嫁接标准的嫁接人员。"这棵树树形不错，骑马枝矮可嫁接树枝较多，要多接3～4条。""那棵树锯得不够到位，这条枝、这条、这条再锯短20cm。"……他对现场工作的标准要求非常严格，发现不足的地方立即改正。"这棵树接得不错，芽条壮，绑得很到位，这个嫁接成活率会高。""你嫁接的手势很到位，不错！"他对做得好的人员进行鼓励。嫁接工作在井然有序地进行着，所有人都在认真地操作。

"这一周的天气都不错，周末预报会有雨，我们要一鼓作气在周六之前完成这次任务。"郑少泉研究员和他的团队在龙眼园连续奋战一周，早出晚归。嫁接团队累了在树荫下席地而坐喝口水，歇一会继续工作。

在午间空闲时间，郑少泉研究员和邓朝军副研究员找来广垦热作所的技术人员，对存在问题探讨解决，开展现场技术培训与指导，还亲自实操演示嫁接流程。广垦热作所水果研究室主任周少新提出想要培训一批嫁接工人，郑少泉说："这个建议很好，你们必须这样做。"当天下午就组织了8个工人来培训，加上技术人员共有16人，邓朝军副研究员先讲理论再讲进行实操培训，对工人提出的问题当场答疑，郑少泉研究员进行技术总结，并对工人逐个进行考核，对回答不全面的补充解释，对操作不规范的给予指正。工人何小英说："郑教授讲得明了又简短，很容易理解！"她对郑少泉研究员竖起大拇指。经过一周的辛苦付出，一眼望去，一大片龙眼都换接上了新品种。

嫁接期间，广垦热作所谋划要把龙眼高枝换接新品种试验基地打造成国家级基地，请示了上级单位广垦研究院领导，得到上级领导的大力支持和鼓励。广垦热作所领导请来郑少泉团队一起商议帮忙此事，郑少泉研究员说："这个想法很好，你们研究院领导很有远见，你们有这么好的基地和研究团队，我决定帮你们。"郑少泉研究员马上联系了国家荔枝龙眼产业技术体系的各路专家出谋划策，还邀请来了国家荔枝龙眼产业技术体系龙眼栽培岗位科学家广西大学潘介春教授和茂名综合试验站站长钟声研究员来到基地指导培训，共同商议打造建设"国家荔枝龙眼产业技术体系龙眼优新品种示范基地"。经过几天的谋划，举办了国家荔枝龙眼产业技术体系龙眼优新品种示范基地启动仪式，引起了茂名主流媒体的关注，《茂名日报》刊登了题为"龙眼优新品种示范基地落户我市"的报道，效果良好。

潘介春教授介绍说："这个基地条件很好，改接龙眼新品种后，我也将目前先进的高光效生态栽培技术、轮枝轮行挂果高效技术融入这个基地来做示范，加快龙眼新品种新技术在广东的推广。"钟声研究员表态说："这个国家级基地将是我们茂名一个高水平的试验示范基地，我们茂名综合试验站将大力支持和配合做好今后的工作。"该基地利用广垦热作所现有的100亩龙眼园，通过低位大枝嫁接、先进的高接换种等技术管理，争取在1～2年内开花结果，筛选出适于茂名地区及广东龙眼产区种植、比传统品种更具有市场竞争力的替代品种，为广东未来龙眼品种结构调整提供理论依据和实践经验。未来，该基地将形成早熟、中熟、晚熟的二代杂交新品种龙眼示范园，龙眼低位大枝高接换种技术示范园，早结、丰产、稳产、高效生态示范栽培园。

邓朝军副研究员介绍说："本次任务嫁接了11个品种，都是最新选育的品种，其中，宝石1号和翠香是本次重点示范品种，是我们研究团队根据全国区试情况结合茂名生态环境条件重点推荐的示范新优品种。"

嫁接期间，应广垦热作所书记郭振粤请求在菠萝蜜果树品种选育方面进行指导，郑少泉研究员考察了广垦热作所菠萝蜜母本园、品鉴菠萝蜜，与广垦热作所郭振粤书记、领导班子、热带水果研究室等交流，指导菠萝蜜新品种命名方法和果树育种流程，特别对3个有特色的新品系建议命名为周公红、火凤凰、孔雀绿。广垦热作所菠萝蜜研究团队请求郑少泉研究员后续继续跟踪指导，郑少泉研究员都一一应允。

嫁接两个月后，国家荔枝龙眼产业技术体系龙眼优新品种示范基地的龙眼已全部抽芽，有的接穗已抽了两次梢，整片果园生机勃勃，枇杷也都嫁接成活了，这都是在广垦研究院领导的大力支持下，郑少泉团队和广垦热作所龙眼、枇杷、菠萝蜜团队等紧密合作取得的初步成果。陈海坚副所长说："我们广垦人敢为人先，我们将继续更加努力管护好这个新品种基地，做好示范，促进推动我所科研发展，加快龙眼优新品种在茂名的示范推广。"

（广东农垦热带作物科学研究所 供稿）

2020年6月

（二）媒体报道

1. 深圳引进优质白肉枇杷新品种香妃

中国食品报融媒体，2020年4月3日

2020年4月3日，特晚熟优质大果白肉杂交枇杷香妃审定现场鉴评会在深圳市坪山区龙田街道深圳市农促中心试验示范场枇杷品种园举行。此活动由项目合作单位深圳市农业科技促进中心（以下简称市农促中心）承办。

白肉枇杷是我国特有的枇杷基因资源，极其宝贵，在国际市场极具竞争优势，是枇杷中的极品，具有"无冕之王"之美誉，其肉质细嫩、清甜、风味浓郁独特，深受广大消费者的青睐。但目前在枇杷生产中仍缺乏优质、大果、特别晚熟的白肉枇杷新品种。利用挖掘出的优异亲本，采用人工有性杂交方式，开展以特晚熟优质大果白肉为性状

枇杷新品种国家区域试验示范园

目标的枇杷新品种选育，创制综合性状更为优良的品种，对进一步优化我国枇杷品种结构、提升枇杷产业的国际竞争力具有十分重要的意义。

本次审定鉴评的香妃，是经人工有性杂交选育成功的特晚熟优质大果白肉枇杷新品种，经三代遗传稳定性测定表现稳定后，于2011年定名为香妃。该品种表现为：特晚熟，在深圳地区4月上中旬成熟；大果，单果重61.3g，大者重76.4g，最大重99.9g；优质，可溶性固形物含量13.3%～15.5%，肉质细嫩、化渣、易剥皮、汁液多、鲜味好、清甜爽口回甘、风味佳；可食率高，可食率70.9%～75.0%；耐热性好，果实成熟期间，可耐30℃以上的高温，果实仍然正常，不落果，不皱果，不日灼（日烧）；果肉抗褐变能力强，剥皮（或者

切开)2h后果肉仍可保持原有色泽，基本不变褐；果实成熟期间，在长出新梢的同时果实仍然正常，不脱落、不皱果，可以保证翌年产量。近五年的区域试验和生产试验效果表明，香妃枇杷在深圳表现特晚熟、优质、大果、白肉，综合品质优，综合效益分析，种植香妃枇杷每亩产值是当前主栽品种早钟6号的5倍以上。经过福建、广东和重庆等多点试验，香妃枇杷丰产稳产，抗逆性强，具备了全国热带作物品种审定条件。

深圳正在"中国特色社会主义先行示范区"和"粤港澳大湾区核心区"双区驱动下，在更高起点、更高层次、更高目标上推进全面建设新格局。为了加强农作物优质特色品种资源引进筛选、保存评价与选育推广工作，从源头上提升深圳市食用农产品安全保障，市农促中心充分发挥行业引领作用，与福建省农业科学院果树研究所开展合作，依托国家果树种质福州枇杷圃，在中心试验示范场建立了枇杷新品种国家区域试验示范园，系统开展枇杷新品种引进选育、试验示范和育苗推广等工作，先后引进筛选出早钟6号、香妃、三月白、白雪早、白早钟3号、白早钟8号、早白香、新白7号和冠红1号等9个优良品种。

（中国食品报融媒体张锐佳）

链接：https://wap.peopleapp.com/article/rmh12551115/rmh12551115?from=singlemessage

2.深圳市农业科技促进中心举办优质白肉枇杷香妃国家品种审定现场鉴评会

中国质量新闻网，2020年4月6日

2020年4月3日，由深圳市农业科技促进中心（以下简称深圳市农促中心）承办的特晚熟优质大果白肉杂交枇杷香妃审定现场鉴评会在坪山区市农促中心试验示范场枇杷品种园举行。来自全国各地的专家学者组成专家评审团，首先对枇杷种植园进行考察，并随机抽取3株枇杷树进行评测，测定香妃和对照品种的株行距、株高、冠幅、株产等。综合效益分析，种植香妃枇杷每亩产值是当前主栽品种早钟6号的5倍以上。

"枇杷种质创制与新品种选育"课题是新中国成立以来第一次纳入

香妃枇杷国家品种审定现场鉴评会

国家科技部的重点科技攻关项目，作为国家科技重点研发课题"枇杷种质创制与新品种选育"的一部分，香妃枇杷则是第一个通过国家品种审定的杂交枇杷新品种。深圳市农促中心相关负责人表示，香妃枇杷一棵树的产量大概在70～80kg，产量大且外皮光滑，汁水丰富，具有很高的营养价值。

香妃是经人工有性杂交选育成功的特晚熟优质大果白肉枇杷新品种，经三代遗传稳定性测定表现稳定后，于2011年定名为香妃。该品种采用人工有性杂交方式，开展以特晚熟优质大果白肉为性状目标的枇杷新品种选育，创制综合性状更为优良的品种，对进一步优化我国枇杷品种结构、提升枇杷产业的国际竞争力具有十分重要的意义。

该品种表现为：特晚熟，深圳地区4月上中旬成熟；大果，单果重61.3g，大者重76.4g，最大重99.9g；优质，可溶性固形物含量13.3%～15.5%，肉质细嫩、化渣、易剥皮、汁液多、鲜味好、清甜爽口回甘、风味佳；可食率高，可食率70.9%～75.0%；耐热性好，果实成熟期间，可耐30℃以上的高温，果实仍然正常，不落果，不皱果，不日灼（日烧）；果肉抗褐变能力强，剥皮（或者切开）2h后果肉仍可保持原有色泽，基本不变褐；果实成熟期间，在长出新梢的同时果实仍然正常，不脱落、不皱果，可以保证翌年产量。

与会人员品鉴香妃枇杷

现场专家评委团表示，近五年的区域试验和生产性试验效果表明，香妃枇杷在深圳表现特晚熟、优质、大果、白肉，综合品质优。该品种经过福建、广东和重庆等多点试验，香妃枇杷丰产稳产，抗逆性强，具备了全国热带作物品种审定条件。

（中国质量新闻网讯许创业、吴赟生）

链　接：https://m.toutiaocdn.com/i6812460693984379405/?app=news_article&timestamp=1586177916&req_id=20200406205836010014041149330259 67&group_id=6812460693984379405&wxshare_count=1&tt_from=weixin_moments&utm_source=weixin_moments&utm_medium=toutiao_android&utm_campaign=client_share&share_type=original&from=timeline

3.国家荔枝龙眼产业技术体系龙眼优新品种示范基地在广东垦热带作物科学研究所启动建设

广垦研究，2020年4月26日

2020年4月23日，国家荔枝龙眼产业技术体系龙眼优新品种示范基地在广东农垦热带作物科学研究所启动建设动员仪式，国家荔枝龙眼产业技术体系育种岗位科学家、福建农业科学院郑少泉研究员，栽培岗位科学家、广西大学潘介春教授，茂名综合

试验站站长、茂名市水果科学研究所钟声研究员及团队参加了启动仪式并对基地建设规划进行指导。

国家荔枝龙眼产业技术体系龙眼优新品种示范基地计划建设100亩，引进国家荔枝龙眼产业技术体系选育的龙眼早熟、中熟、晚熟新品种11个，使用树龄达25年以上的老龙眼树，进行矮化，低位嫁接，改接醉香、醇香、宝石2号、翠香、宝石1号、香脆等优新品种，争取在2年内，筛选出适合茂名地区乃至广东龙眼产区、比传统品种更具有市场竞争力的品种，为改善和调整区域龙眼品种结构提供理论依据和实践经验。

广东农垦热带作物科学研究所主动在广东农垦改革发展中展现担当作为，推动科技创新示范引领农业产业发展，加强与地方农业科研单位的合作，不断增强科技服务能力，提升"广垦科技先锋"品牌影响力。

（编辑江迪，供稿李孝云）

链　接：http：//mp.weixin.qq.com/s?__biz=MzU0MTk3NjQ4Nw==&mid=2247485107&idx=1&sn=71263bd70b109f9ea5af3a69defecc26&chksm=fb20f47bcc577d6d1156bf21e9d61d4a098703b1d28ecfd9bf7df8137803669a29fcc9784934&mpshare=1&scene=1&srcid=&sharer_sharetime=1587904847816&sharer_shareid=58a7fe87e1af4f4580a1a2829887da2b#rd

4.龙眼优新品种示范基地落户茂名市

茂名网，2020年4月30日

日前，由广东农垦热带作物科学研究所建设的国家荔枝龙眼产业技术体系龙眼优新品种示范基地正式启动。

茂名是世界最大的龙眼生产基地。目前，全市龙眼种植面积78万亩，其中，储良龙眼占总面积60%，石硖龙眼占30%，其他品种占10%，现已成为茂名市农业经济增长的重要支柱。但由于主栽品种单一，集中上市，增产不增收的问题突出，而且龙眼品种已经老化了，大小年结果现象严重。为此，广东农垦热带作物科学研究所提前布局，通过低位大枝换种，开展龙眼新品种引进试种，充分发挥热带水果行业引领作用，该工作得到了国家荔枝龙眼产业技术体系遗传改良研究室、栽培研究室、茂名综合试验站的大力支持。这些技术依托单位是全国龙眼研究最具权威和实力的科研单位，品种资源丰富，栽培技术水平高，在龙眼生产技术领域研究水平居于全国前列。

赶在春耕之际，福建农业科学院郑少泉研究员（国家荔枝龙眼产业技术体系育种岗位科学家）、广西大学潘介春教授（国家荔枝龙眼产业技术体系栽培岗位科学家）、茂名市水果科学研究所所长钟声（国家荔枝龙眼产业技术体系茂名综合试验站站长）及他们的团队与广东农垦热带作物科学研究所合作，引进国家荔枝龙眼产业技术体系选育的龙眼早熟、中熟、晚熟新品种11个，利用广东农垦热带作物科学研究所现有的100亩龙眼，通过低位大枝嫁接、先进的高接换种树管理技术，争取在1～2年内开花结果，筛选出适于茂名地区及广东龙眼产区种植、比传统品种更具有市场竞争力的替代品种，为广东未来龙眼品种结构调整提供理论依据和实践经验。

未来，该基地将形成早熟、中熟、晚熟的二代杂交新品种龙眼示范园，龙眼低位大枝高接换种技术示范园，早结、丰产、稳产、高效生态示范栽培园。

（茂名日报社全媒体记者文华春，通讯员阮宾）

链接：http://m.mm111.net/p/391648.html

5. 郑少泉教授和姚丽贤教授到南亚热带作物研究所湛江站开展学术交流

来源 南亚热带作物研究所，2020年5月22日

2020年5月21日，福建省农业科学院郑少泉教授、华南农业大学姚丽贤教授应邀到南亚热带作物研究所湛江站就荔枝龙眼研究进展进行了学术交流，热带作物研究所湛江站多名科研人员、研究生和实习生参加了学术报告会。

报告会上，郑少泉教授做了题为"龙眼新品种选育研究进展"的报告，从大到小、从难到易，介绍了个人及其团队在龙眼选育目标、龙眼育种等方面的最新科研进展、经历以及科研方法，深入浅出地对目前所存在的问题提出思考和展望。

报告会上，姚丽贤教授做了题为"荔枝龙眼养分管理研究进展"的报告，

从小到大、从细到广，从荔枝龙眼园土壤基本性质及改良、荔枝龙眼营养需求特性、荔枝龙眼缺素属图谱及营养诊断、荔枝施肥技术等方面向大家分享了个人及团队的最新研究成果及方法。

郑少泉教授报告现场

最后，参会人员分别与郑少泉教授和姚丽贤教授就科研成果以及科研方法的借鉴性及适用性进行了充分讨论与交流。

郑少泉教授主要从事龙眼种质资源、育种、栽培技术与品质生物技术研究，育成龙眼、枇杷系列新品种（系）23个，获国家科技进步二等奖1项，福建省科学技术奖一等奖、二等奖4项，国家百千万领军人才、百千万人才工程国家级人选、全国优秀科技工作者、福建省优秀人才、福建省杰出科技人才，享受国务院特殊津贴。

姚丽贤教授正在做报告

姚丽贤教授主要从事土壤和作物养分管理技术及（有机）砷的地球生物化学行为研究，主持国家自然科学基金、农业行业专项子专题、广东省基金、广东科技计划项目等科研项目，发表研究论文百余篇，获广东省科技进步奖2项。

（作者刘馨语）

链接：http://www.catas.cn/nyrdzw/contents/475/149199.html

6.福建省农业科学院果树研究所科技人员参加2020年中国荔枝产业大会

福建省农业科学院院网，2020年6月1日

2020年5月19—21日，由农业农村部南亚热带作物中心、国家荔枝龙眼产业技术体系、广东省农业农村厅、茂名市人民政府联合主办，高州市人民政府承办的2020年中国荔枝产业大会在广东茂名召开。会议以"奋进新时代，助荔产业兴"为主题，全国主产区各级政府主管部门、科研院所、农业推广部门和种植、加工、销售企业等单位400余名代表参加，福建省农业科学院果树首席郑少泉等2人参加本次大会。

　　与会代表参观了位于高州根子荔枝广场的全国荔枝产业成果展，并参加开幕式。开幕式后，代表们实地考察了高州荔枝贡园和红荔阁。在中国荔枝产业高峰论坛暨学术研讨会上，国家荔枝龙眼产业技术体系首席陈厚彬做了题为"2020年全国荔枝生产形势分析与高质量发展意见"的产业报告，福建省农业科学院郑少泉研究员代表国家荔枝龙眼产业技术体系荔枝龙眼研究室做了题为"荔枝龙眼种业'十四五'发展研究"的报告，并介绍了福建省农业科学院果树研究所选育的优质大果杂交龙眼新品种宝石1号、冬香等。

（福建省农业科学院果树研究所许奇志）

链接：http://www.faas.cn/cms/html/fjsnykxy/2020-06-01/110038742.html

五、重　庆

媒体报道

1. 枇杷特早熟新品种三月白在合川试种成功

重庆日报，2020年4月29日

2.三月白、白雪早白肉杂交枇杷新品种现场鉴评会在重庆合川召开

福建省农业科学院院网，2020年4月30日

2020年4月27日，国内同行专家，对白肉杂交枇杷新品种三月白、白雪早区域试验和生产性试验进行了现场鉴评。专家组一致认为，这两个品种表现稳定的早熟、丰产、优质、大果等园艺性状，果实细嫩、化渣、汁多、易剥皮、味鲜、清甜爽口、风味佳，品质优。其中，三月白成为目前重庆市合川区最早熟的枇杷良种。专家建议加快在不同区域示范推广和进一步完善优质丰产配套栽培技术。

（福建省农业科学院果树研究所 邓朝军）

链接：http://www.faas.cn/cms/html/fjsnykxy/2020-04-30/605004481.html

3.重庆市农业技术推广总站、重庆市特色水果产业技术体系组织召开枇杷生产现场观摩会

重庆市农业农村委员会，2020年5月11日

为示范推广枇杷新品种及丰产栽培新技术，提高重庆市枇杷产业品质效益，支撑乡村振兴。2020年5月7日，重庆市农业技术推广总站、重庆市特色

水果产业技术体系组织各枇杷主产区县，在合川区古楼镇大自然枇杷品种示范园召开了全市枇杷新品种现场观摩研讨会。会议由重庆市农业技术推广总站副站长、重庆市特色水果产业技术体系首席专家熊伟研究员主持，会议邀请福建省农业科学院果树研究所郑少泉研究员、邓朝军副研究员等到会，并作主题演讲，来自合川、大足、长寿、涪陵、万州、黔江、云阳等12个枇杷规模较大区县的技术负责人共计42人参会。

枇杷原产于我国，重庆是全国第四大主产区。截至2019年，全市枇杷种植面积26.9万亩，产量12.8t，但生产上由于冬季低温，5月的连阴雨寡照及高温高光照灾害性气候叠加，出现减产、裂果、日灼、果皮皱缩等现象，产量和品质都得不到有效保证。因此，专家建议各区县要根据自己区域的气候情况，因地制宜，适地适栽，并配套优质丰产技术，提升效益。

此次研讨会分为现场观摩和会议研讨两个部分。2020年7日上午，与会代表在大自然枇杷园现场参观了引进的三月白、早白香、白雪早等8个早中晚熟枇杷新品种生产和结果情况；下午召开研讨会，郑少泉研究员、邓朝军副研究员分别做了"枇杷育种70年""枇杷高光效树形培养"的专题报告，详细地介绍了国内外枇杷产业发展情况和我国枇杷新品种培育进展及枇杷树体高光效整形技术。云阳、长寿、万州、涪陵、黔江等区县代表介绍本地区枇杷栽培品种及生产现状及问题，与专家领导进行互动交流和研究讨论。

重庆市农业农村委经济作物处处长马平到会指导。由重庆农业技术推广总站站长曾卓华总结，寄望各区县通过新品种、新技术示范推广，不断提升枇杷产业效益。

链接：http://nyncw.cq.gov.cn/zwxx_161/zwdt/202005/t20200511_7367674.html

4.福建省农业科学院郑少泉研究员到重庆市农业科学院果树研究所开展学术交流

重庆市农业科学院院网，2020年5月12日

2020年4月28日，应重庆市农业科学院果树研究所邀请，国家荔枝龙眼产业技术体系育种研究室主任、遗传改良岗位科学家、福建省农业科学院果树首席专家郑少泉研究员到重庆市农业科学院开展学术交流并作专题报告。重庆市农业科学院果树研究所所长谭平、副所长张云贵全程陪同参与。

2020年4月28日上午，郑少泉研究员一行首先参观了重庆市农业科学院高科技园区，对于当前重庆市农业科学院果树资源圃建设工作所取得的成效给

予了充分肯定，并针对资源圃管理、种质资源挖掘、利用等方面给出了指导性建议。之后，郑少泉研究员在院部二楼会议厅做了"枇杷差异化育种"的学术专题报告。报告从普通枇杷自然分布多样性、枇杷遗传资源多样性、人类利用枇杷多样性、枇杷育种历史、育种现状和育种思路等6个方面详细地介绍了枇杷差异化育种的研究基础、方法以及取得的科研成效。

与会科技人员认真聆听报告，积极参与交流，对于郑少泉研究员毫无保留将自己多年来的育种工作经验和方法分享给大家，科技人员纷纷表示感谢和敬佩。结合郑少泉研究员的学术报告，谭平所长要求科技人员务必认真学习报告内容，领悟科研精神，汲取专家成功经验。重庆市农业科学院果树研究所也将继续加强与福建农业科学院科研团队的联系与合作，深化两院学术交流，共同促进彼此学科发展，努力提升重庆市农业科学院果树研究所科研人员的科技创新能力和服务水平，积极为地方产业兴旺作出贡献，体现重庆市农业科学院人应有的担当和责任。

链接：http://www.cqaas.cn/nky/news/detail/id/862.html

5.枇杷新品种现场观摩培训会在重庆市合川区召开

福建省农业科学院院网，2020年5月18日

为示范推广枇杷新品种及丰产栽培新技术，提高重庆市枇杷产业品质效益，支撑乡村振兴，2020年5月7日在合川区古楼镇大自然枇杷园召开重庆市枇杷新品种现场观摩培训会。

合川区古楼镇大自然枇杷园是重庆市农业科学院果树研究所在重庆的优质枇杷新品种区域试验和生产性试验基地，种植的新品种有三月白、白雪早、早白香、白早钟3号、白早钟14、阳光70、樱桃枇杷、香妃等8个，2020年生产性能表现良好。培训会上郑少泉研究员和邓朝军副研究员分别做了题为"枇杷育种70年"和"枇杷高光效树形培养"的报告。

参会的有重庆市合川、大足、铜梁、璧山、江津、渝北、长寿、涪陵、万州、黔江区农业技术推广站（经济作物科、果树科），云阳县果品产业发展中心等重庆市枇杷主产区县果树技术负责人。

（福建省农业科学院果树研究所邓朝军、许奇志）

链接：http://www.faas.cn/cms/html/fjsnykxy/2020-05-18/771689130.html

6.福建省农业科学院系列杂交枇杷新品种在重庆市合川区通过区域试验评价

福建省农业科学院院网，2020年5月18日

2020年5月9日，国内同行专家对2018年重庆市合川区经济作物发展指导站承担福建省农业科学院培育的三月白、白雪早、早白香、白早钟3号、白早钟14、阳光70等6个优质枇杷新品种区域试验和生产性试验进行了现场鉴评，

专家组在重庆成玺生态农业发展有限公司枇杷基地实地考察了种植现场，观察生长结果表现，进行现场测产和品质鉴评。专家一致认为，这6个品种长势好、抗性强、丰产、质优、味浓、果大、可食率高，品质佳，可在相似生态气候区域推广发展。

（福建省农业科学院果树研究所邓朝军）

链接：http://www.faas.cn/cms/html/fjsnykxy/2020-05-18/1583568429.html

六、广　西

（一）广西宝隆投资有限公司供稿

郑少泉教授及其团队助力大化脱贫实践

广西壮族自治区河池市大化瑶族自治县坐落于广西中部偏西北，属于典型的喀斯特地貌。"九分石头，一分地"，大化的喀斯特地貌塑造了秀美的青山碧水，却也为这里的群众带来不少生活困难。全县共有20 000多座山峰、3 300多个山弄，自然条件恶劣、基础设施薄弱、经济发展滞后，是广西四个极度贫困县之一，同时也是集"老、少、山、穷、库"于一体的国家级贫困县。

在国家打响扶贫攻坚战役的大背景下，大化也积极响应国家号召，通过扶贫易地搬迁了2万多贫困户进安置点，如何解决这么多搬迁贫困户的生存就成为各级领导迫在眼前的首要任务。经过多方论证，大家认为农民老百姓只有回到他们熟悉的农业上才能根本解决问题。但是农业要选择引进什么良种良法，又是一个难题，是继续种植原有的农作物还是更换新的品种，种植后怎样进行农产品技术升级，一度陷入了困惑之中。

（1）**实地考察，定点精准帮扶**。一次偶然的机会，刚好遇到了国家荔枝龙眼产业技术体系龙眼品种改良岗位科学家、福建省农业科学院郑少泉教授及其团队成员。郑教授做事严谨，一直把自己扎根于林间，把解决农民的生产问题放在首位，不计个人得失。一听说要为大化脱贫致富助力，立刻积极主动表态，要把压箱底的都拿过来，愿意带技术、带品种、带团队过来帮忙，帮助大化真正实现脱贫。

2019年春节刚过，郑教授就迫不及待地组织了由福建、广东、广西等地的20多名嫁接能手，与国家荔枝龙眼产业技术体系龙眼栽培岗位科学家、广西大学潘介春教授一起，来到大化进行实地考察。期间，郑教授及其团队成员们来到林间进行观察，一待就是一整天，晚上还召集大家讨论研究，目的就一个，找准最适合大化的种植项目。

经过对大化气候、土壤、降水等自然条件的分析，郑教授和潘教授一致认为，这里具备发展龙眼的条件，而且大化内的龙眼还大有文章可做，只是以前从未得到有效开发利用。如今可以通过高接换种，使龙眼呈早熟、中熟、晚熟三种状态，是"发财"的好路子。通过实地调研，郑教授从目前所培育种植的龙眼品种中选取福晚1号、福晚8号、宝石1号、高宝、翠香等综合性状优良、经济价值高的品种。郑教授为这些具有高经济价值的新品种龙眼种植试验提供生产、管理、技术等方案。高接换种的龙眼新品种，未来将辐射大化乃至周边地区龙眼的发展，助力脱贫致富、乡村振兴。

2019年4月2日，郑教授带领近50人的团队，开始对大化1万余株龙眼树进行高接换种。进村帮扶，手把手教农民龙眼管理技术要领。科学的指导、全程的服务使闭塞的大化不再"孤立无援"。

（2）**言传身教，成为忘年之交**。覃利是接受郑教授亲自指导、示范的农户之一。由于他没有太多的种植经验，在嫁接的最初时间内，没有接触果树管理，为此，这个七尺汉子难过了很久。郑教授知道此事后，特意与他谈心，告诉他不要有太大的思想负担，以后多注意学习技术就好了。2019年4月至2020年7月，短短的一年多时间，郑教授时常就会从福建来到大化指导。覃利对郑教授也从最初的不敢接近，到无话不谈熟络起来。覃利每周都会对前一周的果树生长情况进行总结，还拍一些图片和小视频传给郑教授，而郑教授则会根据覃利的总结对下一周工作进行指导，包括适宜施肥的时间、温度、施肥的浓度等，可谓事无巨细、面面俱到。

（3）**疫情期间，接穗、补种不停歇**。郑少泉教授除了是一位龙眼专家，同时也是一位枇杷专家，先后培育出白雪早、香妃、三月白等优质枇杷新品种。

为加快推进大化龙眼品种结构调整，完成2019年补接任务，以及将5个精心培育的优质枇杷品种引到大化，郑教授及其团队成员早早就定好2020年早春从福建来大化进行实地工作指导，但一场突如其来的新冠肺炎疫情打乱了原定计划。飞机停飞、火车停运，气温、穗条、嫁接手、疫情，多重困难堵在眼前。2020年2月，大化气温已急剧回升，如果不及时进行操作，就要错过枇杷嫁接的最佳时机了，也会对龙眼的补种工作造成影响。人误地一时，地误人一年，这下可急坏了负责大化种植枇杷、龙眼的工作人员和还在福建省农业科学院的郑教授和邓朝军副研究员。

"解决嫁接手问题、接穗问题是当前最重要的任务。"郑教授如是说。为了解决关键点，经过与广西宝隆投资有限公司陈惠明总经理沟通、协商，计划由两拨人共同完成此次的嫁接。其中一拨由平日在大化工作、春节期间回福建老家过年的人员组成，他们的任务是去福建农业科学院学习嫁接技术。另一拨由嫁接能手组成，他们需要带着接穗和嫁接工具赶到大化嫁接。当时的飞机和火车都停运，汽车成了唯一可运行的交通工具。为了及时完成接穗工作，便从大化这边开大客车去接嫁接手。请示防疫指挥部、写申请、等待批示、租赁大客车，准备工作按部就班地完成。2020年2月23日，大客车从大化出发，经过了3天3夜、往返行驶了3000多km，终于在2020年2月26日将嫁接手以及接穗带回到了大化。第二天就投入到了嫁接的工作当中。为保证嫁接工作的顺利，郑教授和邓朝军还做了详细、周密的计划，并且通过视频对接穗工作进行有针对性的调配、指导。经过一个多月的协同合作，终于圆满地完成了对3万多棵枇杷树的嫁接工作和对2019年接种的龙眼树的补接工作。

（4）**守望相助，争取早日打赢脱贫战役**。疫情期间，为贯彻落实中央粤桂扶贫协作工作精神，粤桂扶贫协作水果新品种新技术产业化合作项目对接座谈会依然如期在南宁举行。

会议就龙眼枇杷等水果新品种新技术产业化开发在广西扶贫领域合作计划、广西龙眼枇杷产业的发展规模与品种结构概况、存在的问题及建议等进行对接座谈。国家荔枝龙眼产业技术体系龙眼育种专家郑教授介绍了龙眼枇杷新品种新技术以及团队广西扶贫领域合作计划。

从三尺讲台到百亩林间，无论角色如何转换，郑教授都能处理的游刃有余。既能回答高深的学问，也能面对基层的农户，可以用直白简单的语言，通过举例子把道理讲得浅显易懂。紧抓"科技农业"这个源头，不忘初心、成长于土地，根植于土地，收获于土地。雄关漫道真如铁，而今迈步从头越，目标明确、路径清晰、举措有力。我们坚信，在郑教授及其团队积极推广"科技农业"的引领下，大化的龙眼和枇杷必将会成为极具竞争力的"水果品牌"，大化也一定会脱贫致富向小康！

（广西宝隆投资有限公司供稿）

2020年7月

（二）媒体报道

粤桂扶贫协作水果新品种新技术产业化合作项目对接座谈会在南宁召开

广西壮族自治区农业农村厅网站，2020年5月1日

为贯彻落实中央粤桂扶贫协作工作精神，2020年4月30日，粤桂扶贫协

作水果新品种新技术产业化合作项目对接座谈会在南宁召开。

会议就龙眼枇杷等水果新品种新技术产业化开发在广西扶贫领域合作计划、广西龙眼枇杷产业的发展规模与品种结构概况、存在的问题及建议等进行对接座谈。会议指出，要强化粤桂合作在两广农业品种技术交流合作，做好一二三产业布局谋划调整和新技术试验示范推广，为种植户提供优质高效生产样板。要科学规划，找准路径，扩展合作空间，实现更高层次、更高水平的合作共赢，不断把粤桂扶贫协作工作推向前进，共同携手奔小康。

会上，福建省农业科学院研究员，国家荔枝龙眼产业技术体系龙眼改良岗位科学家郑少泉介绍水果新品种新技术产业化开发在广西扶贫领域合作计划；广西壮族自治区水果站介绍广西水果（重点龙眼、枇杷）产业化发展情况。

广西壮族自治区农业农村厅对外交流合作处、科教处、产业扶贫办、水果站等有关负责人，广东省第二扶

会议现场

贫协作工作组、深圳市农业科技促进中心、福建省农业科学院果树所、广西宝隆投资有限公司等有关负责人参加会议。

链接：http://nynct.gxzf.gov.cn/xwdt/ywkb/t5304259.shtml

七、贵 州

媒体报道
福建省农业科学院果树研究所科技人员赴贵州调查龙眼枇杷新品种嫁接示范

福建省农业科学院院网，2020年4月20日

2020年4月12—15日，福建省农业科学院果树研究所科技人员姜帆副研究员赴贵阳和赤水调查龙眼枇杷新品种的花果发育生产情况，并协同合作单位贵州大学农学院陈红教授对示范基地的树体修剪管理等进行指导。

龙眼和枇杷分别是赤水、开阳当地重点果树产业，但生产中存在枇杷品种单一、龙眼品种老化等问题，且嫁接技术亟待提高，之前多采用小枝嫁接，难以矮化树冠。2018年福建省农业科学院果树研究所在赤水市元厚镇桂圆林村示范高接宝石1号、福晚8号、华泰丰等龙眼新品种。新嫁接的龙眼新品种均表现较好的嫁接亲和性，嫁接成活率在70%以上，其中，福晚8号龙眼2019年已正常挂果，市场售价40元/kg，品质明显优于传统品种，2020年依然正常成花，表现良好的丰产稳产结果性能。在贵阳市开阳县南江乡北广村醉美水果种植农民专业合作社示范嫁接的成熟期搭配的三月白、香妃、新白7号等枇杷新品种，嫁接后生长正常，预计2020年可以抽穗试产。

（福建省农业科学院果树研究所姜帆）

链接：http://www.faas.cn/cms/html/fjsnykxy/2020-04-20/248049485.html

图书在版编目（CIP）数据

龙眼枇杷良种化：2020纪实/郑少泉等著．—北
京：中国农业出版社，2020.9
ISBN 978-7-109-27433-4

Ⅰ.①龙…　Ⅱ.①郑…　Ⅲ.①龙眼-良种繁育②枇杷
-良种繁育　Ⅳ.①S667.038

中国版本图书馆CIP数据核字（2020）第192129号

中国农业出版社出版
地址：北京市朝阳区麦子店街18号楼
邮编：100125
责任编辑：王庆敏　王　凯
版式设计：王　晨　责任校对：吴丽婷
印刷：北京通州皇家印刷厂
版次：2020年9月第1版
印次：2020年9月北京第1次印刷
发行：新华书店北京发行所
开本：720mm×960mm　1/16
印张：19.25
字数：370千字
定价：98.00元
